国产数据库达梦丛书

达梦数据库集群

文 峰　付 铨　左青云　刘一博

张守帅　李韬伟　马琳飞　李向朋　编著

祁 超　刘志红　李春红

电子工业出版社·

Publishing House of Electronics Industry

北京·BEIJING

内 容 简 介

本书以达梦数据库 DM8 为蓝本，在介绍数据库集群技术现状及实现原理的基础上，分别介绍达梦数据库数据守护集群、读写分离集群、大规模并行处理（DMMPP）集群和数据共享集群（DMDSC）等数据库集群构建方法和实施步骤。全书共 5 章，主要包括数据库集群技术、达梦数据库数据守护集群、达梦数据库读写分离集群、达梦数据库大规模并行处理集群和达梦数据库数据共享集群。

本书内容实用、操作性强、语言通俗、格式规范，既可作为相关专业的教材，也可作为工程技术人员的参考书。

图书在版编目（CIP）数据

达梦数据库集群/文峰等编著. —北京：电子工业出版社，2021.12

（国产数据库达梦丛书）

ISBN 978-7-121-42454-0

Ⅰ. ①达… Ⅱ. ①文… Ⅲ. ①关系数据库系统－教材 Ⅳ. ①TP311.132.3

中国版本图书馆 CIP 数据核字（2021）第 244550 号

责任编辑：李　敏　　文字编辑：曹　旭
印　　刷：北京天宇星印刷厂
装　　订：北京天宇星印刷厂
出版发行：电子工业出版社
　　　　　北京市海淀区万寿路 173 信箱　邮编：100036
开　　本：787×1092　1/16　印张：15　字数：364 千字
版　　次：2021 年 12 月第 1 版
印　　次：2025 年 2 月第 4 次印刷
定　　价：99.00 元

凡所购买电子工业出版社图书有缺损问题，请向购买书店调换。若书店售缺，请与本社发行部联系，联系及邮购电话：（010）88254888，88258888。

质量投诉请发邮件至 zlts@phei.com.cn，盗版侵权举报请发邮件至 dbqq@phei.com.cn。

本书咨询联系方式：（010）88254753 或 limin@phei.com.cn。

序 一

数据库已成为现代软件生态的基石之一。遗憾的是，国产数据库的技术水平与国外一流水平相比还有一定的差距。同时，国产数据库在关键领域的应用普及度相对较低，应用研发人员规模还较小，大力推动和普及国产数据库的应用是当务之急。

由电子工业出版社策划，国防科技大学信息通信学院和武汉达梦数据库股份有限公司等单位多名专家联合编写的"国产数据库达梦丛书"，聚焦数据库管理系统这一重要基础软件，以达梦数据库系列产品及其关键技术为研究对象，翔实地介绍了达梦数据库的体系架构、应用开发技术、运维管理方法，以及面向大数据处理的集群、同步、交换等一系列内容，涵盖了数据库管理系统及大数据处理的多个关键技术和运用方法，既有技术深度，又有覆盖广度，是推动国产数据库技术深入广泛应用、打破国外数据库产品垄断局面的重要工作。

"国产数据库达梦丛书"的出版，预期可以缓解国产数据库系列教材和相关关键技术研究专著匮乏的问题，能够发挥普及国产数据库技术、提高国产数据库专业化人才培养效益的作用。此外，该套丛书对国产数据库相关技术的应用方法和实现原理进行了深入探讨，将会吸引更多的软件开发人员了解、掌握并运用国产数据库，同时可促进研究人员理解实施原理、加快提高相关关键技术的自主研发水平。

中国工程院院士

2020 年 7 月

◆ 序 二 ◆

作为现代软件开发和运行的重要基础支撑之一，数据库技术在信息产业中得到了广泛应用。如今，即使进入人人联网、万物互联的网络计算新时代，持续成长、演化和发展的各类信息系统，仍离不开底层数据管理技术，特别是数据库技术的支撑。数据库技术从关系型数据库到非关系型数据库、分布式数据库、数据交换等不断迭代更新，很好地促进了各类信息系统的稳定运行和广泛应用。但是，长期以来，我国信息产业中的数据库大量依赖国外产品和技术，特别是一些关系国计民生的重要行业信息系统也未摆脱国外数据库产品。大力发展国产数据库技术，夯实研发基础、吸引开发人员、丰富应用生态，已经成为我国信息产业发展和技术研究中一项重要且急迫的工作。

武汉达梦数据库股份有限公司研发团队和国防科技大学信息通信学院教师团队，长期从事国产数据库技术的研制、开发、应用和教学工作。为了助推国产数据库生态的发展，扩大国产数据库技术的人才培养规模与影响力，电子工业出版社在前期与上述团队合作的基础上，策划出版"国产数据库达梦丛书"。该套丛书以达梦数据库 DM8 为蓝本，全面覆盖了达梦数据库的开发基础、性能优化、集群、数据同步与交换等一系列关键问题，体系设计科学合理。

"国产数据库达梦丛书"不仅对数据库对象管理、安全管理、作业管理、开发操作、运维优化等基础内容进行了详尽说明，同时也深入剖析了大规模并行处理集群、数据共享集群、数据中心实时同步等高级内容的实现原理与方法，特别是针对 DM8 融合分布式架构、弹性计算与云计算的特点，介绍了其支持超大规模并发事务处理和事务分析混合型业务处理的方法，实现动态分配计算资源，提高资源利用精细化程度，体现了国产数据库的技术特色。相关内容既有理论和技术深度，又可操作实践，其出版工作是国产数据库领域产学研紧密协同的有益尝试。

中国科学院院士
2020 年 7 月

序 三

习近平总书记指出，"重大科技创新成果是国之重器、国之利器，必须牢牢掌握在自己手上，必须依靠自力更生、自主创新。"基于此，实现关键核心技术创新发展、构建安全可控的信息技术体系非常必要。

数据库作为科技产业和数字化经济中三大底座（数据库、操作系统、芯片）技术之一，是信息系统的中枢，其安全、可控程度事关我国国计民生、国之重器等重大战略问题。但是，数据库技术被国外数据库公司垄断达几十年，为我国信息安全带来了一定的安全隐患。

以武汉达梦数据库股份有限公司为代表的国产数据库企业，40 余年来坚持自主原创技术路线，经过不断打磨和应用案例的验证，已在我国关系国计民生的银行、国企、政务等重大行业广泛应用，突破了国外数据库产品垄断国内市场的局面，保障了我国基本生存领域和重大行业的信息安全。

为了助推国产数据库的生态发展，推动国产数据库管理系统的教学和人才培养，国防科技大学信息通信学院与武汉达梦数据库股份有限公司，在总结数据库管理系统长期教学和科研实践经验的基础上，以达梦数据库 DM8 为蓝本，联合编写了"国产数据库达梦丛书"。该套丛书的出版一是推动国产数据库生态体系培育，促进国产数据库快速创新发展；二是拓展国产数据库在关系国计民生业务领域的应用，彰显国产数据库技术的自信；三是总结国产数据库发展的经验教训，激发国产数据库从业人员奋力前行、创新突破。

华中科技大学软件学院院长、教授

2020 年 7 月

◆ 前 言 ◆

发展具有自主知识产权的国产数据库管理系统，打破国外数据库产品的垄断，为我国信息化建设提供安全可控的基础软件，是维护国家信息安全的重要手段。

达梦数据库管理系统作为国内最早推出的具有自主知识产权的数据库管理系统之一，是唯一获得国家自主原创产品认证的数据库产品，现已在公安、电力、铁路、航空、审计、通信、金融、海关、国土资源、电子政务等多个领域得到广泛应用，对国家机关、各级政府和企业信息化建设发挥了积极作用。

达梦数据库（简称 DM，达梦数据库的最新版本是 DM8）是武汉达梦数据库股份有限公司推出的具有完全自主知识产权的新一代高性能数据库产品。达梦数据库在集群应用方面的主要特点体现如下。

一是可独立扩展、按需配置设备。DM8 TDD 采用计算存储分离的系统架构，实现计算层、日志层、存储层 3 层 Fenix，具备各层独立扩展、按需配置设备的特点。计算层依托达梦数据库 DSC 技术提供并发的事务处理服务，实现了对等计算节点间高速、低延迟的缓存交换能力，以此为基础支持并发的多点读写，同时可根据需要增加只读节点，以实现更快速的扩展能力；日志层专用于提供可靠、高性能的日志服务，避免日志处理对计算层的事务延迟产生影响；存储层通过多机分布式存储，实现数据多副本、高可扩展和高可用。

二是数据共享集群实现了更大规模的集群支持。在 DM8 中，数据库共享集群获得了关键性改进。DM8 数据共享集群实现了更大规模的集群支持，用户和运维人员可以将原有的双节点 DMDSC 升级为更多节点，以获得更高的系统可靠性。同时，通过合理的应用架构设计，系统响应时间和吞吐量有了较大改善。DM8 中还添加了用于异地容灾的数据守护系统，用户可以为本地 DMDSC 集群添加异地数据守护系统以提升容灾能力。异地数据守护的备用系统既可以是单机，也可以是级联部署的 DMDSC 集群。"DSC+数据守护"可为用户提供故障自动切换、实时归档、读写分离、DMDSC 主库或备库的重加入等功能。

三是支持远程高可用镜像部署方式。DM8 还增加了 DSCPlus（DSCP）特性，DM8

DSCP 支持远程高可用镜像部署方式。用户可以基于经达梦认证的存储系统，实现一套 DSC 的计算和存储节点，分别部署在多个同城数据中心机房，实现存储、数据库服务的双活、高可用。根据测试，DSCP 方案在 60km 距离上实现了数据库服务、存储设备的高可用；另外，相对于本地 DSC 方案，DSCP 方案的性能衰减不到 5%，能同时提供高可用和高性能保证。

四是针对 MPP 集群提供了诸多优化。DM7 中已经提出了 MPP 集群的解决方案，DM8 则优化了系统部署流程，结合数据守护，DMDSC 集群具有最多支持 8 副本的高可靠性。行列融合 2.0，DMMPP 集群一套数据既能满足高并发的 OLTP 业务，也能满足复杂的 OLAP 业务。优化器针对 MPP 集群，提供了诸多优化，使得 MPP 集群的执行计划更加智能、更加高效。例如，通信代价估算，使得代价估算更加接近实际。LPQ 的自适应改进，可使 MPP 集群各节点的本地并行更加智能化。

《达梦数据库集群》作为"国产数据库达梦丛书"分册之一，在介绍数据库集群技术现状及实现原理的基础上，分别介绍达梦数据库数据守护集群、读写分离集群、大规模并行处理（DMMPP）集群和数据共享集群（DMDSC）等数据库集群的构建方法和实施步骤。全书共 5 章，主要内容包括数据库集群技术、达梦数据库数据守护集群、达梦数据库读写分离集群、达梦数据库大规模并行处理集群、达梦数据库数据共享集群。

本书内容实用、示例丰富、操作性强、语言通俗、格式规范。为了方便读者学习和体验操作，本书在头歌（EduCoder）实践教学平台构建了配套的在线实训教学资源，请登录头歌实践教学平台搜索"达梦数据库集群"学习和实践。另外，本书例题源码均可在达梦数据库官网下载。

本书在编著过程中，参考了武汉达梦数据库股份有限公司提供的技术资料，在此表示衷心的感谢。由于编者水平有限，书中难免有些错误与不妥之处，敬请读者批评指正。欢迎读者通过电子邮件 123826545@qq.com 与我们交流，也欢迎访问达梦数据库官网、达梦数据库官方微信公众号"达梦大数据"，或者拨打服务热线 400-991-6599 获取更多达梦数据库资料和服务。

编著者

2021 年 4 月于武汉

目 录

第 1 章
数据库集群技术

数据库软件经过多年的发展，已经逐渐成为数据存储领域的核心软件，并经历了不同的发展时代。在最初的商业数据库时代，Oracle、DB2、SQL Server 等商业数据库管理软件迅速发展壮大，成就了多家商业数据库软件巨头，推动了数据库技术的巨大发展。随着互联网尤其是移动互联网的快速普及，以 MySQL 为代表的开源数据库软件促进了大量互联网公司的业务发展，为数据库领域带来了新的发展模式。随着大数据时代的到来，越来越多的非关系型数据库开始面向海量数据业务领域，NoSQL 和 NewSQL 数据库随之蓬勃发展，以 Google 和 Amazon 等为代表的企业开始不断将数据库推向云端。

在这样的时代背景下，关系型数据库作为经过理论验证和实践认可的经典数据库架构，仍然在各个数据业务领域发挥着重要作用。近年来，互联网业务高速发展，传统的单节点数据库架构早已无法适应高并发量、高吞吐量的业务场景，数据库需要由 Scale Up 纵向扩展模式发展到面向数据中心通用服务器架构的 Scale Out 横向扩展模式。由多台数据库服务器共同部署构建的数据库集群，实现了数据库性能进一步扩展的基本要求。达梦数据库作为国产高性能关系型数据库的优秀代表，在数据库集群领域成果丰硕，尤其是 2019 年发布的 DM8 版本，在数据库集群的功能和性能方面取得了重大突破和提升。

为了便于初学者深入学习数据库集群技术，本章主要介绍数据库集群技术的基本概念、架构模式、主流厂商数据库集群产品及达梦数据库集群。

1.1 数据库集群技术的基本概念

1.1.1 数据库集群的 CAP 理论

提到数据库集群，大部分人的第一印象就是由一堆服务器共同部署的数据库，最终统一对外提供数据库服务。多个节点协同部署数据库软件形成集群效应，在很多场合也可称为分布式数据库，但数据库集群和分布式数据库在概念和应用上仍存在差别，在某些领域也存在重合的应用场景，因此其适用范围并不相同。

在物理分布上，数据库集群相对集中，一般需要构建专用高速网络进行互联；分布式数据库并没有明确限定各服务器节点部署在一起，也可以多机器远程互联、异地部署。在运行环境上，集群节点对运行环境的要求较高，一般要求同构的系统软件环境；分布式数据库一般支持异构系统，满足不同底层操作系统和不同数据库系统的要求。在数据分布上，数据库集群没有严格规定数据的分布模型，一般会根据不同的需求构建实际的数据库运行模式；分布式数据库则需要严格考虑各节点之间数据的一致性，并通过特定算法或机制来满足数据库的实际性能需求。

从以上几点分析来看，数据库集群偏向于物理形态上的描述，侧重多台机器设备的联合部署，更强调中心化管理；而分布式数据库更偏向于工作机制的协同，侧重分散化部署，因此会重点考虑数据的一致性需求。数据库集群和分布式系统是各自面向不同场景的术语表达，在一些基本理论上具有共性。分布式系统或分布式数据库经常提到的CAP定理，在数据库集群构建过程中仍然适用。

CAP中的3个字母分别代表一致性（Consistency）、可用性（Availability）、分区容忍性（Partition Tolerance）。一致性要求所有用户在访问数据库时能够访问同一份最新的数据副本；可用性指的是用户在访问数据库时能够获得数据库的响应；分区容忍性指的是数据库系统在发生分区的情况下，对数据通信的时限要求。CAP定理指出，一个分布式系统不可能同时满足一致性、可用性和分区容忍性要求，只能满足其中的两项。在数据库集群部署到多台服务器上时，数据库发生了网络分区，这种分区属性要求数据库在设计时必须在一致性和可用性上进行取舍。

可用性主要由不同数据副本同步的时延决定，因而会影响数据的并发性能。为了提高系统的可用性，系统一般需要牺牲一定程度的并发性能。在实际部署过程中，数据库集群一般在物理部署环境上相对集中，通常具备高速网络直连环境，因此对可用性的要求比较高。同时，可用性与一致性相互影响，数据库集群对数据一致性的需求将直接影响系统的可用性。一致性就是在各个节点中保持数据一致，可以分为强一致性、弱一致性等。

从用户角度讲，一致性指的是当多用户并发访问数据时，实时更新的数据在不同副本间的同步状态。这取决于数据访问的一致性策略。对于服务器而言，最初的数据更新只发生在其中的某个服务器节点上，一致性需求指的是如何将数据更新复制到所有其他节点上。从客户访问端来看，不同的一致性访问策略，也由客户端业务流程中访问数据的紧迫程度所决定。一致性问题是由多节点并发读写引出的，因此在理解一致性问题时，一定要综合考虑并发读写的场景。单节点关系型数据库要求数据更新后能被同一用户的后续访问实时获取，也能够被其他用户实时获取，这是强一致性。对于数据库集群，如果能够容忍其他用户延迟访问或无法访问数据，则其具有弱一致性。在强一致性和弱一致性之间，还有其他一致性类型，如单调一致性、会话一致性、最终一致性等。

（1）强一致性：所有用户在任何时刻访问任何一个节点，读取到的数据都是一致的。这就要求当任意节点上的数据更新时，其他节点必须进行数据同步，使用户访问最新的数据。

（2）弱一致性：弱一致性是一个统称，它不保证数据的最终一致性，最终一致性是弱一致性的特例。一般来讲，数据库系统在定义自身的一致性时，最终一致性是最基本的要求。

（3）单调一致性：当用户读到某个数据时，这个用户不会再读到比这个值更旧的值。从用户使用方面来讲，用户一般只从自己的视角观察数据的一致性，而不会关注其他用户的数据访问情况。

（4）会话一致性：任何一个用户在某次会话中读到某个数据时，这个用户在这次会话过程中不会再读到比这个数据更旧的值。

（5）最终一致性：某个节点数据更新后，在一定时间内无法同步到其他节点，但最终成功更新的数据能够被所有用户访问。

对于单节点关系型数据库，插入一条数据后立刻查询肯定是能够读取这条数据的。对于数据库集群，由于多节点部署存在时延，为了保证并发性能，有时会在强一致性和最终一致性方面进行权衡。例如，新闻订阅类的 Web 应用并不要求非常高的实时性，在发出一条新闻消息后，数据库其他节点在几秒甚至十几秒之后才能访问到这条新闻消息是能够接受的；对于银行用户，通常对金额的实时性要求比较高，在所有节点同步数据之后才能供用户访问，从而让用户访问各节点间强一致性的数据。数据库集群部署方案有很多种，不同的部署方案对数据的一致性要求并不一样，这与实际业务相关，需要根据实际业务情况来选择相应的数据库集群架构方案。

1.1.2　数据库集群的架构指标

为了提高可用性，数据库集群通过数据副本和数据切分来实现数据部署策略，通过一致性指标来影响实际部署性能。注意，数据副本和数据切分是两种不同的部署策略，当采用数据副本部署策略保存数据时，需要重点关注一致性指标，而当使用数据切分部署策略时，对数据一致性指标没有明确要求，这主要是由数据库集群架构的部署模型决定的，各节点之间也不再需要进行数据同步。在某些要求较高的场合，数据副本和数据切分可能在数据库集群中同时存在，因而需要进行区分说明。

在不同节点间通过数据副本实现同步需求的模型中，数据库集群的一致性指标将影响节点间的数据副本分布模型，因此它也是描述数据库集群中数据副本和同步机制的关键指标。要注意的一点是，数据库集群的一致性指标不同于单节点事务性的一致性指标，前者是由各节点之间数据副本的同步状态决定的，将影响各节点对数据的读写权限，后者是由单节点数据事务完整性约束条件决定的。此外，数据库集群架构还有一些常用指标，侧重对集群硬件和部署方案进行整体评价，下面对此进行详细说明。

1. 性能

数据库集群建设的主要目的是通过横向扩展服务器，提高数据库的整体性能。数据库集群的性能参数有很多，常用的参数包括数据库响应时间（Response Time，RT）、每秒查询数（Queries Per Second，QPS）、每秒事务数（Transactions Per Second，TPS）等。RT 为数据库集群对某项请求的响应时间，QPS 是数据库集群每秒能够响应的查询次数，TPS 是数据库集群每秒能够处理的事务数量。

从数据库集群架构来看，有 3 个方面的因素会影响实际的数据库性能。第一，硬件服务器的数量与参数。在理想状态下，数据库集群整体性能应当随着节点数量的增加而线性提高，但实际上，数据库集群部署模式必然会引入一定的性能损失，特别是当节点数量增加到一定规模时，数据库集群中系统流量调度、网络数据传输、硬件部署方式等都会影响数据库集群的实际性能。在可控范围内，横向节点的增加是数据库集群性能提升的必然选择，这是因为通过纵向扩展方式增加单节点性能，会显著提高单节点服务器的内部复杂性。第二，数据库集群的整体架构。在数据库集群中，数据的分布模式、各节点数据的一致性同步需求、数据读写运行机制，也会对数据库集群性能产生影响。相同的硬件服务器资源，在面向同一类业务系统应用时，不同的数据库集群架构可能产生显著的性能差别。第三，系统业务需求影响。不同的系统业务需求，如读多写少和数据频繁写入的两套信息系统，当采用同一个数据库集群架构时，数据库集群性能可能相差很大。当然，系统业务需求和数据库集群架构是强相关的，系统业务需求会对数据库集群架构的部署方案产生直接影响。在分析数据库集群的性能时，需要综合以上各方面的因素。

2. 高可用性

高可用性指的是服务器在面对各种异常时仍然可以正确对外提供服务的能力。为了应对软件异常、系统崩溃等事故的发生，通常采用冗余策略来实现服务的高可用性。数据库集群采用多节点部署模式，本身就提供了硬件的冗余机制。一个节点系统崩溃后，通过相关机制将数据库服务自动切换到备用节点。整个切换过程对业务是透明的。在描述系统高可用性指标时，一般用数据库服务器暂停时间来衡量，数据库服务器暂停时间越短，系统的可用性越高。

在实际运维过程中，数据库集群对高可用性的要求可以从两个层面去理解。从宏观角度讲，不管出现什么异常，只要数据库集群不发生数据丢失，在可接受范围内响应数据库查询请求，就可以说这个数据库是满足高可用性要求的。但从微观角度讲，只要涉及数据库集群，在存在多副本的数据库集群架构中，就必然存在不同节点间的数据交互，存在一定的响应延迟，在这种情况下，系统数据在某个微观时间粒度下的一致性是得不到满足的。对于一些强一致性要求的应用，如银行业务，这里的高可用性就必须以强一致性为前提。对于其他一些只需要满足最终一致性要求的应用，高可用性指标则可以进行折中处理。

3. 可扩展性

可扩展性指的是数据库集群通过横向扩展机器规模，提高数据库集群整体计算能力和存储容量，从而提高数据库集群整体性能。可扩展性是数据库集群的基本属性，当业务对数据库读写需求进一步增大时，数据库集群的可扩展性决定了其是否能够进一步无损或高效扩展。

前面提到，数据库集群性能可能并不能随着节点数量的增加而线性提高，数据库集群整体性能损失越小，数据库集群的可扩展性也就越好。一般的数据库集群都无法做到无限制增加节点，在节点数量增加到一定程度后，数据库集群可能会面临一系列新的技术与运维问题，节点之间的网络连接拓扑结构和数据同步方式都可能成为制约数据库集群进一步扩展的瓶颈。例如，当服务器节点数量不断增加时，其对数据中心网络的创新需求将不断增多，甚至对服务器节点本身也会产生新的多端口连接需求，不然增加再多的节点也无法充分利用各节点性能。可扩展性要求数据库集群结合自身架构的优缺点，保持一定的可扩展余量，从而在业务访问需求增大时，可以通过增加节点满足业务扩展需求。在数据库集群当前架构无法满足业务需求时，需要考虑数据库集群是否需要重新架构，以及它的可扩展性是否能够得到极大的提升。

除了以上 3 个评价指标，数据库集群在部署过程中，服务器硬件架构、系统类型、数据规模和运维方式等诸多因素，都会最终影响数据库集群的部署难度。在评价数据库集群架构指标时，数据库集群的部署难度也将一并考虑在内。

1.2　数据库集群架构模式

数据库集群通常由多台服务器构成，通过在各个节点采用特定进程高速互联的方式部署数据库，形成对业务透明的数据服务。数据库集群架构有很多种，一方面，对于商业数据库软件，他们会提供定制化的集群架构配置，用户只需要按照其部署要求配置即可，也有商业数据库软件支持多种不同集群架构模式，需要用户自行选择某种架构；另一方面，对于开源数据库软件，在进行数据库集群架构时，原生版本可能并不支持数据库集群的构建，或者说对数据库集群架构的支持有限。随着互联网时代开源免费数据库的大量部署，开源社区不断增加对开源数据库软件的研发支持与贡献，使开源数据库软件开始通过开源中间件、自研调度模块或第三方软件等方式实现数据库集群架构。对于商业数据库软件，厂商可以通过服务的方式为用户构建服务器集群；对于开源数据库软件，管理员通常需要具备较高的研发和运维管理能力。

由于各个业务系统需求不一样，面向的用户群体规模也不一样，因而对数据库的使用需求也不尽相同，这就要求在选择数据库集群架构时，充分考虑数据库集群的性能及高可用性和可扩展性，并结合实际业务需求进行架构选型。数据库集群的最终目标，要么是提升性能满足越来越高的并发访问需求，要么是增加容量满足大数据存储需求，同时提高系统的容错能力和可用性，从而保障系统稳定和数据安全。常用的数据库集群架构有读写分离架构、大规模并行处理（MPP）架构、多实例数据共享架构等。

不同数据库的配置方法和支持能力不一样，但相关原理，包括一致性需求和相关数据同步切分规则等是基本一致的，下面进行详细介绍。

1.2.1　读写分离架构

在介绍读写分离架构之前，首先要了解多节点集群架构出现的初衷是备份和容灾，即提高系统的可用性。这是因为，数据库的性能需求是随着业务量的增加而不断增加的，但备份和容灾却是任何一个系统最基本的需求。最初的多节点集群架构，也是比较简单的、易于部署的主备架构或主从架构。然而，从狭义角度讲，很多时候我们在谈论数据库集群时，主备架构和主从架构不属于数据库集群的范畴，因为它们结构单一，还无法上升到集群的覆盖程度。但从数据库集群的广义概念角度来看，这两种架构应该是最初级的数据库集群架构，或者说满足数据库集群架构的基本需求。基于主从架构设定数据库读操作和写操作的分配机制，构成了读写分离架构。

下面从架构部署、读写分配策略、读写分配机制 3 个方面进行介绍。

1. 架构部署

主备架构是最基础的数据库多节点架构。一般而言，只要数据库支持数据主备复制功能，就能够部署主备架构，最基础的主备架构如图 1-1 所示。

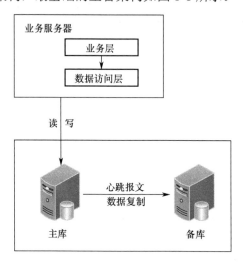

图 1-1　最基础的主备架构

下面结合实际部署情况对主备架构各项指标进行分析。

（1）一致性：数据读、写都由主库控制，不存在数据一致性问题。

（2）性能：读、写都通过操作主库进行，备库只用于数据备份，无法利用其计算性能，因此系统整体资源利用率为 50%。

（3）高可用性：系统检测到主库崩溃后（如通过心跳报文），可以将业务访问流量切换到备库。如果没有设置切换过程，则需要通过人工方式切换主备库，或者在业务系统中通过程序中间件实现主备库自动切换。

（4）可扩展性：无法通过增加备库来扩展读性能，无法提高架构性能。

（5）部署难度：部署操作简单，但由于在整体性能和可扩展性方面没有优势，应用场景比较单一。

为充分利用备库的计算资源，提高系统的各项性能指标，一般采用主从架构部署数据库集群。主从架构采用主库和从库的架构，和主备架构相比，从库不仅可以当作数据备份节点，还可以提供系统访问功能。

当从库也需要响应业务系统的访问请求时，主从架构将客户端的读操作和写操作请求分配到不同的节点中，如主库执行写操作，从库执行读操作。在这种场景下，主从架构也被称为读写分离架构，如图 1-2 所示。

由于在当前业务需求中，读操作请求比较多而写操作请求比较少，因此读写分离架构在实际部署过程中得到了广泛应用。注意，主从架构的说法是从服务器设备的协同分工角度来考虑的，读写分离架构是从用户访问模式的流量划分角度来考虑的，两者之间存在概念上的重叠。

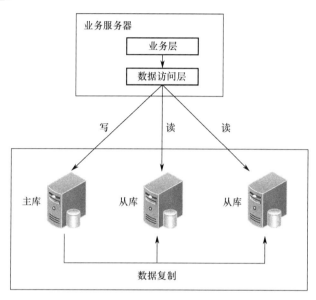

图 1-2　读写分离架构

在读写分离架构中，主库节点数量通常为一个，从库节点数量可以有一个或多个。主库将数据同步到从库上，从库需要随时感知主库状态，并在主库发生故障时实现自动切换。这里的切换机制，需要数据库软件的特定进程参与实现，或者通过第三方软件实现，如著名的分布式协调程序 ZooKeeper，就能实现节点状态监测，并在必要时进行主从切换。在读写分离架构中，写操作通常在主节点执行，读操作既可以在从节点执行，也可以在主节点执行，主节点的数据按照数据同步规则更新到从节点。

下面结合实际部署情况对主从架构各项指标进行分析。

（1）一致性：存在数据一致性问题，需要结合实际业务需求采用不同的数据一致性策略。

（2）性能：大部分业务系统应用读多写少，读会先成为瓶颈，进而影响整体性能。引入多个从库节点能够增加系统读数据性能，进而提高数据库整体性能。

（3）高可用性：主库单节点故障将导致系统无法实现写操作，甚至导致整个系统不可用，但从库单节点故障不会出问题，因此从库具备高可用性。

（4）可扩展性：增加从库节点能够快速提高系统读性能。这里需要注意的是，从库节点数量越多，数据库整体读数据性能越高，但同时需要同步数据的从库节点也越多，此时配置不当可能会影响主库性能。主节点写性能的可扩展性不高，增加写功能的主节点会引入新的访问逻辑。

（5）部署难度：部署易于实现，但需要重点考虑数据的一致性问题，不同的一致性策略决定了不同的部署难度。

2. 读写分配策略

在读写分离架构中，主库处理所有写操作，从库处理所有读操作，这种分配方式是最简单的，也是最易于实现的。为了合理分配主从节点的读操作和写操作，一般会设置不同的分配策略，这些不同的读写分配策略主要是一致性策略，即考虑数据同步的时延对业务需求的影响。任何两个数据库节点之间在进行数据同步时，数据时延是肯定存在的，只是时延大小不同而已。对于银行、金融等领域，数据的访问必须要求强一致性，因而数据库架构要求在数据写入后，优先保证所有节点的数据实时同步，在数据同步之后，才允许数据访问。这种强一致性需求在实现时，一般要求数据提交更新且主从节点实现同步之后才最终表明数据更新成功。为了不影响数据实时响应，强一致性要求主从节点之间通过高速网络连接，一般要求同机房部署，从而在硬件设置上减小主库与从库之间的数据传输时延。这种场景对数据库硬件部署网络有要求，也对数据库部署位置有要求。按照这种部署策略，读写分配策略只需要在主从节点上进行简单的切分即可，一般不需要设置复杂的读写分配策略。

如果不考虑主库、从库同步的强一致性需求，则在主库数据写操作完成后再考虑从库同步问题，在这种情况下，主从节点在数据同步过程中必然存在不一致性。对于这种瞬时的不一致性，不同业务需求的容忍度是不一样的，需要根据实际业务来考虑是否处理或避免数据的不一致性问题。如果主库与从库数据同步时延较长，则会影响实际业务体验。

对于无法满足强一致性需求的场景，下面列出几种可供考虑的读写分配策略。

1）写操作后的读操作全部发送给主库

以新用户注册为例，用户注册后立刻登录系统，如果此时主库新写入的注册信息还没有同步到从库，那么此时用户无法登录，这将极大影响客户的使用体验。在这种情况下，除非能够确保主从节点间的同步时延控制在某个较短时间内，否则系统必须对这类写操作之后的读操作进行特殊处理。这类操作很常见，如用户在给系统更新数据后，都会要求能够立刻查看最新数据。然而，如何区分这些写操作之后紧跟的读操作是一个比较麻烦的问题。一方面，可以根据用户的会话或源地址进行流量切分，一旦用户执行了写操作，就将其后续会话操作全部导向主节点，从而保障其读写的一致性；另一方面，也可以考虑在业务代码层进行设计，将写操作之后的读操作引入主节点，这种方式对业务侵入性较强，尤其是在系统研发和系统兼容方面需要谨慎考虑。

2）从库读操作失败后继续读主库

上面的读写分配策略需要介入业务层面，为了减少业务代码修改，一种更简单的方式是在从库读操作失败后继续读主库。在写操作之后，如果从库没有及时同步最新数据，则用户在无法访问最新数据时就会去主库读取数据，因而能够有效规避某些业务对数据同步的时延需求。这种方式不需要修改代码，只需要对主库开放读写功能且对从库开放读功能，即在从库上实现二次读取功能就可以实现对最新数据的读取，实现方式比较简单，不需要对系统架构进行改动。然而，这种方式存在弊端，如果从库中存在大量读取失败的访问，则无论是业务需要还是用户恶意访问等，都将为主库带来较大的访问压力。

3）关键业务与非关键业务相互剥离

针对不同业务设置不同的分配策略，将关键业务与非关键业务相互剥离，从而实现主库、从库对读写需求的业务划分。例如，用户注册成功之后马上进行登录的场景、用户更新数据后需要立即显示的场景，都可以设置为关键业务。一种可行的分配策略如下：将关键业务的读写请求指向主库，非关键业务则按照主从节点读写分离的通用方式部署。这种方式也会对业务有一定程度的侵入，即需要显式区分关键业务与非关键业务。这种分配策略也可以结合上述第二种读写分配策略一起运用，如在正常读写分配策略下，对关键业务实现二次读取，即只对关键业务实现上述第二种分配策略，从而可以减小主库的二次访问压力，但对于关键业务的恶意访问仍然无法有效避免，一般需要针对恶意访问行为进行分析，从而采取进一步的处理措施。

3. 读写分配机制

对于不同的数据库软件产品，在建立读写分离模式的数据库集群时，有不同的实现方式。商业数据库软件和开源软件在这方面的实现方式也不相同。下面将从 3 个方面对其进行介绍。

1）商业数据库软件

商业数据库软件由于面向商业市场，其对稳定性和性能的要求较高，对数据库系统的功能和应用场景也有特定要求，因而一般会提供数据库系列软件实现集群功能，而这些软件一般以后台进程方式或守护进程方式来监控各个数据库节点，从而实现读写分离架构。在部署过程中，用户可直接按照官方使用说明快速部署数据库集群。

对于不具备自主研发能力、不具备专业化运维管理能力的企业，采用商业数据库软件是最直接、最高效的部署方式。

2）自研式程序封装

自研式程序封装指的是在构建业务层代码时，抽象一个数据访问层，实现对数据库服务器连接的管理，从而实现读写操作分离的功能。例如，基于 Hibernate 的封装可以实现读写分离，或者通过其他数据库连接封装程序进行自主研发。

这种程序封装方式具有以下特点。

（1）实现简单，能够根据业务实现定制化的功能。

（2）程序封装的方式与编程语言紧耦合，无法做到通用，如果一个业务包含多个编程语言实现的多个子系统，则重复开发的工作量比较大。

（3）在故障情况下，如果发生主从切换，则可能需要所有系统都修改配置并重启。

在目前的开源实现方案中，以淘宝的 TDDL（Taobao Distributed Data Layer）为例，它是一个通用数据访问层，所有功能封装在 Jar 包中提供给业务代码调用，其基于集中式配置的 JDBC Datasource 实现，具有主备、读写分离、动态数据库配置等功能。

3）第三方中间件

中间件封装指的是独立一套系统出来，实现读写操作分离和数据库服务器连接管理。第三方中间件对业务服务器提供 SQL 兼容的协议，业务服务器无须自己进行读写分离。对于业务服务器来说，访问中间件和访问数据库没有区别，事实上，从业务服务器角度看，第三方中间件就是一个数据库服务器。

采用数据库中间件方式具有以下特点。

（1）能够支持多种编程语言，因为数据库中间件对业务服务器提供的是标准 SQL 接口。

（2）数据库中间件要支持完整的 SQL 语法和数据库服务器协议。

（3）数据库中间件自己不执行真正的读写操作，但所有的数据库操作请求都经过数据库中间件，这对数据库中间件的性能要求比较高。

（4）数据库主从切换对业务服务器无感知，数据库中间件可以探测数据库服务器的主从状态。

例如，向某个测试表写入一条数据，成功的就是主机，失败的就是从机。由于数据库中间件的复杂度要比程序代码封装高很多，在一般情况下建议采用程序语言封装，或者使用成熟的开源数据库中间件。

如果是大公司，则可以投入人力去实现数据库中间件，因为这个系统一旦做好，介入的业务系统越多，则节省的程序开发投入就越多，价值也就越高。

1.2.2　大规模并行处理（MPP）架构

读写分离架构结合了当前业务需要读多写少的实际场景，分散了数据库读写操作的压力，能够利用多台服务器节点的计算资源，提高数据库架构的整体性能。然而，这种数据库架构没有分散数据库的存储压力，数据库不同节点间存在大量数据冗余。

随着大数据时代的到来，当数据库单表数据条目达到千万条甚至上亿条，数据容量达到数十 TB、数百 TB 甚至数 PB 时，单台数据库服务器的存储能力将会成为系统的瓶颈。总结起来，海量数据的影响主要包括以下几个方面。

（1）在海量数据场景下，数据库读写性能下降，当数据量太大时，索引也会变得很大，数据库性能将不断下降。

（2）数据文件将变得很大，数据库维护起来会面临新的困难。

（3）数据容量越大，数据备份与恢复需要的时间也越长。

基于上述原因，单台数据库服务器存储的数据量不能太大，需要控制在一定的范围内。在数据容量不断增大的应用场景下，除备份需要外，将数据分散存储到多台数据库服务器上也是必然要求。

在这种场景下，数据在各节点如何分布将是 MPP 架构的重点，下面首先介绍 MPP 架构的基本结构，然后重点介绍 MPP 架构各节点之间的数据分布方式。

1. 基本结构

MPP 架构的核心在于，数据库各节点都有自己的硬件资源，各节点之间通过专有网络联系，相互之间不存在共享资源，因而在处理数据时并行处理能力和扩展能力更好。在此场景下，各节点相互独立且完全对等，无共享存储资源，各自处理自己的数据，在需要面向全局处理数据时，查询结果需要通过中央节点或临时的中央节点进行协调，处理后的数据在节点间进行流转。一般来说，这种 MPP 架构被称为无共享（Share Nothing）架构，因此需要对集群的数据整体进行切分，按照一定规则分配到不同节点。在此基础上，每台服务器都可以独立工作，但每台服务器都仅能处理自身的数据。

虽然 MPP 架构的各个节点之间相互独立，但数据库集群在运行过程中，一般需要由控制节点来处理外部访问请求。基于控制节点的特殊地位，MPP 架构存在两种部署方案：一种方案是，MPP 架构通过设置独立的控制节点来管理数据库各数据节点，即完全不共享架构；另一种方案是，通过各数据节点自身来实现控制节点的功能，可以在数据节点中指定控制节点，也可以由各数据节点自由选择控制节点，具体需要由特定算法来实现，即完全对等不共享架构。

MPP 架构如图 1-3 所示。

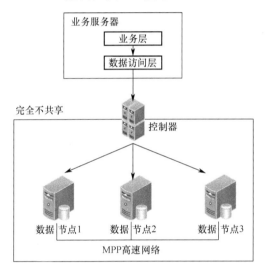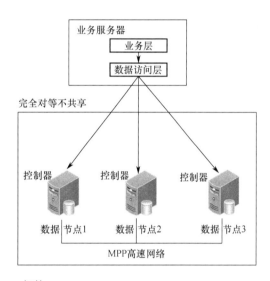

图 1-3　MPP 架构

当前，不同的数据库软件厂商在实现 MPP 架构时对控制器节点的处理方式不相同，有侧重于独立控制器节点的，也有在数据节点上独立运行控制功能的。两种实现方式在性能上各有优劣，单节点控制器可能存在单节点故障或性能瓶颈，但在节点数量不多或在控制节点优化处理的情况下，控制器节点能够做好 MPP 架构中各数据节点的访问分配功能。在部署过程中，完全不共享架构由于要单独部署控制器，会增加部署难度。

2. 架构指标

MPP 架构通过各个节点分散数据存储，从而提高架构整体性能。海量数据如何在各节点之间分布，后面会详细介绍。为进一步说明 MPP 集群的整体性能，下面根据数据库架构的各项指标分别进行介绍。

（1）一致性：MPP 架构中不存在共享资源，即不存在数据副本，因此可以不考虑其数据的一致性问题。如果 MPP 架构中为了实现容灾备份增加了节点，则需要根据其副本交互情况进行考虑。

（2）性能：读写操作需要分散到数据存储的各个节点，因此可以充分利用各节点计算性能，但集群整体性能并不是线性提高的，因为数据访问结果最终需要汇聚，实际性能与实现算法相关。MPP 集群在提高性能时，主要通过对数据的分布式存储实现。

（3）高可用性：MPP 架构的主要功能在于分散存储数据，因此在没有进行数据备份的情况下，如果某个节点丢失，则会导致这个节点上的数据无法访问。但在一般情况下，MPP 架构可以通过各节点副本提供冗余保护、自动故障检测和管理，从而让系统具有高可用性。对于有独立控制节点的 MPP 架构，还需要对其控制节点做冗余备份，否则一旦控制节点出故障就会影响整个数据库集群的运行。

（4）可扩展性：MPP 架构具有高可扩展性，支持集群架构节点的扩容和缩容，即通过增加节点，不断提高服务器架构的整体性能和存储容量。当前常用的 MPP 架构数据库可以将数据节点扩充到数百个甚至数千个。

（5）部署难度：节点数据量的增加会增加 MPP 架构的部署难度，需要在各节点间布置高速网络，如果通过第三方中间件来实现，则需要考虑软件和数据库的兼容性。

3. 数据垂直切分

MPP 架构各对等数据节点之间要进行数据分配，最直观的思路是按照业务逻辑功能进行数据切分。对于任何一个业务系统，一般包含多个业务模块，因此在其整体数据规模增大之后，各个模块可独立部署到独立服务器上。例如，对于一个购物网站，其包含用户信息、订单信息、商品信息等不同业务模块，因此可以将这 3 个模块的数据分别存储到不同的数据节点上，从而实现数据的切分，减少单节点的数据量。

这种业务功能切分能够分散单节点数据量，适用于各模块数据之间独立性较强的情况。但在不同模块之间数据交互比较频繁、连接查询比较多的情况下，数据库整体性能可能受到影响。例如，当不同功能模块的数据切分到不同节点后，数据库无法进行连接查询。以查询某类用户群体的订单情况为例，只能在一个数据库中先查询某类用户群体的信息，然后根据用户信息去另一个数据库中查询订单数据。如果数据库未根据业务功能进行切分，则实际上这个查询过程是很简单的，只需要进行一次连接查询即可。

另外，数据分散之后，在进行事务处理的时候，需要考虑不同数据库数据的一致性。一些中间件软件能够实现分布式数据库的事务处理过程，但不同的数据库需要适配，不是所有的 MPP 数据库都能够适配，有时候在性能上也无法满足需求。一般的做法是通过业务层代码实现数据的事务一致性，这对程序的代码实现要求较高，系统设计前一定要充分考虑任何数据失效或程序运行失败的场景。

根据系统业务功能进行数据切分，是一种粗粒度的数据切分方式。在单表数据量较大、数据字段较多时，可进行更细粒度的数据切分，即针对字段进行切分，将一张表切分成两张表。例如，在用户个人信息表中，包含了身份证号、姓名、年龄、性别、个人简介等多个字段，当数据量较大时，可以将常用的字段（如身份证号、姓名等）放到一张表中，其余不常用的字段放到另一张表中，这样在单表查询时可以减少数据量，从而提升查询性能。

在数据切分过程中，也可以根据实际情况进行多次切分，但需要掌握的原则是，数据切分应尽量根据数据查询的频繁程度进行，这样才能更好地贴合实际的应用需求。同样地，对字段进行切分会引入新的问题。例如，在数据量很大时，没有从根源上解决数据量的问题，对字段的切分可能会违背基本的数据库范式设计标准（目前互联网应用不严格要求数据库设计遵循各项范式标准）。

以上两种数据切分方式，是在粗、细两种维度进行的数据切分。这两种方式都是在纵向上对数据进行切分的，因此一般称为数据垂直切分。在进行数据垂直切分时，MPP架构一定要充分考虑不同业务之间的相互关系，尽量避免两种数据切分方式在连接查询、事务一致性及性能提升上不明显的情况。数据的垂直切分，尤其是按业务功能将数据进行切分，一定是在数据库单节点无法满足数据容量需求的情况下进行的。如果没有这一需求，那么单纯将数据按垂直方向切分得到的好处可能无法抵消由此带来的性能损失。数据垂直切分架构如图 1-4 所示。

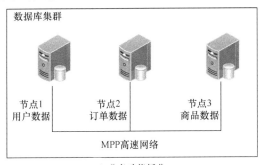

图 1-4　数据垂直切分架构

4. 数据水平切分

在数据库数据容量不断增大后，单表数据量通常很大，会达到千万条甚至上亿条数据的规模。此时对单表进行查询，会在性能上会遭遇瓶颈。这种场景需要对表进行切分，将这些数据分散到不同的表中，甚至分散到不同的数据库节点中。对数据条目的切分，不需要对表结构进行修改，因此一般称为数据水平切分。

目前，数据水平切分没有严格的实现标准，其主要取决于表的数据访问性能。当数据量大到访问表数据对业务有影响时，就可根据实际情况进行切分。对于一个字段比较多、内容存储容量消耗大的表，当数据量达到百万条或千万条级别时就影响访问效率了，这种表要尽早切分；对于一些简单的包含几个简单字段的表，存储数据量达到千万条时可能也不影响效率，在这种情况下也可以不对数据进行切分。因此，实际的数据切分一定要根据实际的业务需求进行判断。但是，当数据量不断增长时，需要提前考虑数据切分方案。

数据水平切分的规则有很多，有不同的算法可以实现，下面介绍几种比较常见的数据分布算法。

1）范围分布

按照某个字段的取值范围进行数据切分，不同范围的数据将分散到不同的数据库中。例如，以用户数据中的 ID 为例，可以按照 500 万条的范围进行分段，前 500 万条数据存在第一个数据节点中，第 500 万条到第 1000 万条数据存在第二个数据节点中，以此类推。具体的范围切分，需要考虑实际的业务表字段数量和大小。分段过小会导致节点数量太多，分段过大可能会导致单表仍然存在性能问题。数据按范围切分的好处在于，随着数据量的增加，可以平滑地将数据扩充到新的数据库节点中，同时不需要对旧数据进行修改。但按范围切分存在一个隐含的缺点，即最后一个节点存储的数据量可能小于前面几个节点，在节点数量较少时数据分布不够均匀。

2）哈希分布

哈希分布指的是按照表中一列或多列字段的数据进行哈希计算，并根据哈希值和哈希映射表，将数据分布到映射的节点上。例如，以订单表为例，开始时系统规划了 8 个数据库节点，最简单的实现方式是通过订单 ID 对 8 进行取余操作，从而将订单划分到不同的节点中。对数据进行哈希切分，需要重点关注初始表数据的选取，一定要根据实际的数据量，以及未来数据量的增长情况进行有效预判，从而对数据进行切分。哈希分布的优点在于数据分布非常均匀，但是一旦数据量增长迅速，在需要增加节点时，扩充新的节点就需要对所有数据重新进行哈希计算。

3）配置分布

配置分布指的是通过指定独立的配置记录来查找数据节点。同样以订单数据为例，通过新增一张配置表记录所有订单和节点之间的匹配信息，当需要查询某个订单时，首先查询这个配置表，就可以知道数据存放在哪个节点上。配置分布方式设计比较简单，使用起来也非常灵活，在数据扩充的时候，只需要在最原始的配置表中增加记录即可。配置分布的缺点在于每次查询时需要首先查询配置表，即多查询一次。如果数据条数比较多，如数据量增大到几亿条时，那么配置表本身可能也存在性能瓶颈。因此，使用配置分布时要预估整体数据量。

5. 实现方式

与读写分离架构类似，商业数据库公司一般会根据产品应用场景设计专用的后台进程或控制程序来实现数据分配，也有一些开源数据库软件产品通过自研式程序封装或第三方中间件的形式来实现数据分配。一般而言，MPP 架构比读写分离架构的实现方式要复杂一些：读写分离架构只需要识别 DML 语言是写操作还是读操作，判断 SQL 操作中的 SELECT、UPDATE、INSERT、DELETE 等关键字即可；MPP 架构不仅要判断操作类型，还要判断 SQL 操作的表及不同的 SQL 函数，各节点在面向不同的 SQL 操作时处理的过程也不一样。

对于 SELECT、UPDATE、DELETE 等操作，如果针对的是全表操作，那么直接将 SQL 指令发向各节点，各节点返回执行结果即可；如果针对的是一部分数据，则根据当前数据分布规则，只需要将 SQL 指令发向匹配规则的节点。INSERT 操作类似，需要根据插入的一条或多条 INSERT 语句按照数据分布规则由匹配节点分步执行。

其他的特定操作，需要根据不同的 SQL 规则分别制定实现流程。例如，对于 JOIN、ORDER BY 等操作，由于数据分散在各个节点中，需要在程序封装代码或第三方中间件中同各节点进行多次操作，最终将获取结果进行合并，其整体实现性能依赖各节点实现过程。对于 COUNT 操作，执行过程可以和 JOIN 操作类似，但为了增强查询性能，减少每次在各个节点进行 COUNT 操作带来的性能影响，可以设置一个专用记录表，记录各节点、各表当前的数据量，这样每次在数据库中执行 COUNT 操作时，就可以通过累加各节点已经记录的表数据量快速获得结果。这种方式也有缺点，当各节点数据发生变化，即进行增、删操作时，都需要实时更新专用记录表。

MPP 架构对不同 SQL 操作的处理方式不同，主要是因为不同 SQL 指令的原理是不一样的。同样，MPP 架构在实现过程中对数据切分方式的使用也不是固定的。什么情况下采用数据垂直切分，什么情况下采用数据水平切分，在 MPP 架构设计之初就需要规划好。例如，当单台数据库服务器的访问量超过机器存储容量的一半时，就要考虑通过多台数据库服务器进行数据切分。如果业务功能模块能够有效拆分，或者业务对数据的操作集中在某些字段上，那么可以考虑使用数据垂直切分方法；如果存储的压力主要源于一些关键表的数据量太大，那么可以考虑采用数据水平切分方法。不管是哪种方法，MPP 架构的实现方式不是一成不变的，一定是和业务深度关联的。

1.2.3　多实例数据共享架构

在读写分离架构中，数据的写操作保存在主节点，因此业务系统对主节点服务器的存储性能要求较高。为了提高数据存储容量、存储性能及共享访问方式，在数据库集群实现案例中，通过存储区域网络（Storage Area Network，SAN）等高速存储网络实现集群架构的数据存储，将服务器计算节点和存储节点进行解耦。在这种数据库集群架构中，各计算节点运行数据库的多个实例，分担业务服务器的数据访问请求，并将数据操作汇聚到共享存储当中。由于数据库实例能够不断增加，因此数据库集群能够实现计算能力的扩展，同时利用 SAN 技术高速存储、可扩展性方面的优势，最终实现数据库集群架构的多实例数据共享。

1. 基本结构

在数据库集群中，多实例数据共享架构一般使用共享磁盘（Share Disk）的方式。在使用共享存储时，各服务器计算节点能够正常挂载共享存储。为提高系统的数据安全性，在使用共享存储时也可以根据情况构建数据备份节点。

多实例数据共享架构如图 1-5 所示。

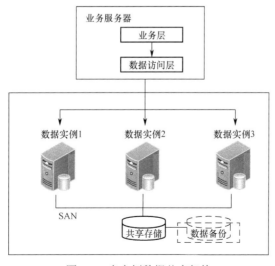

图 1-5　多实例数据共享架构

2. 架构指标

多实例数据共享架构通过多数据库实例来提高数据库架构整体性能，下面分别根据各项指标进行说明。

（1）一致性：共享存储使数据的访问具有唯一性和集中性，针对共享存储的数据备份，主要是容灾备份，因此也不存在数据一致性问题。

（2）性能：读写操作关联的数据库处理由系统分散到各个实例中，最终将更新到共享存储上。基于 SAN 的共享存储在性能上远高于通用存储，因此基于 SAN 的多实例数据共享在性能上有显著提高，但受共享存储的影响，这种架构只适用于小型数据库集群，一般为面向几十个节点的数据库集群。

（3）高可用性：在数据库集群架构实例丢失的情况下，不影响系统整体性能。在共享存储发生故障的情况下，系统不可用，一般可通过备份节点进行切换，因此其高可用性可以满足数据库集群架构的基本需求。

（4）可扩展性：在并发能力方面，通过增加数据库实例来提升系统的可扩展性；在系统存储容量方面，高速共享存储在扩容方面的能力也较为突出，能够根据需求扩充存储，但共享存储的单节点访问限制使多实例数据共享在可扩展性方面存在上限。

（5）部署难度：数据库集群架构部署的难度在于多实例节点和共享存储之间的网络交互，一般需要构建 SAN 存储结构。数据库集群架构整体逻辑不复杂、数据切换逻辑简单、对应用透明，因而部署方案比较成熟。

1.3 主流厂商数据库集群产品简介

1.3.1 MySQL

MySQL 作为一款开源的关系型数据库，目前在互联网领域应用非常广泛。MySQL 虽然比较轻便小巧，但支持大型的数据库部署模式，是能够处理上千万条记录的大型数据库。MySQL 提供原生的文档数据库支持，使用 GPL 开源协议，主要提供免费的社区版软件，同时也提供收费的企业版本软件和技术支持。MySQL 的开源性使其在互联网领域得到广泛应用和普及，并能够根据业务需求研制定制化需求的 MySQL 系统。基于其开源性，有多种开发组件或第三方中间件可以构建 MySQL 数据库集群架构，因此在 MySQL 部署过程中，需要根据业务需求进行 MySQL 的技术选型。

目前，常见的支持 MySQL 进行数据库集群架构的第三方中间件有 MySQL Proxy、MySQL Cluster 等。

1. MySQL Proxy

MySQL Proxy 是 MySQL 官方提供的 MySQL 中间件服务，是一个处于业务端和 MySQL Server 端之间的代理程序，可以监测、分析和改变它们的通信。MySQL Proxy 使用 MySQL 协议，使用灵活，常见的用途包括负载平衡、读写分离、故障查询分析、查询过滤和修改等。当服务器需要访问数据库时，将直接连接到 MySQL Proxy，通过这个代理程序访问后端的多个 MySQL 服务器，如图 1-6 所示。在 MySQL 读写分离实施过程中，主节点处理写操作，从节点处理读操作，非常适合读操作量比较大的场景，可减轻单节点的压力。在使用 MySQL Proxy 实现 MySQL 的读写分离时，MySQL Proxy 实际上是后端 MySQL 服务器的代理，直接接受客户端的请求，对 SQL 语句进行分析，判断是读操作还是写操作，然后分发至对应的 MySQL 服务器上。MySQL Proxy 相当于一个连接池，负责将前台应用的连接请求转发给后台数据库，并且通过使用 Lua 脚本，实现复杂的连接控制和过滤，从而实现读写分离和负载平衡。对应用来说，MySQL Proxy 是完全透明的，应用只需要连接到 MySQL Proxy 的监听端即可。当然，MySQL Proxy 机器可能出现单节点失效，但完全可以使用多个 MySQL Proxy 机器作为冗余，在应用服务器的连接池中配置多个到 MySQL Proxy 的连接参数即可。

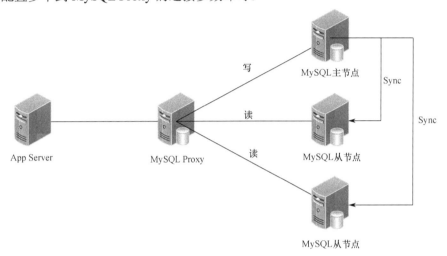

图 1-6　MySQL Proxy

任何使用 MySQL 数据库的服务器程序都无须修改任何代码，即可迁移至 MySQL Proxy 上。另外，MySQL Proxy 允许用户指定 Lua 脚本对请求进行拦截，同时能够对请求进行分析与修改，它还允许用户指定 Lua 脚本对服务器的返回结果进行修改，加入一些结果集或去除一些结果集。

2. MySQL Cluster

MySQL Cluster 是 MySQL 家族中的产品，是一个基于 NDB Cluster 存储引擎的完整分布式数据库系统。它不仅具有高可用性，而且可以自动切分数据，还具有冗余数据等高级功能。在功能实现上，MySQL Cluster 是一个无共享（Share Nothing）的数据库集群架构，MySQL 服务器之间不共享任何数据，因此具备高度的可扩展性和可用性。

MySQL Cluster 的集群环境主要由 3 部分组成，如图 1-7 所示。

1）NDB 管理节点（NDB 管理服务器，NDB Management Server）

NDB 管理节点负责整个 MySQL Cluster 中各个节点的管理工作，主要用于管理 MySQL Cluster 中的其他类型节点，通过它可以配置各节点信息、启动和停止各个节点、对各个节点进行常规维护，以及实施数据的备份恢复等。NDB 管理节点会获取整个 MySQL Cluster 环境中的各节点状态和错误信息，并且将集群中各个节点的信息反馈给其他节点。由于管理节点上保存了整个集群环境的配置，同时承担了集群中各节点的基本沟通工作，所以它必须是最先被启动的节点。

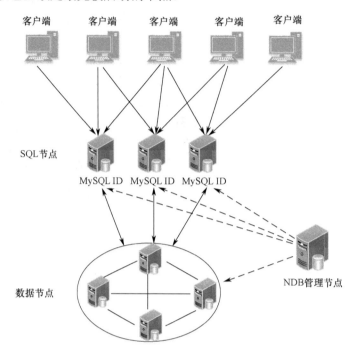

图 1-7　MySQL Cluster

2）SQL 节点

在 MySQL Cluster 中，一个 SQL 节点就是一个使用 NDB 管理节点引擎的 MySQL 服务器进程，是外部应用提供集群数据的访问入口。SQL 节点主要负责实现数据库在存储层上的所有事情，如连接管理、查询优化和响应、缓存管理等。在纯 MySQL Cluster 环境中的 SQL 节点，可以被认为是一个不需要提供任何存储引擎的 MySQL 服务器，因为它的存储引擎由 MySQL Cluster 环境中的 NDB 管理节点来担任。所以，SQL 层各 MySQL 服务器的启动与普通 MySQL 服务器的启动有一定的区别，需要进行独立设置。

3）数据节点

数据节点主要用于存储集群数据，从而实现底层数据存储功能。每个数据节点保存完整数据的一个分片，这主要是受节点数目和参数控制的，因此 MySQL Cluster 在存储层上不会出现数据单节点存储的问题。在实际使用中，单节点存储所有数据还是一部分数据还受存储节点数目的限制。在通常情况下，可以通过设置参数来配置数据节点，从而控制数据的冗余存储情况。

1.3.2　Oracle

作为目前功能最强大的关系型数据库软件厂商，Oracle 提供了一套全面的数据库高可用性功能组件，用于减少数据库服务器计划内和计划外的停机，并不断提高数据的整体性能。数据库集群作为 Oracle 高可用性的一种实施方案，目前已经形成了几项成熟的技术架构。下面介绍 Oracle 的 3 种高可用性集群方案。

1. Oracle RAC

Oracle RAC 中的 RAC 是 Real Application Cluster 的英文缩写，中文含义是真正的应用集群。通常说的 Oracle RAC 指的是广义的 RAC 集群，整个集群系统由 Oracle Clusterware 和 Real Application Clusters 两部分组成（Oracle 的命名规则可能容易引起混乱，如 Oracle 数据库在运行时分为 Oracle 实例和数据库两部分）。RAC 指借助"某种集群件"搭建出来的一个"多实例、单数据库"的环境，其主要优点为具有高可用性和负载均衡，一个节点发生故障不会影响整个业务的运行。这里的集群件可以是 Oracle Clusterware，也可以是其他的集群件，如 Sun Cluster 等。Oracle Clusterware 作为集群硬件管理软件，一方面向下管理硬件资源，另一方面向上为 RAC 提供服务。简单总结为，Oracle RAC 将分布式实例进行集中统一管理，而 Oracle Clusterware 将分布式主机虚拟成一台计算机，两者之间面向的对象和处理的层次是不一样的。

图 1-8 为一个双节点 Oracle RAC 集群。在 Oracle RAC 整体架构中，Oracle Clusterware 用来连接不同的分布式主机，其上连接 Oracle ASM，并向上为 RAC 实例和 RAC 监听器提供服务。Oracle ASM（Automatic Storage Management）是 Oracle 10g R2 版本中为了简化 Oracle 数据库的管理而推出的一项新功能。作为 Oracle 的卷管理器，它不仅支持单实例部署模式，同时也提供了与操作系统平台无关的文件系统、逻辑卷管理及软 RAID 服务（支持条带化和磁盘镜像）。

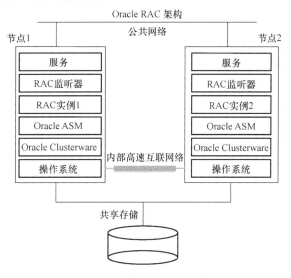

图 1-8 双节点 Oracle RAC 集群

Oracle RAC 集群可以根据设定的调整策略，在集群中实现负载均衡功能。在集群中每个节点都是正常工作的，各个节点也是相互监控的。当集群中某个节点出现故障时，Oracle RAC 会自动将故障节点从集群中隔离，并将失败节点上的业务自动切换到其他健康节点上。对于 Oracle RAC 集群来说，业务系统的稳定是非常重要的。当集群系统不能满足繁忙的业务时，Oracle RAC 可以随时添加集群节点并能够自动加入集群中，不会存在业务停滞的情况。反之，当不需要某个节点时，删除节点也是很方便的。

Oracle RAC 的核心是共享磁盘子系统，集群中所有节点必须能够访问所有数据、重做日志文件、控制文件和参数文件，数据磁盘必须是全局可用的，允许所有节点访问数据库，每个节点都有自己的重做日志和控制文件，但是其他节点必须能够访问它们，以便在节点出现系统故障时能够恢复。

Oracle RAC 运行于集群之上，为 Oracle 数据库提供了最高级别的可用、可伸缩和低成本的计算能力。如果集群内的一个节点发生故障，Oracle 可以继续在其余的节点上运行。Oracle 的主要创新是一项称为高速缓存合并的技术，高速缓存合并使集群中的节点可以通过高速集群互联高效地同步其内存高速缓存，从而最大限度地降低磁盘 I/O。高速缓存最重要的优势在于它能够使集群中所有节点的磁盘共享对所有数据的访问，数据无须在节点间进行分区。Oracle 是唯一可以提供这一能力的开放系统数据库厂商。

2. Oracle Data Guard

Oracle Data Guard 是 Oracle 数据库公司针对企业数据库的数据可用性、数据保护和灾难恢复的解决方案，主要针对 Oracle 数据库读写分离架构进行设置。它提供管理、监视和自动化软件基础架构来创建和维护一个或多个同步备用数据库，从而保护数据不受故障、灾难、错误和损坏的影响。Data Guard 的主要功能是数据库同步，因此在构建读写分离集群架构时，能够直接影响不同节点之间的数据同步与一致性需求。

Data Guard 可以位于同一个建筑物、同一个校园，甚至同一个城市中，也可以位于与主库相隔几千千米的远程备份数据库中。如果生产数据库由于计划中或计划外的原因中断而变得不可用，Data Guard 可以将任意同步的备用数据库切换成生产角色，从而使停机时间缩到最短并防止数据丢失。备用数据库最初是由主数据库的一个备份副本创建的。一旦创建了备用数据库，Data Guard 会自动将主数据库重做数据传输给备用系统，然后将重做数据应用到备用数据库中，从而使备用数据库成为与主数据库保持同步的副本。Data Guard 主要通过 Data Guard Broker 来实现数据同步功能，如图 1-9 所示。Data Guard Broker 是一个分布式管理框架，主要用于自动创建、维护和监视 Data Guard 配置，可以使用 OEM（图像化界面）或 DGMGRL（命令行方式）进行以下操作。

（1）创建和激活 Data Guard 配置，包括设置重做传输服务和日志应用服务。

（2）可以在任何系统的配置中管理整个 Data Guard 配置（所有的主数据库和备用数据库）。

（3）管理和监视 Oracle RAC 主数据库、备用数据库的 Data Guard 配置。

（4）简化角色切换操作，只要 DGMGRL 的一条命令或 OEM 的一个按钮就可以进行切换和灾备转移。

（5）在主数据库不可用时，可以激活灾备快速启动功能，从而快速进入灾备模式。

Data Guard 提供了两种方法将这些重做数据应用到备用数据库中，并使之与主数据库同步。这两种方法与 Data Guard 支持的两种类型的备用数据库对应，即重做应用于物理备用数据库，SQL 应用于逻辑备用数据库。物理备用数据库提供与主数据库在物理上完全相同的副本，磁盘上的数据库结构与主数据库在块级别上完全相同。数据库模式（包括索引）都是相同的。重做应用技术使用标准 Oracle 介质恢复技术在物理备用数据库上重做数据。除传统的 Data Guard 功能外，适用于 Oracle 11g 的 Active Data Guard 选件使物理备用数据库可以在应用来自主数据库的更新时开启只读功能，这使物理备用数据库可以减少主数据库在处理只读查询和报表时的负担，也使对备用数据库是否时刻与主数据库同步的验证变得简单。

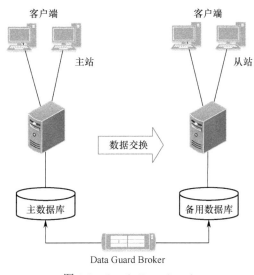

图 1-9　Oracle Data Guard

虽然数据的物理组织和结构可能不同，但逻辑备用数据库与生产数据库包含相同的逻辑信息。SQL 应用技术将从主数据库接收的重做数据转换成 SQL 语句，然后在备用数据库上执行，使逻辑备用数据库与主数据库保持同步。这样，在将 SQL 应用到逻辑备用数据库的同时，还可以开启逻辑备用数据库的读写功能，并访问逻辑备用数据库，以进行查询和报表操作。

3. Oracle MAA

Oracle 最高可用性架构（Maximum Availability Architecture，MAA）其实不是独立的第三种架构，而是前面两种架构的结合，它向客户提供一整套可无缝协作的高可用性功能框架，从而实现最高级别的可用性。例如，在每个机房内部署 Oracle RAC 集群，实现高并发的负载均衡功能，多个机房之间用 Oracle Data Guard 同步，实现数据异地冗余备份，客户端通过广域网连接到最近的 Oracle RAC 集群中，如图 1-10 所示。Oracle MAA 还为客户提供了一个可显著降低数据库高可用性部署成本和复杂性的最佳实践蓝图。

Oracle MAA 最佳实践涉及 Oracle Database、Oracle Application Server、Oracle 应用产品和 Grid Control。Oracle MAA 考虑了各种业务需求，以使这些最佳实践得到尽可能广泛的应用。Oracle MAA 使用更低成本的服务器和存储，随着 Oracle 版本的更新而不断发展完善。Oracle MAA 独立于硬件和操作系统。

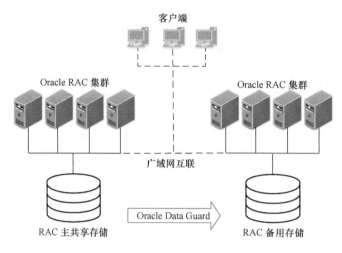

图 1-10 Oracle MAA

1.3.3 Greenplum

Greenplum 是一个开源的分布式数据库存储解决方案，最早是在 2002 年出现的，其基于流行的 PostgreSQL 开发，是一款面向数据仓库应用的关系型数据库。Greenplum 具有良好的体系结构，在数据存储、高并发、高可用、线性扩展、反应速度、应用性和性价比等方面优势明显，受到广泛好评。随着大数据时代的到来，Greenplum 开始专注于数据库集群架构的研发与拓展，并关注数据仓库和商业智能方面，可以在虚拟化 x86 服务器上运行无共享（Share Nothing）的大规模并行处理（MPP）架构。根据 Greenplum 的描述，Greenplum 的性能在数据量为 TB 级时表现非常优秀，单机性能相比 Hadoop 要快几倍；在功能和语法上，Greenplum 要比 Hadoop 上的 SQL 引擎 Hive 好用很多，普通用户更加容易上手。Greenplum 有相对完善的工具，整个体系都比较完善，不需要像 Hive 一样花费太多时间和精力进行改造。同时，Greenplum 能够方便地与 Hadoop 进行结合，直接在数据库上写 MapReduce 任务，同时配置较为简单。

1. 主要特性

Greenplum 数据库简称 GPDB，它具有丰富的特性。

（1）完善的标准支持：GPDB 完全支持 ANSI SQL 2008 标准和 SQL OLAP 2003 扩展；从应用编程接口上讲，GPDB 支持 ODBC 接口和 JDBC 接口。Greenplum 完善的标准支持使系统开发、维护和管理都极为方便；而现在的 NoSQL、NewSQL 和 Hadoop 对 SQL 的支持都不完善，不同的系统需要单独开发和管理，且移植性不好。

（2）支持分布式事务，支持 ACID，保证数据的强一致性。

（3）作为分布式数据库，GPDB 具有良好的线性扩展能力。在国内外用户生产环境中，具有上百个物理节点的 GPDB 集群有很多应用案例。

（4）GPDB 是企业级数据库产品，全球有上千个集群在不同客户的生产环境中运行。这些集群为全球很多大的金融机构、政府部门及物流、零售等企业的关键业务提供服务。

（5）GPDB 是 Pivotal 公司十多年研发投入的结果。GPDB 基于 PostgreSQL 8.2 研

发，PostgreSQL 8.2 有约 80 万行源代码，而 GPDB 有约 130 万行源代码。GPDB 相对于 PostgreSQL 8.2，增加了约 50 万行源代码。

（6）Pivotal 有很多合作伙伴，GPDB 有完善的生态系统，可以与很多企业级产品集成，如 SAS、Cognos、Informatic、Tableau 等；也可以与很多种开源软件集成，如 Pentaho、Talend 等。

2. 基本结构

Greenplum 目前在数据库集群领域的应用主要是构建 MPP 架构数据库集群，数据库由主服务器（Master Sever）和分段服务器（Segment Sever）通过专用网络互联组成，其基本结构如图 1-11 所示。

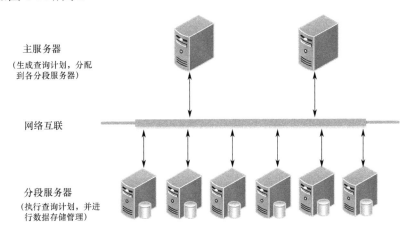

图 1-11　Greenplum 的基本结构

主服务器是整个系统的控制中心和对外的服务接入点，它负责接收用户 SQL 请求，将 SQL 生成查询计划，并进行并行处理优化，然后将查询计划分配到所有的分段服务器，协调组织各分段服务器按照查询计划一步一步地进行并行处理，最后获取分段服务器的计算结果，再返回给客户端。从用户的角度看 Greenplum 集群，看到的只是主服务器，无须关心集群内部的机制，所有的并行处理都是在主服务器控制下自动完成的。主服务器节点一般设置为 1 个或 2 个（互为备份）。

分段服务器是 Greenplum 集群执行并行任务的并行运算节点，它接收主服务器的指令进行并行计算，因此所有分段服务器的计算性能总和就是整个集群的性能。通过增加分段服务器，可以线性提高集群的处理性能和存储容量，分段服务器可包含 1～10000 个节点，但在目前的公开信息中，实际部署的 Greenplum 集群还没有遇到过服务器节点达数千个量级的情况。Greenplum 集群通过将数据分布到多个服务器节点上来实现规模数据的存储，充分利用 Segment 主机的 I/O 能力，让系统发挥最大的 I/O 能力。

网络互联（Interconnect）部分是主服务器与分段服务器、分段服务器与分段服务器之间的数据传输组件，它基于高速交换机实现数据在节点间的高速传输。随着网络设备处理速度的快速提升，目前网络互联部分不再是单一的网络连接架构，而是逐渐过渡到适应数据中心网络的新型架构，从而支持包含更多服务器节点的 Greenplum 集群。

综上所述，主服务器负责建立与客户端的连接并进行管理，解析 SQL 并形成执行计划，然后向各分段服务器分发并收集执行结果。主服务器不存储业务数据，只存储数据字典。分段服务器负责业务数据的存取，以及用户查询 SQL 语句的执行。

1.3.4 数据库中间件

在一般情况下，当应用系统只需要一台数据库服务器时，用不到数据库集群架构。前面介绍的几款常见数据库一般自带基本的数据库读写分离、分库分表功能，或者通过自带的代理软件来实现相关功能，但需要面对异构数据库时，就需要对数据库层抽象，来管理这些异构数据库。这个时候，最上层的应用只需要面对一个数据库层抽象，从而简化应用的开发部署。这个数据库层抽象就是数据库中间件，也能够用来构建底层的数据库集群。通常而言，数据库是对底层存储文件的抽象，通过表和字段来操作实际的数据，而数据库中间件产品是对各类数据库的抽象。

目前比较常用的数据库中间件有很多，包括 Mycat、ShardingSphere 等，下面分别对 Mycat 和 ShardingSphere 进行介绍。

1. Mycat

Mycat 是一款开源的分布式数据库系统，服务器前端可以把它看成一个数据库代理（类似于 MySQL Proxy），通过客户端工具或命令行就可以访问，但后端可以用 MySQL 原生协议与多个 MySQL 服务器通信，也可以用 JDBC 协议与大多数主流数据库服务器通信。Mycat 基于阿里开源的 Cobar 产品研发，解决了 Cobar 当时存在的一些问题，并融入业界优秀的开源项目功能和创新思路，目前作为一款开源产品在互联网领域得到广泛应用，社区活跃度很高，在功能和性能上甚至超越某些商业产品。

通过以上介绍可以看出，MySQL Proxy 的主要功能是代理 MySQL 数据库，而 Mycat 这类数据库中间件产品，主要起到前端和后端各类异构数据库的桥梁作用。如果使用简单的读写分离功能，MySQL Proxy 就可以直接对 MySQL 数据库进行代理，用于分配不同类型的读写流量。但对于非 MySQL 数据库，Mycat 的优势得以发挥。Mycat 目前能够实现数据库读写分离、分库分表等集群功能，不但支持传统的 Oracle、MySQL、SQL Server、PostgreSQL、DB2 等关系型数据库，还支持 MongoDB 等非关系型数据库。与众多其他类型的数据库相比，它的主要特点可以概括为以下几点。

（1）彻底开源的、面向企业应用开发的大数据库集群。

（2）支持事务、ACID，并可以替代 MySQL 的加强版数据库。

（3）一个可以视为 MySQL 集群的企业级数据库，用来替代昂贵的 Oracle 集群。

（4）一个融合内存缓存技术、NoSQL 技术、HDFS 大数据的新型 SQL Server。

（5）结合传统数据库和新型分布式数据仓库的新一代企业级数据库产品。

（6）一个新颖的数据库中间件产品。

在这里，Mycat 的核心功能是分表分库，将一个大表水平分割为多个小表，存储在后端 MySQL 或其他数据库中。Mycat 能够完全实现分布式事务处理，通过 Mycat

Web 可以完成可视化配置、智能监控和自动运维。通过 MySQL 本地节点，完整地解决数据扩容难题，实现自动扩容机制。图 1-12 展示了 Mycat 的一种实际部署形式。

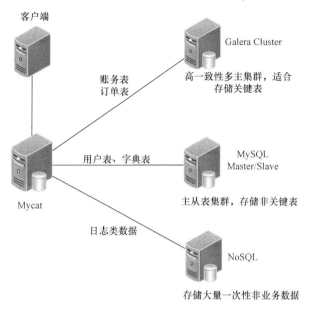

图 1-12　Mycat 的一种实际部署形式

2. ShardingSphere

ShardingSphere 的前身是 Sharding-JDBC。Sharding-JDBC 是一套扩展于 Java JDBC 层的分库分表中间件，起源于当当网内部应用框架的数据库访问层组件。由于分库分表需求具有相对普遍性，并且具备独特的生命力和关注度，因此将其抽离为独立的项目，命名为 Sharding-JDBC，并于 2016 年年初开源。

ShardingSphere 不是专为 MySQL 实现集群架构设计的，但在实现 MySQL 集群架构时性能强大。经过多年发展，ShardingSphere 已经成为开源分布式数据库中间件解决方案组成的生态圈，由 JDBC、Proxy 和 Sidecar 这 3 款相互独立却又能混合部署、配合使用的产品组成。它们均提供标准化的数据分片、分布式事务和数据库治理功能，适用于 Java 同构、异构语言、云原生等各种多样化的应用场景。ShardingSphere 已于 2020 年 4 月 16 日成为 Apache 软件基金会的顶级项目。

ShardingSphere 的基本结构如图 1-13 所示。

Sharding Sphere-JDBC 定位为轻量级 Java 框架，在 Java 的 JDBC 层提供额外的服务。它使用客户端直连数据库，以 Jar 包形式提供服务，不需要额外部署和依赖，可理解为增强版的 JDBC 驱动，完全兼容 JDBC 和各种 ORM 框架。本模块适用于任何基于 JDBC 的 ORM 框架，如 JPA、Hibernate、Mybatis、Spring JDBC 或直接使用 JDBC；支持任何第三方的数据库连接池，如 DBCP、C3P0、BoneCP、Druid、HikariCP 等；支持任意实现 JDBC 规范的数据库，目前支持 MySQL、Oracle、SQL Server、PostgreSQL，以及任何遵循 SQL92 标准的数据库。

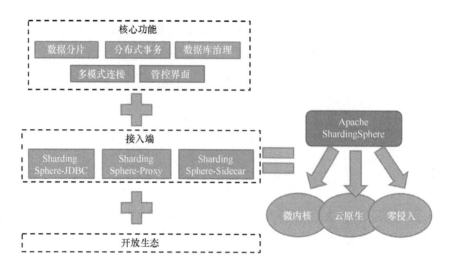

图 1-13　ShardingSphere 的基本结构

Sharding Sphere-Proxy 定位为透明化的数据库代理端，提供封装了数据库二进制协议的服务端版本，用于实现对异构语言的支持。目前，其提供 MySQL 和 PostgreSQL 版本，可以使用任何兼容 MySQL 和 PostgreSQL 协议的客户端操作数据，对 DBA 更加友好。

Sharding Sphere-Sidecar 定位为 Kubernetes 的云原生数据库代理，以 Sidecar 的形式代理所有对数据库的访问。通过无中心、零侵入的方案提供与数据库交互的啮合层，即 Database Mesh，又可称为数据库网格。

1.4　达梦数据库集群简介

达梦数据库作为一款性能优良、在大量生产网络中得到部署应用的国产优秀数据库代表，在数据库集群领域也实现了主流架构的全覆盖。针对基础的数据备份与实时灾备功能，武汉达梦数据库股份有限公司推出了达梦数据库数据守护集群软件（DM Data Watch）；针对 Web 常见应用读多写少的主流现状，武汉达梦数据库股份有限公司推出了达梦数据库读写分离集群软件（DMRWC）；针对大规模数据处理性能扩展的问题，武汉达梦数据库股份有限公司推出了达梦数据库大规模并行处理（DMMPP）集群软件；针对数据库服务器性能瓶颈，武汉达梦数据库股份有限公司推出了达梦数据库数据共享集群软件（DMDSC）。可以看到，武汉达梦数据库股份有限公司实现了主流的数据库集群架构，并广泛应用于真实的企事业单位网络中，可作为高性能数据库集群基于国产数据库软件设计实现的典范。下面简要介绍达梦数据库这 4 种集群的基本情况和主要特点。

1.4.1　达梦数据库数据守护集群

达梦数据库数据守护集群是一种面向数据库的、具有实时灾备功能的高可用数据库集成化解决方案，是数据库实时同步备份、异地容灾的首选方案。达梦数据库数据守护集群能够有效应对各类硬件故障、自然灾害等极端情况，避免数据损坏、丢失，并且可以快速恢复数据库服务，满足向用户不间断提供数据库服务的要求。从原理上讲，达梦数据库数据守护集群主要实现的是实时主备数据库架构，通过专用的守护集成和监控进程，实现主备数据库的实时数据备份和瞬时切换，从而保障数据库的可用性，提高数据安全性。它的实现原理很简单，由一个主库及一个或多个配置了实时归档模式的备库组成实时主备系统。当主库数据修改时，数据库中的 REDO 日志随之修改，并发送到备库中。实时备库通过重演 REDO 日志与主库保持数据同步。当主库出现故障时，备库在将所有 REDO 日志重演结束后，就可以切换为主库对外提供数据库服务。传统的数据备份、还原过程会随着数据量的增大而延长数据恢复时间，可能达到数小时甚至更长时间，但通过守护进程进行的主备库切换只需要几秒钟。

达梦数据库数据守护集群的大部分功能都包含在达梦数据库软件中，包括数据库系统、日志系统、高速网络连接等部分，需要额外部署的主要是守护进程和监视器。守护进程主要用来监控数据库实例的运行状态，同时与其他守护进程和监视器交换状态信息；监视器则要对全体守护进程和数据库实例状态进行全方面监管，从而确保整个数据库集群的稳定运行。

达梦数据库数据守护集群的主要特点包括以下方面。

（1）部署模式简单。在通常情况下，仅需要对主机、备机进行一些文件的配置即可将达梦数据库数据守护集群搭建完成。

（2）故障处理全面。达梦数据库数据守护集群能够针对主机故障、备机故障、外部网络故障、内部网络故障、监视器故障等问题提供相应的处理措施。

（3）灾备切换迅速。达梦数据库数据守护集群中的每个数据库实例都会配置一个守护进程，从而通过守护进程之间的状态通信来执行主备数据库的灾备切换和恢复。

（4）整体性能稳定。在大规模并发场景下，达梦数据库数据守护集群的性能与单机性能相比并无明显损耗，主要是日志的同步备份对系统性能无明显影响。

达梦数据库数据守护集群除了应对简单的灾备切换，在通常情况下可能会和达梦数据库其他类型的集群架构同步部署，因为守护进程无法解决集群的整体性能问题，因而在设置高可用、高性能的数据库集群时，需要达梦数据库多种集群架构技术的共同实施。

1.4.2　达梦数据库读写分离集群

达梦数据库读写分离集群是达梦数据库提供的一个用于提升并发事务处理性能的集群组件。在一个高并发的事务型系统中，当写事务占的比例相较读事务小时，读写分离架构可通过客户端来实现读、写事务的自动分离，读事务在备机执行，写事务在主机执行，进而减轻主机的负载。同时，在设置数据库主备服务器时，增加备机节点数量及硬件资源，能够有效提高系统的并发能力，从而增强系统性能。

达梦数据库实现了事务级别的读写操作分离执行的技术方案，主要体现在：若事务全为读操作，则全部在备机上执行；若事务全为写操作，则全部在主机上执行；若事务既有读操作又有写操作，备机会将写操作返回主机执行，该事务中从写操作开始以后的所有操作均在主机上执行，从而保证事务的一致性；如果事务中含有存储过程或存储函数，那么支持存储过程或存储函数中的读写操作分离执行。

达梦数据库读写分离集群的主要特点如下。

（1）性能提升。达梦数据库读写分离集群特别适合办公系统、网站等以读为主，且只读事务多于写事务的业务场景，在这样的场景中，数据库性能可得到较明显的提升。

（2）高可用性。在设置达梦数据库守护进程的前提下，达梦数据库读写分离集群可配置多个实时备机冗余，提高可靠性，因此也支持秒级的故障快速切换。

（3）可扩展性。随着用户访问数量的增加，达梦数据库读写分离集群可以通过增加备机对集群设备进行扩容，当前 DM8 最多可扩展到 8 台备机，从而增强系统的性能和可靠性。

（4）可移植性。达梦数据库读写分离集群属于纯软件解决方案，具备高度的可移植性。在面向 Windows 或 Linux 不同操作系统时，达梦数据库提供了跨平台支持，主机、备机可以跨不同的硬件和操作系统平台使用。同时，达梦数据库读写分离集群对上层应用透明，不需要对应用程序进行修改就可以使用。

1.4.3 达梦数据库大规模并行处理集群

达梦数据库大规模并行处理（DMMPP）集群是基于达梦数据库管理系统研发的完全对等无共享式的并行集群组件，支持将多个数据库节点组织为一个并行计算网络，对外提供统一的数据库服务，最多可支持 1024 个节点，支持 TB 级到 PB 级的数据存储与分析，并具有高可用性和动态扩展能力，是超大型数据规模应用的高性价比通用解决方案。DMMPP 集群通过分布负载到多个数据库服务器主机，实现存储和处理大规模数据；采用完全对等的无共享架构，每个数据库服务器节点的功能完全一样，用户可连接集群内的任意一个节点进行数据操作。

达梦数据库大规模并行处理集群实现了高性能的国产数据库集群架构，它的主要特点如下。

（1）系统架构先进。完全对等无共享体系架构，结合了完全无共享体系的优点，各个节点完全对等，进一步简化了体系的实现，也消除了系统可能存在的主节点瓶颈问题。这种 MPP 架构目前是大规模数据库集群架构发展的必经之路，也是目前最先进的数据库集群架构。

（2）可扩展。达梦数据库大规模并行处理集群支持在线扩展节点，同时也支持在线动态数据重分布等特性，当前 DM8 最多支持 1024 个节点，基本覆盖了当前小型数据中心规模级别的数据库集群架构。

（3）灵活。达梦数据库大规模并行处理集群支持多种数据分布，包括哈希分布、范围分布和随机分布；支持表的水平分区、垂直分区和多级混合分区，并提供数据分布和数据分区的组合支持，具有极高的灵活性。

（4）高性能。在大规模数据库节点的支持下，数据库系统整体性能得到显著提升，支持各类复杂查询，支持多级并行技术，也支持并行高速数据加载。实际上，达梦数据库 DM7 中已经提出了 MPP 集群的解决方案。在 DM8 中，MPP 集群的执行计划更加智能、高效，如通信代价估算使代价估算更加接近实际，同时使 MPP 集群各节点的本地并行更加智能化，从而提高数据库集群的整体性能。

（5）具有高可用性。达梦数据库大规模并行处理集群与达梦数据库守护进程的结合使用，可为每个服务器节点配置交叉数据守护，提供各个切分数据节点的镜像保护功能。一旦各个切分数据节点出现故障，对应备机就会瞬间自动切换为主机，并继续提供服务。

1.4.4　达梦数据库数据共享集群

在传统企业级信息系统架构中，数据共享架构的数据库集群仍然是不可替代的技术方案。达梦数据库数据共享集群（DMDSC）是在 DM8 中采用的一项新技术，具有高可用性、可扩展性，是数据库支持网络计算环境的核心技术，由武汉达梦数据库股份有限公司在国产数据库领域首次推出。达梦数据库数据共享集群在 DM8 中实现了更大规模的集群支持，用户和运维人员可以将原有的 2 个节点数据共享集群升级为多个节点，以获得更高的系统可靠性，同时通过合理的应用架构设计，带来系统响应时间和吞吐量方面的改善。

达梦数据库数据共享集群是一个多实例、单数据库的系统，主要由数据库和数据库实例、共享存储、本地存储、通信网络及集群控制软件组成。多个数据库实例可以同时访问、修改同一个数据库中的数据。用户可以登录集群中的任意一个数据库实例，获得完整的数据库服务。数据文件、联机日志、控制文件在集群系统中只有一份，无论有几个节点，这些节点都平等地使用这些文件，这些文件就保存在共享存储上。

达梦数据库数据共享集群实现了数据高可用的基础架构，作为达梦数据库高可用体系架构的一个组成部分，提供了最高可用性的数据管理解决方案的最佳实践。达梦数据库数据共享集群主要有以下特点。

（1）高可靠性。达梦数据库数据共享集群消除了单节点故障，如果一个数据库实例失败了，集群中其他的实例仍可以正常提供服务。同时，集群组件支持错误检测和连续操作，既能自动监控数据库的错误状态，又能提供应对计划及具有非计划停机时的持续服务能力。

（2）高可恢复性。达梦数据库具有很多恢复特性，可以从各种类型的失败中恢复。如果达梦数据库数据共享集群中的一个实例失败，它会被集群中的其他实例察觉到，并恢复正常运行状态，同时通过应用透明故障切换使用户对失败零感知。

（3）高可扩展性。当业务需求增长时，管理人员可以通过增加连接节点轻松提高处理能力。达梦数据库数据共享集群的缓存交换技术可以马上使用新增节点的 CPU 和内存资源，数据库管理员不需要手动进行操作。

（4）高性能。达梦数据库数据共享集群拥有负载管理技术，保证在特定的配置和应用高可用条件下系统的最佳吞吐量，同时显示出良好的负载均衡能力。

第 2 章
达梦数据库数据守护集群

数据库系统往往处于信息系统的核心位置，是系统正常运行的必要基础，因此，用户对数据库系统的安全性和可用性提出了很高的要求。达梦数据库数据守护（Data Watch）是一种集成化的高可用、高性能数据库解决方案，可以在发生硬件故障（如磁盘损坏）、自然灾害（地震、火灾）等极端情况下，避免数据损坏、丢失，保障数据安全，并且可以快速恢复数据库服务，满足不间断提供数据库服务的用户需求。

传统的备份恢复、基于存储的远程镜像、数据共享集群等方案在一定程度上能够满足用户对数据安全的要求，但由于数据规模不断增长，通过还原手段恢复数据，从出现故障到解决故障并恢复数据库服务往往需要数小时，甚至更长时间，无法达到高可用的程度。相较而言，数据守护基本不受数据规模的影响，只需要数秒就可以将备库切换为主库，并对外提供数据库服务，可以更快地恢复数据库服务。

达梦数据库数据守护提供多种解决方案，可以配置成实时主备、MPP 主备或读写分离集群，满足用户对于系统可用性、数据安全性、系统性能等方面的综合需求，有效降低总体投入，获得超值的投资回报。本章主要介绍达梦数据库数据守护集群方面的内容。

2.1 数据守护的概念

2.1.1 数据守护的基本概念

为了更好地理解和掌握达梦数据库的数据守护功能，本节将对有关概念进行介绍，只有充分理解这些概念，才能更加深入地理解数据守护。

1. 数据库

数据库（Database）是一个文件集合（包括数据文件、临时文件、重做日志文件和控制文件），保存在物理磁盘或文件系统中。

在达梦数据库系统中，无论是单实例数据库还是 DMDSC（达梦数据库数据共享集群），数据守护都是以数据库为单位进行管理的。单实例数据库好理解，对于 DMDSC 来说，则需要将其所有实例作为一个整体库来考虑，库的状态、模式等需要综合考虑集群内所有实例及 DMDSC 本身的状态。

2. DMDSC 状态

DMDSC 状态和数据库的状态不同，标识的是 DMDSC 的节点状态，包括 Startup、Open、Crash_recv 和 Err_ep_add 共 4 种。

（1）Startup（节点启动状态）：需要通过 DMCSS 工具交互，确定主从节点，执行重做日志等相关步骤，进入 Open 状态。

（2）Open（实例正常工作状态）：当集群内发生节点故障或启动节点重加入步骤时，可以进入 Crash_recv 或 Err_ep_add 状态，处理完成后会再回到 Open 状态。

（3）Crash_recv（节点故障处理状态）。

（4）Err_ep_add（故障节点重加入状态）。

3. 数据库模式

达梦数据库支持 3 种数据库模式：Normal 模式、Primary 模式和 Standby 模式。

1）Normal 模式

在 Normal 模式下，数据库提供正常的服务，对操作没有限制。正常生成本地归档日志，但不发送实时（Realtime）、即时（Timely）和异步（Async）归档日志。

2）Primary 模式

在 Primary 模式下，数据库提供正常的数据库服务，对操作有极少限制，部分功能受限，包括：不支持修改表空间文件名、不支持修改 arch_ini 参数；正常生成本地归档日志，支持实时归档、即时归档和异步归档；对临时表空间以外的所有数据库对象的修改操作都强制生成 REDO 日志。

3）Standby 模式

在 Standby 模式下，可以执行数据库备份、查询等只读数据库操作；可以正常生成本地归档日志、正常发送异步归档 REDO 日志，但不能发送实时归档日志和即时归档日志；时间触发器、事件触发器等失效。

达梦数据库的 3 种数据库模式可以通过 SQL 语句进行切换，单实例数据库必须在 Mount 状态下执行，DMDSC 模式必须在所有实例都处于 Mount 状态下才能进行，只需要在一个节点上执行 SQL 语句即可。

达梦数据库模式切换的 SQL 语句如表 2-1 所示。

表 2-1　达梦数据库模式切换的 SQL 语句

序　号	切换模式	SQL 语句
1	切换为 Primary 模式	alter database primary;
2	切换为 Standby 模式	alter database standby;
3	切换为 Normal 模式	alter database normal;

4．数据库状态

达梦数据库的状态包括 Startup、After Redo、Open、Mount、Suspend、Shutdown 共 6 种。

1）Startup 状态

Startup 状态是指达梦数据库系统刚启动时的状态。

2）After Redo 状态

After Redo 状态是指在达梦数据库系统启动过程中，在联机日志重做完成后回滚活动事务执行前的状态。非 Standby 模式的实例在执行"alter database open"操作前，也会将系统设置为 After Redo 状态。

3）Open 状态

Open 状态是指达梦数据库处于正常提供服务的状态。达梦数据库在 Open 状态下不能进行归档配置等操作。

4）Mount 状态

达梦数据库在 Mount 状态下，会限制 REDO 日志刷盘，不能修改数据，不能访问表、视图等数据库对象，但可以执行修改归档配置、控制文件和修改数据库模式等操作，也可以执行一些不修改数据库内容的操作，如查询动态视图或进行一些只读的系统过程。

系统从 Open 状态切换为 Mount 状态时，需要回滚所有活动事务，但不会断开用户连接，也不会强制 Buffer 中的脏页刷盘。

5）Suspend 状态

达梦数据库在 Suspend 状态下，会限制 REDO 日志刷盘，可以访问数据库对象，甚至可以修改数据，但是一旦执行 Commit 等操作触发 REDO 日志写盘时，当前操作就会被挂起。

相比从 Open 状态到 Mount 状态的切换，从 Open 状态到 Suspend 状态的切换更加简单、高效，不会回滚任何活动事务，在状态切换完成后，所有事务可以继续执行。

通常，在修改归档状态之前需要将系统切换为 Suspend 状态，如备库故障恢复后，在历史数据（归档日志）同步完成后，需要重新启用实时归档功能，具体包括 4 个步骤。

（1）将系统切换为 Suspend 状态，限制 REDO 日志写入联机 REDO 日志文件。

（2）修改归档状态为 Valid。

（3）重新将数据库切换为 Open 状态，恢复 REDO 日志写入功能。

（4）备库与主库重新进入实时同步状态。

另外，当实时归档失败时（如网络故障导致），Primary 实例将试图切换成 Suspend 状态，防止后续的日志写入。因为一旦写入，当主备库切换时，备库就有可能没有收到最后那次的 RLOG_BUF，导致主库上多一段日志，很容易造成主备库数据不一致。当实例成功切换为 Suspend 状态时，可直接退出，强制丢弃多余的日志，避免主备库数据不一致。

对于 DMDSC，当修改 DMDSC 库的状态为 Suspend 时，库内所有实例都不能处于 Mount 状态，只需要在一个节点上执行"alter database suspend"语句即可。

6）Shutdown 状态

Shutdown 状态是指达梦数据库实例正常退出时的状态。

达梦数据库的 6 种状态之间可以切换，但不能随意切换。例如，Open 状态与 Mount 状态可以相互切换；Open 状态与 Suspend 状态可以相互切换；Mount 状态和 Suspend 状态不能直接转换。

达梦数据库的状态切换关系如图 2-1 所示。

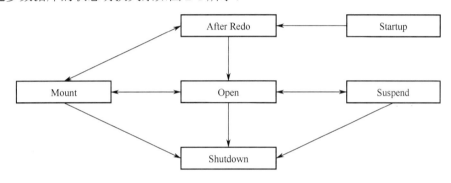

图 2-1　达梦数据库的状态切换关系

达梦数据库状态切换的 SQL 语句如表 2-2 所示。

表 2-2　达梦数据库状态切换的 SQL 语句

序　号	切换状态	SQL 语句	说　　明
1	修改为 Open 状态	alter database open [force];	当系统处于 Primary/Standby 模式时，必须强制加上 force 子句
2	修改为 Mount 状态	alter database mount;	—
3	修改为 Suspend 状态	alter database suspend;	—

【注意】由于达梦数据库监视器会将数据库模式、状态等信息作为故障处理、故障恢复的依据，因此建议在配置数据守护的过程中，修改 dm.ini 配置文件中 ALTER_MODE_STATUS 参数为 0，限制用户直接通过 SQL 语句修改数据库模式和状态，以避免数据守护做出错误的决策。

5. LSN

LSN（Log Sequence Number）是由系统自动维护的 BIGINT 类型数值，具有自动递增、全局唯一特性，每个 LSN 都代表达梦数据库系统内部产生的一个物理事务。物理事务

（Physical Transaction，PTX）是数据库内部一系列修改物理数据页操作的集合，与数据库管理系统中事务（Transaction）概念相对应，具有原子性、有序性、无法撤销等特性。

达梦数据库中与 LSN 相关的信息，可以通过查询 V$RLOG 表来获取。达梦数据库中主要有以下几种类型的 LSN。

（1）CUR_LSN 是系统已经分配的最大 LSN。当物理事务被提交时，系统会为其分配一个唯一的 LSN，大小等于 CUR_LSN + 1，然后再修改 CUR_LSN=CUR_LSN + 1。

（2）FILE_LSN 是已经写入联机 REDO 日志文件的最大 LSN。每次将 REDO 日志缓冲区 RLOG_BUF 写入联机 REDO 日志文件后，都要修改 FILE_LSN 值。

（3）FLUSH_LSN 是已经发起日志刷盘请求，但还没有真正写入联机 REDO 日志文件的最大 LSN 值。

（4）CKPT_LSN 是检查点 LSN，所有 LSN<=CKPT_LSN 的物理事务修改的数据页，都已经从 Buffer 缓冲区写入磁盘，CKPT_LSN 由检查点线程负责调整。

与达梦数据库数据守护相关的 LSN 信息如下。

（1）CLSN 与 CUR_LSN 保持一致，是数据库已经分配的最大 LSN。

（2）FLSN 与 FILE_LSN 保持一致，是已写入联机日志文件的 LSN。

（3）SLSN 是 Standby LSN 的缩写，是备库收到的最后一个 RLOG_BUF 的最大 LSN，与主库的 FLUSH_LSN 保持一致。

（4）SSLSN 是 Second Standby LSN 的缩写，是实时主备或 MPP 主备中备库收到的倒数第二个 RLOG_BUF 的最大 LSN。在读写分离集群中 SLSN == SSLSN。

（5）APPLY_LSN：备库故障重启，主库重新同步历史数据时，需要知道主库实例中哪些日志已经在备库重做了，备库记录 DMDSC 主库各个节点日志重做情况的 LSN 称为 APPLY_LSN，它是备库重演过的最大 LSN。当主库是单节点时，备库的 APPLY_LSN 等同于备库的 CUR_LSN。

6. REDO 日志

REDO 日志包含了所有物理数据页的修改内容，INSERT、DELETE、UPDATE 等 DML 操作，以及 CREATE TABLE 等 DDL 操作，最终都会转化为对物理数据页的修改，这些修改都会反映到 REDO 日志中。

一般说来，一条 SQL 语句在系统内部会转化为多个相互独立的物理事务来完成，物理事务提交时会将产生的 REDO 日志写入缓冲区 RLOG_BUF 中。一个物理事务包含一条或多条 REDO 记录，每条 REDO 记录（RREC）都对应一个修改物理数据页的动作。

根据记录内容的不同，RREC 可以分为两类：物理 RREC 和逻辑 RREC。物理 RREC 记录的是数据页的变化情况，内容包括操作类型、修改数据页地址、页内偏移、数据页上的修改内容，如果是变长类型的 REDO 记录，在 RREC 的记录头之后还会有一个两字节的长度信息。逻辑 RREC 记录的是一些数据库逻辑操作步骤，主要包括事务启动、事务提交、事务回滚、字典封锁、事务封锁、B树封锁、字典淘汰等。逻辑 RREC 是专门为数据守护增加的记录类型，用来解决备库重演 REDO 日志与用户访问备库之间的并发冲突，以及主库执行 DDL 后导致的主备数据库字典缓存不一致问题。备库解析到逻辑 RREC 时，根据记录内容，生成相应的事务，封锁对应的数据库对象，并从数据库字典缓存中淘汰过期的字典对象。

物理事务（PTX）和 REDO 记录（RREC）的结构如图 2-2 所示。

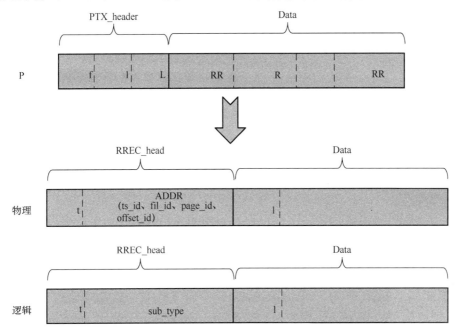

图 2-2　PTX 和 RREC 的结构

7. REDO 日志缓冲区

REDO 日志缓冲区 RLOG_BUF 是达梦数据库内部的一个数据结构，用来优化、提升 REDO 日志刷盘效率。在物理事务提交时将 REDO 日志写入 RLOG_BUF 中，在数据库事务提交或 RLOG_BUF 缓冲区被写满时触发日志刷盘动作。日志刷盘线程负责将 RLOG_BUF 中的 REDO 日志写入联机日志文件，如果配置了 REDO 日志归档，日志刷盘线程还将负责触发归档动作。在数据守护系统中，主库以 RLOG_BUF 缓冲区为最小单位，发送 REDO 日志到备库。

RLOG_BUF 由一系列的 RLOG_PAGE 组成，其结构如图 2-3 所示，RLOG_PAGE 是物理事务的保存载体，一个 RLOG_PAGE 可以保存一个或多个物理事务信息，一个物理事务，甚至一条 REDO 记录也可能需要存放到多个 RLOG_PAGE 中。

图 2-3　达梦数据库 RLOG_BUF 的结构

8. KEEP_BUF

达梦数据库在将主库的 RLOG_BUF 日志通过实时归档机制发送到备库后，备库将最新收到的 RLOG_BUF 保存在内存中，不马上启动重演，这个 RLOG_BUF 称为 KEEP_BUF。

引入 KEEP_BUF 的主要目的是，避免在某些场景中主库故障重启后发生不必要的主备库切换，以减少用户干预。例如，如表 2-3 所示的场景将会带来必要的用户干预。

表 2-3　实时主备或 MPP 主备场景

场　景	实时主备或 MPP 主备
操作	（1）用户登录主库 A，执行下列操作： create table tx(c1 int); insert into tx values(1); commit 其中，commit 操作将触发实时归档，发送 RLOG_BUF 到备库 B。 （2）备库 B 收到 RLOG_BUF，响应主库 A，并启动日志重演。 （3）主库 A 在 RLOG_BUF 写入联机日志文件之前发生故障。 （4）主库 A 重新启动后，由于 RLOG_BUF 没有写入联机日志文件，之前插入 tx 表的数据丢失；但此时备库 B 已经重演日志成功，tx 表中已经插入一行数据
结果	主备库数据不再一致，必须将备库 B 切换为主库，并且重新从 B 库同步数据到 A 库。如果配置的是手动切换模式，则必须要有用户干预，进行备库接管后，才能恢复数据库服务

引入 KEEP_BUF 后，备库 B 收到主库 A 发送的 RLOG_BUF，并不会马上启动日志重演，主库 A 重启后，守护进程 A 检测到备库 B 存在 KEEP_BUF，通知备库 B 丢弃 KEEP_BUF 后，直接 Open 主库 A，就可以继续提供数据库服务。另外，这些操作是由守护进程自动完成的，不需要用户干预。

如果备库自动接管或用户发起备库接管命令，那么备库的 KEEP_BUF 将会启动重演，不管主库是否已经将 KEEP_BUF 对应的 REDO 日志写入联机日志文件中，备库接管时 APPLY_LSN 一定大于或等于主库的 FILE_LSN。故障主库在重启后，仍然可以作为备库，并自动重新加入数据守护系统。

备库 KEEP_BUF 日志重演的时机包括以下几种。

1）收到主库的重演命令且备库的 SLSN 满足重演条件

主库会定时（每 5 秒）将 FILE_LSN 等信息发送到备库，当主库 FILE_LSN 等于备库 SLSN 时，表明主库已经将 KEEP_BUF 对应的 REDO 日志写入联机日志文件中，此时备库会启动 KEEP_BUF 的日志重演。

2）备库收到新的 RLOG_BUF

当备库收到新的 RLOG_BUF 时，会将当前保存的 KEEP_BUF 日志重演，并将新收到的 RLOG_BUF 再次放入 KEEP_BUF 中。

3）备库切换为新主库

在监视器执行 Switchover 或 Takeover 命令，或者确认监视器通知备库自动接管时，备库会在切换为 Primary 模式之前，启动 KEEP_BUF 的日志重演。

【注意】即时归档日志在 RLOG_BUF 写入主库联机 REDO 日志文件后，再发送 RLOG_BUF 到备库，因此即时备库没有 KEEP_BUF。

9. 联机 REDO 日志文件

达梦数据库默认包含两个联机 REDO 日志文件（如 DAMENG01.log、DAMENG02.log，在系统内部分别称为 0 号文件、1 号文件），用来保存 REDO 日志，RLOG_BUF 顺序写入联机 REDO 日志文件中，在一个日志文件写满后，自动切换到另一个 REDO 日志文件。其中，0 号文件是 REDO 日志主文件，在日志主文件头中保存了如 CKPT_LSN、CKPT_FILE、CKPT_OFFSET、FILE_LSN 等信息。数据库系统故障重启时，从[CKPT_FILE, CKPT_OFFSET]位置开始读取 REDO 日志，解析 RREC，并重新修改对应数据页内容，确保将数据恢复到数据库系统故障前的状态。

随着检查点（Checkpoint）的推进，对应产生 REDO 日志的数据页从数据缓冲区（Data Buffer）写入磁盘后，联机 REDO 日志文件可以覆盖重用、循环使用，确保 REDO 日志文件不会随着日志量的增加而增长。

【注意】任何数据页从 Buffer 缓冲区写入磁盘之前，都必须确保修改数据页产生的 REDO 日志已经写入联机 REDO 日志文件中。

在联机日志文件中，可以覆盖写入 REDO 日志的文件长度为可用日志空间；不能被覆盖且数据库系统故障重启需要重做部分为有效 REDO 日志，有效 REDO 日志的 LSN 取值范围是(CKPT_LSN, FILE_LSN]；已经被发起日志刷盘请求，但还没有真正写入联机 REDO 日志文件的区间为(FILE_LSN, FLUSH_LSN]，称为待写入日志空间。

图 2-4 说明了联机日志文件、日志缓冲区 RLOG_BUF 及相关 LSN 之间的关系。

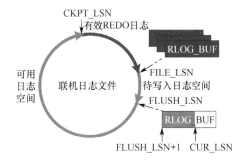

图 2-4　联机日志文件、日志缓冲区 RLOG_BUF 及相关 LSN 之间的关系

10. MAL 系统

MAL 系统是基于 TCP 协议实现的一种内部通信机制，具有可靠、灵活、高效的特性。达梦数据库通过 MAL 系统实现 REDO 日志传输，以及其他一些实例间的消息通信。

11. OGUID

OGUID 是数据守护的唯一标识码，在配置数据守护时，需要由用户指定 OGUID 值。其中，数据库的 OGUID 值在 Mount 状态下由系统函数 SP_SET_OGUID 设置，守护进程和监视器的 OGUID 值在配置文件中设定。

同一个守护进程组中的所有数据库、守护进程和监视器，都必须配置相同的 OGUID

值，其取值范围为 0～2147483647。

OGUID 的查询方式如下：

```
select oguid from v$instance;
```

12. 守护进程组

配置了相同 OGUID 值的两个或多个守护进程，构成一个守护进程组。为方便管理，对每个守护进程组进行命名，守护进程组中所有的守护进程和监视器必须配置相同的组名。

13. 组分裂

在同一个守护进程组中，不同数据库实例的数据出现不一致，并且无法通过重演 REDO 日志重新同步数据，被称为组分裂。

引发组分裂的主要原因如下。

（1）在即时归档日志中，主库在将 REDO 日志写入本地联机 REDO 日志文件之后，发送 REDO 日志到备库之前出现故障，导致主备库数据不一致，为了继续提供服务，执行备库强制接管。此时，在故障主库重启后，就会引发组分裂。

（2）在故障备库重新完成数据同步之前，主库硬件故障，并且长时间无法恢复；在用户接收丢失部分数据的情况下，为了尽快恢复数据库服务，执行备库强制接管，将备库切换为主库。此时，如果故障主库重启，就会造成组分裂。

在检测到组分裂后，守护进程会修改控制文件为分裂状态，被分裂出去的数据库需要通过备份还原等技术手段重新恢复，或者按照分裂库修复步骤重新将数据恢复到一致状态。

14. 脑裂

脑裂是指在同一个守护进程组中，同时出现两个或多个活动主库，并且这些主库都接收用户请求，提供完整数据库服务。一旦发生脑裂，将无法保证数据一致性，对数据安全会造成严重威胁。

达梦数据库数据守护系统为预防脑裂做了大量工作，如故障自动切换模式数据守护，必须配置确认监视器。确认监视器在启动故障切换之前，会进行严格的条件检查，避免脑裂发生。守护进程一旦检测到脑裂发生，就会马上强制退出主库，等待用户干预，避免数据差异进一步扩大。

通常造成脑裂的主要原因有两个：一是网络不稳定；二是错误的人工干预。为避免出现脑裂，可采取以下措施。

（1）在 dm.ini 配置文件中设置参数 ALTER_MODE_STATUS=0，限制用户直接通过 SQL 修改数据库模式和状态。

（2）提供稳定、可靠的网络环境。

（3）当配置自动切换数据守护时，将确认监视器部署在独立的第三方机器上，不要与某一个数据库实例部署在一起，避免由于网络问题触发自动故障切换，导致脑裂发生。

（4）通过人工干预，在将备库切换为主库之前，一定要确认主库已经发生故障，避免在主库活动的情况下，备库强制接管，人为造成脑裂。

2.1.2 数据守护的术语定义

数据守护系统包含主库、备库、守护进程、监视器等诸多部件，在主备库切换、故障处理等场景下，仅以主库或备库这些称谓，已经无法准确描述对应部件。为了能更加清晰地描述和准确地理解数据守护相关内容，本节对有关术语进行定义，如表 2-4 所示。

表 2-4 数据守护术语及其定义

序　号	术　　语	定　　义
1	实时主备	配置实时归档的主备系统
2	MPP 主备	配置实时归档的 MPP 集群主备系统
3	读写分离集群	配置即时归档的主备系统
4	实时主库[实例名]	实时主备系统中 Primary 模式的库
5	实时备库[实例名]	实时主备系统中 Standby 模式的库
6	MPP 主库[实例名]	MPP 主备系统中 Primary 模式的库
7	MPP 备库[实例名]	MPP 主备系统中 Standby 模式的库
8	即时主库[实例名]	读写分离主备系统中 Primary 模式的库
9	即时备库[实例名]	读写分离主备系统中 Standby 模式的库
10	异步备库[实例名]	异步归档目标库，Standby 模式
11	异步源库[实例名]	异步归档源库，Primary/Standby 模式都可以
12	故障主库[实例名]	发生故障的 Primary 模式实例
13	故障备库[实例名]	发生故障的 Standby 模式实例
14	数据一致备库[实例名]	主库到当前备库归档处于有效状态，备库与主库数据保持一致
15	可恢复备库[实例名]	主库到当前备库归档处于失效状态，备库与主库数据存在差异，但主库归档日志涵盖备库缺失的数据
16	分裂库[实例名]	与主库数据不一致，且无法通过重做归档日志将数据恢复到一致状态的库
17	守护进程组[组名]	配置了相同 OGUID 值的两个或多个守护进程，构成一个守护进程组
18	DMDSC 数据守护	主备库中包含数据共享集群（DSC）的守护系统
19	主守护进程	守护 DMDSC 数据库主节点的守护进程
20	从守护进程	守护 DMDSC 数据库从节点的守护进程
21	重演节点个数	备库上记录的 n_apply 个数，和当前正在重演的日志所对应的主库节点个数（n_ep）一致
22	监视器	基于监视器接口实现的命令行工具，用于监控、管理数据守护系统
23	确认监视器	运行在确认模式下的监视器
24	网络故障	主备库之间网络断开，消息无法传递
25	网络异常	主备库之间网络未断开，消息可以传递，但出现速度变慢等情形
26	备库故障	备库出现软硬件故障，导致数据库实例关闭
27	备库异常	备库的数据库实例正常，但响应速度出现异常

2.1.3 数据守护的系统特性

达梦数据库的数据守护包括以下系统特性。

1. 完整功能的主库

主库提供完整的数据库服务，与普通单节点数据库相比，主要功能限制包括：不支持修改表空间文件名、不支持修改 arch_ini 参数。

2. 活动的备库

基于独特的字典缓存技术和日志重演技术，备库在 Open 状态下执行数据同步，是真正意义上的热备库；在实现异地容灾的同时，用户可以只读访问备库，执行报表生成、数据备份等功能，减轻主库的系统负载，提高资源利用率。

3. 多重数据保护

每个备库都是一个完整的数据库备份，可以同时配置多个备库，为数据安全提供全方位的保护。

4. 高可用性

当主库出现故障时，可以快速将备库切换为主库，继续提供数据库服务，确保数据库服务不中断。切换过程一般在数秒内完成。

5. 多种守护模式

提供自动切换和手动切换两种守护模式，满足用户的不同需求。其中，配置自动切换的前提是已经部署确认监视器。在提供第三方机器部署确认监视器的情况下，可以配置为故障自动切换模式，当主库出现故障时，系统自动将备库切换为主库，对外提供数据库服务。

6. 多种守护类型

守护进程可以配置为全局守护（提供实时主备、MPP 主备、读写分离集群功能）或本地守护，以适应各种应用需求。

7. 故障自动重连

配置、使用连接服务名访问数据库，在发生主备库切换后，接口会自动将连接迁移到新的主库上。

8. 故障库自动重加入

当主库故障时，需要进行主备库切换，此后故障主库经修复重启后，可以自动切换为 Standby 模式，作为备库重新加入数据守护系统。

9. 历史数据自动同步

备库在发生故障进行修复恢复后，可以在不需要用户干预的情况下自动同步历史数据，并在同步完成以后，自动恢复为可切换备库。

10. 自动负载均衡

配置读写分离集群，可以将只读操作分流到备库上执行，减轻主库访问压力，提高数据库系统的吞吐量。读写分离的过程由 JDBC 等接口配合服务器自动完成，不需要用户干预，也不需要修改应用程序。

11. 滚动升级

可以在不中断数据库服务的情况下，滚动地对数据守护系统中的主备库进行数据库软件版本升级。

12. 灵活的搭建方式

可以在不中断数据库服务的情况下，将单节点数据库升级为主备系统。达梦数据库提供多种工具来完成数据守护搭建，如 Shell 脚本或 DEM 工具，均能方便地完成数据守护搭建。

13. 完备的监控工具

通过命令行监控工具（dmmonitor）、DEM 工具可以实时更新、监控主备库的状态和数据同步情况。

14. 完善的监控接口

提供完善的数据守护监控接口，可以定制监控项，并且方便地集成到应用系统中。

15. 丰富的守护命令

提供主备库切换、强制接管等功能，通过简单的命令，就可以实现主备库角色互换、故障接管等功能。

16. 支持 DMDSC 守护

支持 DMDSC 和 DMDSC、DMDSC 和单节点、单节点和 DMDSC 之间互为主备的数据守护环境。

2.1.4　数据守护的主要功能

通过部署实时主备系统，可以及时检测并处理各种硬件故障、数据库实例异常，确保持续提供数据库服务。数据守护主要包括实时数据同步、主备库切换、自动故障处理、自动数据同步、备库接管和读写分离访问等功能。

1. 实时数据同步

主备库通过实时归档完成数据同步，实时归档要求主库将 RLOG_BUF 发送到备库后，再将 RLOG_BUF 写入本地联机 REDO 日志文件。但要注意的是，备库确认收到主库发送的 REDO 日志，并不能保证备库已经完成重演这些 REDO 日志，因此主备库之间的数据同步存在一定的时间差。

2. 主备库切换

主备库正常运行过程中，可以通过监视器的 Switchover 命令，一键完成主备库角色转换，确保在软硬件升级或系统维护时，提供不间断的数据库服务。

3. 自动故障处理

当备库发生故障时，不会影响主库正常提供数据库服务，守护进程自动通知主库修改实时归档状态为 Invalid，实时备库失效，从而实现故障自动处理。

4. 自动数据同步

备库故障恢复后，守护进程自动通知主库发送归档 REDO 日志，重新进行主备库数据同步。另外，在历史数据同步后，修改主库的实时归档状态为 Valid，恢复实时备库功能。备库接管后，原主库故障恢复，守护进程自动修改原主库的模式为 Standby，并重新作为备库加入主备系统。

5. 备库接管

主库发生故障后，可以通过监视器的 Takeover 命令，将备库切换为主库，继续对外提供服务。如果配置为自动切换模式，则确认监视器可以自动检测主库故障，并通知备库接管，这个过程不需要人工干预。如果执行 Takeover 命令不成功，则主库可能由于硬件损坏等原因无法马上恢复。为了及时恢复数据库服务，达梦数据库提供了 Takeover Force 命令，可强制将备库切换为主库，但需要由用户确认主库发生故障前主库与接管备库的数据是一致的（主库到备库的归档状态是 Valid），避免引发守护进程组分裂。

6. 读写分离访问

在备库查询的实时性要求不高的条件下，实时主备也可以配置接口的读写分离属性访问，实现读写分离功能特性。

2.1.5 配置文件

与达梦数据库数据守护相关的配置文件包括数据库配置文件（dm.ini）、数据库控制文件（dm.ctl）、MAL 配置文件（dmmal.ini）、REDO 日志归档配置文件（dmarch.ini）、守护进程配置文件（dmwatcher.ini）、守护进程控制文件（dmwatcher.ctl）、监视器配置文件（dmmonitor.ini）、定时器配置文件（dmtimer.ini）、MPP 控制文件（dmmpp.ctl）等。其中，dmwatcher.ctl 是 dmwatcher.ini 经由 dmctlcvt 工具转换生成的；dmmpp.ctl 将在第 4 章介绍；dm.ctl 不需要用户修改，只要存放在指定目录即可。

1. 数据库配置文件（dm.ini）

dm.ini 是达梦数据库配置文件，存放目录没有限制，一般直接存放在数据库目录中。表 2-5 介绍了 dm.ini 中与数据守护相关的配置项。注意，在数据守护环境下不允许修改 TS_MAX_ID 参数和 TS_FIL_MAX_ID 参数。

表 2-5 dm.ini 数据守护相关配置项

配　置　项	配　置　含　义
INSTANCE_NAME	数据库实例名（长度不超过 16 个字符），与 dmmal.ini 中的 MAL_INST_NAME 对应。在配置数据守护系统时，应该保持 INSTANCE_NAME 是全局唯一的
PORT_NUM	数据库实例监听端口（范围 1024～65534），与 dmmal.ini 中的 MAL_INST_PORT 对应
DW_PORT	服务器监听守护进程连接请求的端口（范围 1024～65534）。在数据守护系统 v3.0 中，此参数仅作为单节点库的兼容参数保留。对于新配置的数据守护系统，如果是单节点库，则建议改用 dmmal.ini 中的 MAL_INST_DW_PORT 参数进行配置；如果是 DMDSC 集群，则此参数不再有用，必须使用 dmmal.ini 中的 MAL_INST_DW_PORT 参数进行配置

（续表）

配　置　项	配　置　含　义
DW_INACTIVE_INTERVA	服务器认定守护进程未启动的时间，有效值范围为 0～1800s，默认为 60s。如果服务器距离上次收到守护进程消息的时间间隔在设定的时间范围内，则认为守护进程处于活动状态，此时，不允许手动执行修改服务器模式、状态的 SQL 语句；如果超过设定时间仍没有收到守护进程消息，则认为守护进程未启动，此时如果 ALTER_MODE_ STATUS 参数设置为 1，则允许手动执行这类 SQL 语句
ALTER_MODE_STATUS	是否允许手动修改数据库的模式和状态，0 表示不允许，1 表示允许。此参数可动态修改，默认为 1，在数据守护环境下建议设置为 0，避免用户手动干预
ENABLE_OFFLINE_TS	是否允许 OFFLINE 表空间，0 表示不允许，1 表示允许， 2 表示禁止备库，其他放开。在数据守护环境下建议设置为 2
SESS_FREE_IN_SUSPEND	远程归档失败会导致系统挂起；为了防止主备库之间网络故障备库强制接管后，应用连接一直挂起不切换到新主库，设置该参数，表示归档失败挂起后隔一段时间自动断开所有连接。取值范围为 0～1800s，默认为 60s，0 表示不断开
MAL_INI	MAL 系统配置开关，0 表示不启用 MAL 系统，1 表示启用 MAL 系统
ARCH_INI	REDO 日志归档配置开关，0 表示不启动 REDO 日志归档，1 表示启用 REDO 日志归档
TIMER_INI	是否启用定时器，0 表示不启用；1 表示启用
MPP_INI	是否启用 MPP 系统，0 表示不启用；1 表示启用 MPP 主备环境，此时 MPP 主库和全局守护类型的备库都需要设置为 1
DW_MAX_SVR_WAIT_TIME	数据库等待守护进程启动的最大时间（范围为 0～65534s）。如果在设定时间内守护进程没有启动，则数据库实例强制退出。0 表示不检测，默认为 0
REDOS_BUF_SIZE	备库日志堆积的内存限制，如果堆积的日志 BUF 占用内存超过此限制，则延迟响应，等待重演释放部分内存后再响应。有效值范围为 0～65536MB，默认 1024MB。0 表示无内存限制。REDOS_BUF_SIZE 和 REDOS_BUF_NUM 同时起作用，只要达到一个条件即延迟响应
REDOS_BUF_NUM	备库日志 BUF 允许堆积的数目限制，超过限制则延迟响应主库，等待堆积数减少后再响应。有效值范围为 0～99999 个，默认为 4096 个 REDOS_BUF_SIZE 和 REDOS_BUF_NUM 同时起作用，只要达到一个条件即延迟响应
REDOS_MAX_DELAY	备库重演日志 BUF 的时间限制，超过此限制则认为重演异常，服务器自动停机，防止日志堆积及主库不能及时响应用户请求。取值范围为 0～7200s，默认为 1800s。0 表示无重做时间限制
REDOS_PRE_LOAD	备库重演日志时预加载的 RLOG_BUF 数，备库在重演 REDO 日志的同时，根据参数设置提前解析后续若干个 RLOG_BUF 的 REDO 日志，并且预加载数据页到缓存中，以加快备库的 REDO 日志重演速度，避免在高压力情况下备库出现日志堆积。取值范围为 0～4096，默认为 32，允许动态修改，0 表示取消预加载功能
RLOG_SEND_APPLY_MON	此参数对主备库均有效。对于主库，用于指定统计最近 N 次主库到每个备库的归档发送时间；对于备库，用于指定统计最近 N 次备库重演日志的时间。N 为此参数设置的值，默认主备库均统计最近 64 次的时间信息。静态参数，取值范围为 16～1024 次

2. MAL 配置文件（dmmal.ini）

dmmal.ini 是 MAL 配置文件，存放目录由 dm.ini 配置文件中的 CONFIG_PATH 配置项指定，表 2-6 介绍了 dmmal.ini 的配置项。

【注意】dmmal.ini 需要用到 MAL 环境的实例，所有站点的 MAL 配置参数 MAL_COMPRESS_LEVEL 必须一致，否则节点间将不能建立链路，导致系统无法运行（在服务器 log 日志中可以看到打印提示信息）。另外，当 MAL_COMPRESS_LEVEL 配置不为 0 时，需要保证每个节点都能加载到对应的动态压缩库文件（snappy 或 zlib），如果未加载成功，则默认变成 0，也可能会导致链路建立不成功。

表 2-6　dmmal.ini 的配置项

配　置　项	配　置　含　义
MAL_CHECK_INTERVAL	MAL 链路检测时间间隔，取值范围为 0～1800s，默认为 30s，配置为 0 表示不进行 MAL 链路检测，在数据守护环境下，不建议配置为 0，防止网络故障导致服务长时间阻塞
MAL_CONN_FAIL_INTERVAL	判定 MAL 链路断开的时间，取值范围为 2～1800s，默认为 10s
MAL_LOGIN_TIMEOUT	MPP/DBLINK 等实例登录时的超时检测间隔，取值范围为 3～1800s，默认为 15s
MAL_BUF_SIZE	单个 MAL 缓存大小限制，单位为 MB。当此 MAL 的缓存邮件超过此大小时，会将邮件存储到文件中。有效值范围为 0～500000MB，默认为 100MB。如果配置为 0，则表示不限制单个 MAL 缓存大小
MAL_SYS_BUF_SIZE	MAL 系统总内存大小限制，单位为 MB。有效值范围为 0～500000MB；默认为 0MB，表示 MAL 系统无总内存限制
MAL_VPOOL_SIZE	MAL 系统使用的内存初始化大小，单位为 MB。有效值范围为 1～500000MB，默认为 128MB。此值一般要设置得比 MAL_BUF_SIZE 大一些
MAL_COMPRESS_LEVEL	MAL 消息压缩等级，取值范围为 0～10。默认为 0，表示不进行压缩；1～9 表示采用 LZ 算法，从 1 到 9 表示压缩速度依次递减，压缩率依次递增；10 表示采用 QuickLZ 算法，压缩速度高于 LZ 算法，压缩率相对较低
MAL_TEMP_PATH	指定临时文件的目录。当邮件使用的内存超过 MAL_BUF_SIZE 或 MAL_SYS_BUF_SIZE 时，将新产生的邮件保存到临时文件中。如果采用默认目录，则新产生的邮件保存到 temp.dbf 文件中
[MAL_NAME]	MAL 名称，同一个配置文件中 MAL 名称须保持唯一性
MAL_INST_NAME	数据库实例名，与 dm.ini 中的 INSTANCE_NAME 配置项保持一致，MAL 系统中数据库实例名要保持唯一
MAL_HOST	MAL IP 地址，使用 MAL_HOST + MAL_PORT 创建 MAL 链路
MAL_PORT	MAL 监听端口
MAL_INST_HOST	MAL_INST_NAME 实例对外服务 IP 地址
MAL_INST_PORT	MAL_INST_NAME 实例对外服务端口，与 dm.ini 中的 PORT_NUM 保持一致
MAL_DW_PORT	MAL_INST_NAME 实例守护进程监听端口，其他守护进程或监视器使用 MAL_HOST + MAL_DW_PORT 创建 TCP 连接
MAL_INST_DW_PORT	实例监听守护进程的端口，同一个库上的各实例的守护进程使用 MAL_HOST + MAL_INST_DW_PORT 和各实例创建 TCP 连接
MAL_LINK_MAGIC	MAL 链路网段标识，有效值范围为 0～65535，默认为 0。设置此参数时，同一个网段内的节点设置相同值，不同网段内的节点设置值必须不同

3. REDO 日志归档配置文件（dmarch.ini）

dmarch.ini 是 REDO 日志归档配置文件，存放目录由 dm.ini 的 CONFIG_PATH 配置项指定，表 2-7 介绍了 dmarch.ini 的配置项。

表 2-7　dmarch.ini 的配置项

配　置　项	配　置　含　义
ARCH_WAIT_APPLY	备库收到 REDO 日志后，是否需要重演完成再响应主库。0 表示收到马上响应，1 表示重演完成后响应。当配置即时归档时，默认值为 1；其他归档忽略这个配置项，强制设置为 0
[ARCH_NAME]	REDO 日志归档名
ARCH_TYPE	REDO 日志归档类型，LOCAL/REMOTE/REALTIME/TIMELY/ASYNC 表示本地归档/远程归档/实时归档/即时归档/异步归档
ARCH_DEST	归档目标，本地归档为归档文件存放路径，其他归档方式设置为目标数据库实例名，如果目标库为 DMDSC 库，则需要写上 DMDSC 的每个实例名，以"/"分隔（如 DSC01/DSC02）。 注：REMOTE（远程归档）是 DMDSC 库内部实例相互配置，归档目标是单个实例
ARCH_FILE_SIZE	单个 REDO 日志归档文件大小，取值范围为 64～2048MB，对本地归档和远程归档有效，默认为 1024MB，即 1GB
ARCH_SPACE_LIMIT	REDO 日志归档空间限制，当所有本地归档文件或所有远程归档文件达到限制值时，系统自动删除最早生成的归档日志文件。取值范围为 1024～4294967294MB，对本地归档和远程归档有效；默认为 0，表示无空间限制
ARCH_TIMER_NAME	定时器名称，仅对异步归档有效
ARCH_INCOMING_PATH	对应远程归档目标 ARCH_DEST 在本地存放的归档路径

4. 守护进程配置文件（dmwatcher.ini）

dmwatcher.ini 是守护进程配置文件，存放目录没有限制，一般和 dm.ini 存放在同一个目录下。表 2-8 介绍了 dmwatcher.ini 的配置项。

表 2-8　dmwatcher.ini 的配置项

配　置　项	配　置　含　义
GROUP_NAME	守护进程组名（长度不能超过 16 位）
DW_TYPE	守护类型，LOCAL：本地守护；GLOBAL：全局守护。默认为 LOCAL
DW_MODE	切换模式，MANUAL：故障手动切换模式；AUTO：故障自动切换模式。默认为 MANUAL
DW_ERROR_TIME	守护进程故障认定时间，取值范围为 3～32767s，默认为 15s，没有收到远程守护进程消息，就认定远程守护进程故障，对本地守护无效。另外，此参数也是监视器认定守护进程的故障时间，如果超过设置的时间仍没有收到守护进程消息，则监视器认为守护进程出现故障
INST_ERROR_TIME	数据库故障认定时间，取值范围为 3～32767s，默认为 15s，没有收到数据库发送的状态信息，就认定监控的数据库出现故障
INST_OGUID	数据守护唯一标识码，同一个守护进程组中的所有数据库、守护进程和监视器都必须配置相同的 OGUID 值，取值范围为 0～2147483647

（续表）

配　置　项	配　置　含　义
INST_INI	监控数据库 dm.ini 路径。dmwatcher.ini 从 dm.ini 配置文件中获取 DW_PORT 信息，并进一步从 dmmal.ini 中获取 MAL_HOST/MAL_DW_PORT 等信息
INST_AUTO_RESTART	是否自动重启数据库实例，0：不自动重启；1：自动重启。默认为 0
INST_STARTUP_CMD	数据库启动命令 （1）Linux 命令行方式启动（不能出现带有空格的路径）： INST_STARTUP_CMD = /opt/dm/bin/dmserver （2）Linux 服务方式启动： INST_STARTUP_CMD = service dmserverd restart （3）Windows 命令行方式启动： INST_STARTUP_CMD = c:\dm\bin\dmserver （4）Windows 服务方式启动： INST_STARTUP_CMD = net start 注册服务名（注册服务名，可通过 DM 服务查看器获取）
INST_RECOVER_TIME	备库故障恢复检测时间间隔，取值范围为 0～86400s，默认为每 60s 检查一次备库状态，当满足故障恢复条件时，启动历史数据同步流程。数据守护系统启动完成、Switchover 主备库切换、Takeover 备库接管及强制 Open 主库后，主库守护进程 INST_RECOVER_TIME 内存值会强制设置为 0，确保尽快启动数据同步。另外，还可以通过监视器命令 set recover time 修改 INST_RECOVER_TIME 内存值
INST_SERVICE_IP_CHECK	守护进程是否监控实例对外服务，取值为 0 或 1，默认为 0。当配置为 1 时，守护进程会自动检测 Open 主库的公共网络是否有故障，故障认定时间为 INST_ERROR_TIME 配置的时间值，如果认定公共 INST_SERVICE_IP_CHECK 网络故障，则会通知主库实例强制退出。注意：当配置为 1 时，只会对已经 Open 的主库实例进行网络故障检测，如果主库实例没有 Open、主库实例故障或者是备库实例，则此参数无效
RLOG_SEND_THRESHOLD	用于指定主库发送日志到备库的时间阈值。如果主库守护进程检测到某个备库最近 N 次的平均日志发送时间大于此参数设置的值，则主库守护进程认为此备库出现异常，会启动异常处理，将此备库归档失效。其中，N 值取主库 dm.ini 中配置的 RLOG_SEND_APPLY_MON 值和主库实际发送归档次数中的较小值 RLOG_SEND_THRESHOLD（可通过查询 V$ARCH_SEND_INFO 获取实际发送归档次数）。取值范围为 0～86400s；默认为 0，表示此监控功能关闭。此参数对主库守护进程有效，建议主备库的守护进程都进行配置，以便备库切换为主库后使用
RLOG_APPLY_THRESHOLD	用于指定备库重演日志的时间阈值。如果某个备库最近 N 次的平均日志重演时间大于此参数设置的值，则主库守护进程不会将其归档恢复为有效状态，N 值取备库 dm.ini 中配置的 RLOG_APPLY_THRESHOLD 值、RLOG_SEND_APPLY_MON 值和备库实际重演次数中的较小值（可通过查询 V$RAPPLY_INFO 获取实际重演次数）。取值范围为 0～86400s；默认为 0，表示此监控功能关闭。此参数对主库守护进程有效，建议主备库的守护进程都进行配置，以便备库切换为主库后使用

5. 守护进程控制文件（dmwatcher.ctl）

dmwatcher.ctl 和 dmwatcher.ini 是完全不同的两个文件，dmwatcher.ini 是配置文件，而 dmwatcher.ctl 是控制文件，用于记录数据守护系统运行过程中主库的变迁历史信息。

除配置为 Local 守护类型的数据库外，其他库的数据文件目录下都需要有守护进程控制文件 dmwatcher.ctl，其路径和 dm.ctl 相同。对于 DMDSC 来说，dmwatcher.ctl 存放在共享磁盘上，其路径和 dm.ctl 相同，所有节点实例的守护进程访问同一份控制文件。

在初始配置时，同一个守护进程组的控制文件必须相同。该控制文件由 dmctlcvt 工具（dmctlcvt 工具用法格式如表 2-9 所示）根据 dmwatcher.ini 转化生成。在控制文件中有一个随机的 TGUID 值，每次调用 dmctlcvt 生成的 TGUID 值都不同，因此初始搭建环境时，同一个组只能通过 dmctlcvt 工具生成一次，并分别复制到各数据库目录下，不能采用分别生成的方式。

表 2-9　dmctlcvt 工具用法格式

关　键　字	说　　　明
TYPE	（1）转换控制文件为文本文件（源文件路径中控制文件名称必须是 dm.ctl 或 dmmpp.ctl）； （2）转换文本文件为控制文件（目标文件路径中控制文件名称必须是 dm.ctl 或 dmmpp.ctl）； （3）转换文本文件为守护进程控制文件（目标文件路径中不需要指定控制文件名称，会自动生成）； （4）转换守护进程控制文件为文本文件（源文件路径中控制文件名称必须是 dmwatcher.ctl）
SRC	源文件路径
DEST	目标文件路径
DCR_INI	dmdcr.ini 文件路径
HELP	打印帮助信息

dmwatcher.ctl 按照 dmwatcher.ini 中配置的组名分别生成到各自的目录下，同一个守护进程组需要使用同一份控制文件，同一个守护进程组使用不同的 dmwatcher.ctl 控制文件将导致组分裂。

生成控制文件需要指定 dmwatcher.ini 路径和文件输出路径，生成的 dmwatcher.ctl 按组名分开存放，参考命令如下：

./dmctlcvt TYPE=3 SRC=/dm/data/DAMENG/dmwatcher.ini DEST=/dm/data

dmwatcher.ctl 内容可通过如下参考命令读到文本文件中，以方便查看内容。

./dmctlcvt TYPE=4 SRC=/dm/data/DAMENG/dmwatcher.ctl DEST=/dm/data/DAMENG/ dmwatcher.txt

6. 监视器配置文件（dmmonitor.ini）

dmmonitor.ini 是监视器配置文件，存放目录没有限制，一般和 dm.ini 存放在同一个目录下，表 2-10 介绍了 dmmonitor.ini 的配置项。

【注意】只有在 MON_LOG_INTERVAL 配置大于 0 的情况下才会产生日志信息，并写入日志文件中，日志文件路径参考上述说明。在有日志写入操作时，如果日志路径下没有日志文件，会自动创建一个新的日志文件；如果已经有日志文件，则根据设定的单个日志文件大小（MON_LOG_FILE_SIZE）决定继续写入已有的日志文件或创建新的日志文件写入；在创建新的日志文件时，根据设定的日志总空间的大小（MON_LOG_ SPACE_ LIMIT）决定是否删除创建时间最早的日志文件。

表 2-10 dmmonitor.ini 的配置项

配　置　项	配　置　含　义
MON_DW_CONFIRM	是否配置为确认模式，0：监控模式；1：确认模式。默认为 0
MON_LOG_PATH	日志文件路径，日志文件命名方式为"dmmonitor_年月日时分秒.log"，如"dmmonitor_20150418230523.log"。 （1）对于 dmmonitor 命令行工具，如果 dmmonitor.ini 中配置了 MON_LOG_PATH 路径，则将 MON_LOG_PATH 作为日志文件路径；如果没有配置，则将 dmmonitor.ini 配置文件所在的路径作为日志文件路径。 （2）对于通过调用接口方式监控守护系统的情况，如果调用 DWMON_INIT 接口时指定有 LOG_PATH 参数，则将指定的 LOG_PATH 作为日志文件路径；如果没有指定 LOG_PATH 参数，则将 dmmonitor.ini 中配置的 MON_LOG_PATH 作为日志文件路径，如果 dmmonitor.ini 中没有配置 MON_LOG_PATH，则将 dmmonitor.ini 配置文件所在的路径作为日志文件路径
MON_LOG_INTERVAL	自动记录系统状态信息到日志文件的时间间隔，取值为 0s、1s 或 5~3600s，0s 表示不记录任何日志，1s 表示只记录监视器正常接收到的消息，5~3600s 表示除记录监视器正常接收消息外，每隔指定的时间额外记录系统信息到日志文件中。默认为 1s
MON_LOG_FILE_SIZE	单个日志文件大小，取值范围为 16~2048MB，默认为 64MB。当日志文件大小达到最大值后，会自动生成并切换到新的日志文件中；如果日志文件达到设定的总空间限制，会自动删除创建时间最早的日志文件
MON_LOG_SPACE_LIMIT	日志总空间大小，取值 0MB 或 256~4096MB。默认为 0MB，表示没有空间限制
[GROUP_NAME]	守护进程组名，与 dmwatcher.ini 中的守护进程组名保持一致
MON_INST_OGUID	数据守护唯一标识码，与 dmwatcher.ini 中的 INST_OGUID 保持一致
MON_DW_IP	守护进程 IP 地址和监听端口。配置格式为"守护进程 IP 地址:守护进程监听端口"。其中，IP 地址和 dmmal.ini 中的 MAL_HOST 保持一致，端口和 dmmal.ini 中的 MAL_DW_PORT 保持一致。如果需要监控的是 DMDSC，则作为一个整体的库，将 DMDSC 中所有守护进程的"IP:PORT"配置为一个 MON_DW_IP 项，每个守护进程的"IP:PORT"以"/"分隔，如 MON_DW_IP=192.168.0.73:9236/192.168.0.73:9237

7. 定时器配置文件（dmtimer.ini）

dmtimer.ini 用于配置定时器，可记录异步备库的定时器信息，存放目录由 dm.ini 的 CONFIG_PATH 配置项指定，表 2-11 介绍了 dmtimer.ini 的配置项。其中，项目名称就是定时器名称，表中参数与创建定时器的过程 SP_ADD_TIMER 函数参数用法相同，更详细的参数介绍可参考《DM8_SQL 语言使用手册》中 SP_ADD_TIMER 函数参数介绍。

表 2-11 dmtimer.ini 的配置项

项　　目	项目含义	字　　段	字段意义
[TIMER_NAME1]	定时器信息	TYPE	定时器调度类型，其中 1：执行一次 2：按日执行 3：按周执行 4：按月执行的第几天 5：按月执行的第一周 6：按月执行的第二周 7：按月执行的第三周 8：按月执行的第四周 9：按月执行的最后一周

（续表）

项　　目	项目含义	字　　段	字段意义
[TIMER_NAME1]	定时器信息	FREQ_MONTH_WEEK_INTERVAL	间隔月数或周数
		FREQ_SUB_INTERVAL	间隔天数
		FREQ_MINUTE_INTERVAL	间隔分钟数
		START_TIME	开始时间
		END_TIME	结束时间
		DURING_START_DATE	开始时间点
		DURING_END_DATE	结束时间点
		NO_END_DATE_FLAG	是否结束标记
		DESCRIBE	定时器描述
		IS_VALID	定时器有效标记，默认为 0 0：表示关闭定时器 1：表示启用定时器

例如，配置名称为"TIMER_01"的定时器，开始时间为 2016-02-2217:30:00，只执行一次，则配置如下：

```
[TIMER_01]
TYPE = 1
FREQ_MONTH_WEEK_INTERVAL = 0
FREQ_SUB_INTERVAL = 0
FREQ_MINUTE_INTERVAL = 0
START_TIME = 00:00:00
END_TIME = 00:00:00
DURING_START_DATE = 2016-02-22 17:30:00
DURING_END_DATE = 2016-02-22 17:30:30
NO_END_DATE_FLAG = 0
DESCRIBE = RT TIMER
IS_VALID = 1
```

2.2　数据守护的原理

DM 数据守护（Data Watch）系统主要由主库、备库、REDO 日志、REDO 日志传输、REDO 日志重演、守护进程（dmwatcher）、监视器（dmmonitor）组成，其结构如图 2-5 所示。

DM 数据守护系统的实现原理可概括为：将主库（生产库）产生的 REDO 日志传输到备库，备库接收并重演 REDO 日志，从而实现备库与主库的数据同步。DM 数据守护系统的核心思想是监控数据库状态，获取主库、备库数据同步情况，为 REDO 日志传输与重演过程中出现的各种异常情况提供一系列的解决方案。

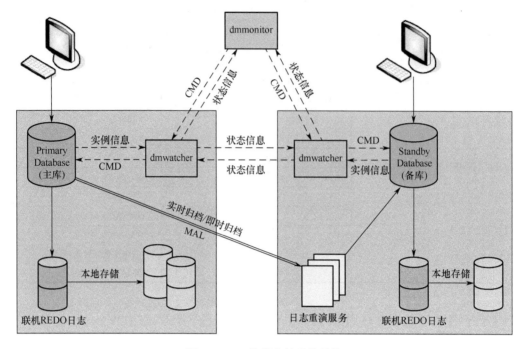

图 2-5　DM 数据守护系统结构

2.2.1　守护进程

守护进程（dmwatcher）是 DM 数据守护系统不可或缺的核心部件，是数据库实例和监视器之间信息流转的桥梁。数据库实例向本地守护进程发送信息，接收本地守护进程的消息和命令；监视器（dmmonitor）接收守护进程的消息，并向守护进程发送命令；数据库实例与监视器之间没有直接的消息交互；守护进程解析并执行监视器发起的各种命令（Switchover/Takeover/Open Force 等），并在必要时通知数据库实例执行相应的操作。

1. 主要功能

守护进程是管理数据守护系统的核心部件，负责解析、处理监视器发起的命令，提供了数据库监控、故障检测、故障处理、故障恢复等功能。

1）监控数据库实例

守护进程负责监控数据库运行状态，在必要时重启数据库服务。守护进程和实例链路建立成功后，数据库实例定时发送信息到守护进程，发送到守护进程的内容包括实例进程 ID、实例名、数据库模式、数据库状态、FILE_LSN、CUR_LSN、MAL 链路状态、归档状态、公钥、MPP 控制文件等信息。

守护进程在更新本地记录的实例信息后，同时记录该时间戳。当检测到实例进程 ID 已经不存在或超过一段时间（INST_ERROR_TIME）没有收到实例消息时，会认定实例故障。如果配置了自动重启，则实例将会重启。

【注意】对于 DMDSC 来说，自动重启由 DMCSS 工具检测执行，单机的自动重启由守护进程检测执行。守护进程采用超时机制判断实例是否故障，即当前时间和上次收到消息的时间差是否超过故障认定时间（INST_ERROR_TIME），因此不建议在数据守护系统运行过程中调整操作系统时间，避免差值过大，误判实例故障。

2）发送状态信息

守护进程将监控的数据库实例信息和守护进程自身的信息（包括守护类型、守护模式、守护状态、守护日志、监视器执行序列号、执行返回码等）捆绑在一起，定时发送给其他守护进程和所有监视器。

3）监控其他守护进程

接收并解析其他守护进程发送的消息，如果超过一段时间（DW_ERROR_TIME）没有收到远程守护进程消息，会将远程守护进程状态认定为 ERROR 状态。另外，会结合本地数据库信息和守护进程自身状态，切换数据库的运行模式和系统状态。

【注意】在监控其他守护进程时，同样不建议在数据守护系统运行过程中调整操作系统时间。

4）接收监视器消息

主备库切换、备库接管等操作都是通过监视器命令进行的，监视器将操作命令分解成多个步骤顺序执行。守护进程接收这些消息并通知实例进行相应操作，如执行 SQL 语句修改实例模式、状态、INI 参数、设置归档状态等一系列动作。这些步骤依次执行完成后，即可完成主备库切换或备库接管等操作。

例如，主备库切换操作，监视器首先通知待切换主备库的守护进程修改状态为 Switchover 状态，设置成功以后，其他监视器将不能再进行命令操作。守护进程收到监视器将实例改为 Mount 状态的命令，转发到本地实例执行，实例执行完成后返回执行结果。执行结果包含在实例向守护进程发送的消息中，守护进程根据消息中的执行码判断是否执行成功，再响应到监视器上。

【注意】监视器和守护进程之间也是采用超时机制判断对方是否故障的，因此同样不建议在数据守护系统运行过程中调整操作系统时间，避免差值过大，误判监视器故障。

5）主备库启动运行

数据守护系统刚启动时，所有实例处于 Mount 状态，守护进程处于 Startup 状态，在启动时需要将实例转换到 Open 状态，守护进程也应切换到 Open 状态，以对外提供服务。

6）备库故障处理

在故障自动切换模式下，备库在发生故障后，如果主备库之间的归档状态仍然有效，主库的守护进程会先切换为 Confirm 状态，等待确认监视器的确认消息，如果确认为符合故障处理条件，主库守护进程再切换至 Failover 状态，将故障备库的归档失效。

在故障手动切换模式下，备库在发生故障后，如果主备库之间的归档状态仍然有效，会直接切换到 Failover 状态，并将故障备库的归档失效，不需要备库故障确认。

备库在发生故障后，备库的守护进程如果还处于活动状态且监控功能没有被关闭，则会切换到 Startup 状态。

备库在故障重启后，如果存在活动主库，则主库守护进程根据备库实例的模式、状态、备库守护进程状态、守护进程控制文件信息及备库的恢复时间间隔信息判断，是否可以进行故障恢复。在满足故障恢复条件的情况下，启动 Recovery 流程，重新恢复主备库到一致状态。

如果一直没有观察到主库守护进程发起 Recovery 流程，则可以借助监视器的 Checkrecover 命令查找备库不满足条件的原因，并进行对应的处理。

【注意】在读写分离集群中，主库向即时备库发送归档日志失败后，会直接修改归档状态无效，并将数据库修改为 Suspend 状态。如果主备库之间出现网络故障，并且在网络故障期间，主库没有修改操作触发归档日志发送，则主库会一直保持 Open 状态。如果网络故障期间备库接管，网络恢复后，dmwatcher 会通知主库强制 Halt。

7）备库异常处理

备库异常是指备库的数据库实例正常，但响应速度出现异常。这里的响应速度可能受主备库之间的网络影响，如网络不稳定、网速大幅下降；也可能受备库自身的软硬件影响，如操作系统原因或磁盘读写速度异常降低等异常情况，导致响应主库的速度变慢。备库异常情况会极大地影响主库性能，影响主库正常处理对外的业务请求。

守护进程提供 RLOG_SEND_THRESHOLD 参数用于监控主备库之间的日志发送速度，此参数必须配置为大于 0 的值，否则守护进程不会打开监控功能。

主库守护进程在 Open 状态下对日志发送速度进行检测，一旦检测到异常，则主库守护进程会切换到 Standby Check 状态，并通知主库将异常备库的归档失效，暂停到此备库的数据同步，避免影响主库性能。

完整的备库异常处理流程如下（Standby Check 状态处理）。

（1）收集所有的异常备库。

（2）将主库守护进程上记录的这些异常备库的最近一次恢复时间修改为当前时间，恢复时间间隔仍然为 dmwatcher.ini 中配置的 INST_RECOVER_TIME 值。这一步骤的目的是防止修改备库归档状态为 Invalid 后，主库立即启动 Recovery 状态，但是还未获取到备库最新的 LSN 信息，导致 Recovery 无法正确执行的情况发生。

（3）通知主库修改这些异常备库的归档状态为 Invalid。

（4）守护进程切换回 Open 状态。

8）主库故障处理

在故障自动切换模式下，主库在发生故障后，确认监视器会捕获故障信息，自动选出可接管的备库，并通知备库进行接管。备库接管由确认监视器自动触发，不需要用户干预。

在故障手动切换模式下，主库在发生故障后，需要人工干预，通过监视器执行接管命令，将可接管备库切换为主库。

在故障自动切换模式下，可以实时处理故障，但对网络稳定性要求更高，需要确保主备库之间及主备库与守护进程之间的网络稳定可靠，否则可能会误判主库故障，备库自动接管后，出现多个 Open 状态的主库，引发脑裂。

在故障手动切换模式下，备库不会自动接管，当出现节点故障或网络故障时，由用户根据各种故障情况进行人工干预。

因此，故障手动切换模式可以更好地保护数据的一致性，建议尽量使用故障手动切换模式的数据守护。

主库故障重启后，守护进程根据控制文件中的接管记录，以及是否存在其他 Primary 实例来判定重启后的恢复策略，可能重新作为主库加入数据守护系统，也可能修改为 Standby 模式，以备库身份重新加入数据守护系统，如果出现组分裂，则需要用户干预才可以重加入数据守护系统。

9）故障恢复处理

故障恢复状态（Recovery）由守护进程自行判断是否切换，和监视器无关。如果符合以下条件，主库的守护进程可自动进入 Recovery 状态，进行数据恢复。

（1）本地主库[Primary, Open]守护进程 Open 状态。

（2）远程备库[Standby, Open]归档状态 Invalid，守护进程 Open 状态。

（3）远程备库[Standby, Open]的 APPLY_LSN 和 SSLSN 相等，没有待重做日志。

（4）控制文件判断可加入，本地 LSN 更大等。

（5）远程备库[Standby, Open]达到了设置的启动恢复时间间隔。

2. 守护类型

守护进程支持两种守护类型：本地守护和全局守护。

1）本地守护

本地守护提供最基本的守护进程功能，负责监控本地数据库服务。如果实例使用 Mount 方式启动，守护进程会通知实例自动 Open；如果连续一段时间没有收到来自其监控数据库的消息，则认定数据库出现故障，根据配置（INST_AUTO_RESTART）确定是否使用配置的启动命令重启数据库服务。

异步备库采用的是本地守护类型。

2）全局守护

在实时主备、MPP 主备和读写分离集群系统中，需要将守护进程配置为全局守护类型。守护进程根据数据库服务器配置的归档类型及 MPP_INI 参数情况，自动识别具体的集群类型（实时主备、MPP 主备或读写分离集群），全局守护类型在本地守护类型的基础上，通过和远程守护进程的交互，增加了主备库切换、主备库故障检测、备库接管、数据库故障重加入等功能。

配置全局守护类型后，守护进程守护数据库实例，必须配置实时归档或即时归档，否则 dmwatcher 会启动失败。

3. 故障切换模式

守护进程支持两种故障切换模式：故障自动切换和故障手动切换。

在故障自动切换模式下，当主库发生故障时，确认监视器自动选择一个备库，切换为主库并对外提供服务。故障自动切换模式要求必须且只能配置一个确认监视器。

在故障手动切换模式下，当主库发生故障时，由用户根据实际情况，通过监视器命令将备库切换为主库。在用户干预之前，备库可以继续提供只读服务和临时表的操作。

实时主备、MPP 主备、读写分离集群可以配置为故障自动切换模式或故障手动切换模式。在这两种数据守护模式下，守护系统的启动流程、数据同步和故障处理机制存在一定的差异，主要差异如表 2-12 所示。

表 2-12　数据守护模式比较

比 较 内 容	故障自动切换模式	故障手动切换模式
硬件要求	大于或等于 3 台机器	大于或等于 2 台机器
主库故障需要人工干预	否	是
备库 KEEP_BUF	有（实时主备和 MPP 主备专用）	有（实时主备和 MPP 主备专用）
需要确认监视器	是	否
支持实时主备	是	是
支持 MPP 主备	是	是
支持读写分离集群	是	是
主库故障处理	备库自动接管	备库手动接管
备库故障处理	主库可能先进入 Confirm 状态，向确认监视器求证备库故障后，再进行 Failover 处理；也可能直接进行 Failover 处理	主库直接进行 Failover 处理
主备库切换	支持	支持

4. 守护状态

守护进程包括以下状态。

（1）Startup 状态。守护进程启动状态，需要根据远程守护进程发送的状态信息，结合本地数据库的初始模式、状态和数据同步情况，确定本地数据库的启动模式和状态后，进入 Open 状态。

（2）Open 状态。守护进程正常工作，监控数据库，并定时发送数据库的状态信息，接收其他守护进程发送的信息，接收监视器发送的用户请求。

（3）Shutdown 状态。守护进程停止监控数据库状态，也不提供主备库切换功能。

（4）Switchover 状态。在主备库都正常的情况下，手动切换主备库过程中设置为 Switchover 状态。

（5）Failover 状态。远程备库发生故障后，本地主库执行故障处理时，守护进程设置为 Failover 状态。

（6）Recovery 状态。故障恢复同步历史数据过程中设置为 Recovery 状态。

（7）Confirm 状态。通过监视器确认远程主备库是否活动的过程中，守护进程设置为 Confirm 状态。

（8）Takeover 状态。主库确认故障后，备库手动接管或监视器通知自动接管过程中，守护进程设置为 Takeover 状态。

（9）Open Force 状态。主库没有收到远程所有实例消息，或者组中没有活动主库，需要借助监视器命令强制 Open 主库或备库实例时，守护进程设置为 Open Force 状态。

（10）Error 状态。超过一段时间（DW_ERROR_TIME）没有接收到远程守护进程消息时，本地守护进程或监视器认定远程守护进程故障，修改远程守护进程为 Error 状态。

（11）Login Check 状态。监视器执行命令登录校验时，守护进程所处的状态。

（12）Mppctl Update 状态。修改主库 MPP 控制文件（dmmpp.ctl）时，守护进程所处的状态，只在 MPP 主备系统出现。

（13）Change Arch 状态。Set Arch Invalid 命令执行时守护进程所处的状态。

（14）Standby Check 状态。主库守护进程监控到备库异常后，切换到此状态并通知主库修改此备库归档无效。

（15）Clear Send Info 状态。清理主库上的归档发送信息时，守护进程所处的状态。

（16）Clear Rapply Info 状态。清理备库上的重演信息时，守护进程所处的状态。

（17）Unify_ep 状态。统一 DMDSC 库节点实例状态，或者各实例状态已经一致时，守护进程在 Startup 状态或 Open 状态下通知实例执行相关操作，都进入 Unify_ep 状态执行。

（18）Css Process 状态。监视器发起的对 DMDSC 库的部分命令，如启动、关闭、强杀 DMDSC 库，或者打开、关闭节点实例的自动拉起功能等命令，需要借助 DMCSS 执行时，守护进程会切换到此状态。

守护进程所有状态变换和它监控的数据库的状态变换都会生成相应的日志信息，写入"../log"目录下以"dm_dmwatcher_实例名_当前年月.log"方式命名的日志文件中。用户可以通过查看日志文件，分析数据库和守护进程的运行状态及监控故障处理过程。

守护系统主要工作在 Startup 状态和 Open 状态下，几乎任何状态都可能转换到这两种状态，并且这两种状态之间也可以相互转换。另外，当远程守护故障时，任何状态都可以转换到 Error 状态。数据守护进程的状态转换（除 Error 状态外）如图 2-6 所示。

图 2-6　数据守护进程状态转换

2.2.2　监视器

监视器（dmmonitor）是基于监视器接口实现的一个命令行工具，是 DM 数据守护系统的重要组成部分。通过监视器，可以监控数据守护系统的运行情况，获取主备库状态、守护进程状态及主备库数据同步情况等信息。同时，监视器还提供了一系列命令来管理数据守护系统。

1. 基本作用

概括起来，达梦数据库监视器的基本作用如下。

1）监控数据守护系统

接收守护进程发送的消息，显示主备库状态变化，以及监控故障切换过程中数据库模式、状态变化的完整过程。

2）管理数据守护系统

用户可以在监视器上输入命令，启动、停止守护进程的监控功能，执行主备库切换、备库接管等操作。

3）确认状态信息

在故障自动切换的数据守护系统中，主备库进行故障处理之前，需要通过监视器进行信息确认，确保对应的备库或主库真的发生异常了，避免主备库之间网络故障引发脑裂。

4）发起故障自动接管命令

用于故障自动切换的数据守护系统中，当主库发生故障时，挑选符合接管条件的备库，并通知备库执行接管操作。

【注意】对于实时主备和读写分离集群，监视器只允许配置一个守护进程组；MPP 主备允许配置多个守护进程组，并且要求这些守护进程组的主库必须是同一套 MPP 系统；对于本地守护类型，允许和实时主备/读写分离集群/MPP 主备配置到同一个守护进程组作为异步备库，如果不作为某个实例的异步备库，只是普通的单机配置为本地守护类型，则需要单独成组，并且监视器也不允许配置多个守护进程组。

2. 监视器类型

监视器支持两种运行模式：监控模式和确认模式。监视器运行模式由配置文件（dmmonitor.ini）的 MON_DW_CONFIRM 参数来确定。MON_DW_CONFIRM 参数的默认值是 0，表示监控模式；当 MON_DW_CONFIRM 参数值为 1 时，表示监视器运行在确认模式下。为了区分监视器的两种模式，将运行在确认模式下的监视器称为确认监视器，将运行在监控模式下的监视器称为一般监视器。

1）监控模式

在一个数据守护系统中，最多允许同时启动 10 个监视器，所有监视器都可以接收守护进程消息，获取守护系统状态。所有监视器都可以发起 Switchover 等命令，但守护进程一次只能接收一个监视器的命令。在一个监视器命令执行完成之前，若守护进程收到其他监视器发起的请求，则会直接报错返回。

2）确认模式

和监控模式一样，确认监视器接收守护进程消息，获取数据守护系统状态，也可以执行各种监控命令。区别在于，除具备监控模式监视器的所有功能外，确认监视器还具有状态确认和自动接管两个功能。此外，在一个数据守护系统中，只能配置 1 个确认监视器。在故障自动切换模式的数据守护系统中，必须部署一个确认监视器，否则在出现实例故障时，数据库服务会中断。

3. 状态确认

状态确认只对故障自动切换模式的数据守护系统有效，在手动切换模式下，不需要状态确认。在故障自动切换模式的数据守护系统中，当主库守护进程监测到备库故障时，需要向确认监视器求证，确认备库是否发生故障，再启动故障处理流程将归档失效，避免引发脑裂。例如，当主库发生网络故障时，主库直接将归档失效且继续以 Primary 模式提供服务；同时，确认监视器认为主库故障，将备库切换为 Primary 模式，守护进程组中同时出现多个主库，引发脑裂。

主库守护进程在满足一定条件时，会切换到 Confirm 状态，向确认监视器进行求证。主库守护进程切换到 Confirm 状态之后，会根据不同的场景决定是否切换为 Failover 状态并启动故障处理流程。

下面列举出几种常见场景的状态确认方式，如图 2-7 所示。注意：前提是主库的守护进程已经处于 Confirm 状态。

（1）场景 1：主库网络故障，主库到备库、主库到确认监视器的连接异常。在这种情况下，主库守护进程一直保持 Confirm 状态，不会启动故障处理流程。

（2）场景 2：备库故障或备库网络故障，主库守护进程会切换为 Failover 状态，并启动故障处理流程。

（3）场景 3：主备库之间网络故障，但与确认监视器之间的网络正常，确认监视器确认主库满足 Failover 执行条件，主库守护进程会切换为 Failover 状态，并启动故障处理流程，否则主库守护进程一直保持 Confirm 状态。

图 2-7　常见场景的状态确认方式

4. 自动接管

在故障自动切换模式下，确认监视器在检测到主库故障后，会根据收到的主备库

LSN、归档状态、MAL 链路状态等信息，确定一个接管备库，并将其切换为主库。

确认监视器启动自动接管流程的主要场景有以下 3 种，任何一种场景都会导致备库自动接管。

（1）场景 1：主库数据库实例异常终止，主库守护进程正常。

（2）场景 2：主库硬件故障或数据库实例和守护进程同时故障。

（3）场景 3：主库网络故障，主备库之间、主库与监视器之间连接异常。

若想实现备库自动接管，主库、归档状态、备库都必须符合一定条件才行。

（1）主库条件：主库在 Primary 模式、Open 状态下产生故障，如图 2-8（a）、图 2-8（b）所示；主库守护进程故障，主库在故障前处于 Open/Recovery 状态，如图 2-8（b）所示；故障主库与接管备库和确认监视器之间的 MAL 链路断开，如图 2-8（c）所示。

（2）归档状态条件：故障主库到接管备库的归档状态为 Valid。

（3）备库条件：接管备库在 Standby 模式、Open 状态下；接管备库的 dmwatcher.ctl 控制文件状态为 Valid；故障主库和接管备库的 dmwatcher.ctl 控制文件相同。

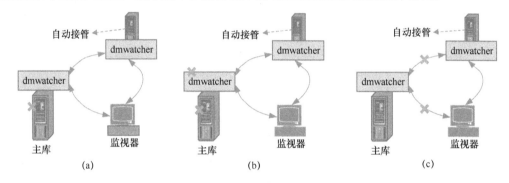

图 2-8　自动接管

【注意】如果主库在发生故障前，正在执行 Switchover/Takeover 等命令，则备库不会自动接管，需要人工干预。确认监视器要求一开始就启动，保证在出现故障情况时，确认监视器已经收到了故障主库或备库的历史消息，否则会因为条件不足无法自动处理，需要通过命令方式人工干预。确认监视器不要和主库部署在一台机器上，避免主库在出现网络故障时，备库无法自动切换为主库。确认监视器不要和备库部署在一台机器上，避免当主备库之间网络出现异常时，确认监视器误认为主库故障，将备库切换为主库，引发双主库问题。

2.2.3　归档管理

1. 归档类型

归档是实现数据守护系统的重要技术手段，根据功能与实现方式的不同，达梦数据库的归档可以分为 5 类：本地归档、远程归档、实时归档、即时归档和异步归档。

1）本地归档

REDO 日志本地归档（LOCAL），就是将 REDO 日志写入本地归档日志文件的过程。在配置为本地归档的情况下，REDO 日志刷盘线程将 REDO 日志写入联机 REDO 日志文件后，对应的 RLOG_BUF 由专门的归档线程负责写入本地归档日志文件中。

与联机 REDO 日志文件可以被覆盖重用不同，本地归档日志文件不能被覆盖，写入其中的 REDO 日志信息会一直保留，直到用户主动删除；如果配置了归档日志空间上限，系统会自动删除最早生成的归档 REDO 日志文件，腾出空间。

达梦数据库提供了按指定的时间或指定的 LSN 删除归档日志的系统函数，但用户需要谨慎使用。例如，在数据守护系统中，如果备库发生了故障，主库继续服务，主库的日志在继续增加，此时如果删除尚未同步到备库的主库归档日志，那么在备库重启之后，会由于备库收到的日志缺失导致主备库无法正常同步数据。

本地归档文件在配置的归档目录下生成并保存，文件命名规则为"日志归档名_年月日时分秒毫秒.log"，如 ARCHIVE_LOCAL1_20151014153933458.log。如果磁盘空间不足，并且没有配置归档日志空间上限（或者配置的上限超过实际空间），则系统将自动挂起，直到用户主动释放足够的空间后才继续运行。

【注意】为了最大限度地保护数据，当磁盘空间不足导致归档写入失败时，系统会挂起等待，直到用户释放出足够的磁盘空间。当磁盘损坏导致归档日志写入失败时，系统会强制 Halt。

2）远程归档

DMDSC 库节点除将自身的归档日志保存在本地节点外，还发送到 DMDSC 库内的其他节点上，同时接收其他节点的远程归档日志进行备份，这样每个节点的本地存储都保存了其他 DMDSC 库节点的归档日志，随时可进行本地访问。这种将归档日志发送到远程节点上保存的归档方式，被称为远程归档。

远程归档主要有以下两种使用场景。

（1）场景 1：在执行数据库恢复时，恢复工具（如 DMRMAN）所在节点需要访问其他节点归档日志。

（2）场景 2：DMDSC 守护系统中主备库异步归档日志的同步，备库恢复。DMDSC 主节点为发送端，需要访问其他从节点的归档日志。

远程归档方便各节点保存数据库的完整归档日志，避免增加其他额外的开支（如共享存储等），是一种非常经济、便捷的日志存储手段。

3）实时归档

与本地归档写入本地磁盘不同，实时归档（REALTIME）对主库产生的 REDO 日志和 Huge 表数据进行修改，通过 MAL 系统传递到备库。实时归档是实时主备和 MPP 主备的实现基础。实时归档只有在主库配置为 Primary 模式下才能生效，一个主库可以配置 1～8 个实时备库。

实时归档的执行流程：主库在 REDO 日志（RLOG_BUF）写入联机 REDO 日志文件前，将 REDO 日志发送到配置为 Standby 模式的备库；备库收到 REDO 日志（RLOG_BUF）后放入 KEEP_BUF，并在原有 KEEP_BUF 的内容中加入日志重演任务系统后，马上响应主库，而不是等待 REDO 日志重演结束再响应主库；主库收到响应消息，确认备库已经收到 REDO 日志，再将 REDO 日志写入联机 REDO 日志文件中。

4）即时归档

即时归档是读写分离集群的实现基础，其与实时归档的主要区别是发送 REDO 日志的时机不同。即时归档（TIMELY）在主库将 REDO 日志写入联机 REDO 日志文件后，再通过 MAL 系统将 REDO 日志发送到备库。一个主库可以配置 1～8 个即时备库。

根据备库重演 REDO 日志和响应主库时机的不同，即时归档分为两种模式：事务一致模式和高性能模式。达梦数据库根据配置文件 dmarch.ini 中的 ARCH_WAIT_APPLY 配置项来确定即时归档的模式，配置为 1 就是事务一致模式，配置为 0 就是高性能模式，ARCH_WAIT_APPLY 默认为 1。

（1）事务一致模式。主库事务 Commit 触发 REDO 日志刷盘和即时归档，备库收到主库发送的 REDO 日志要在重演完成后再响应主库，主库才能响应用户 Commit 成功。在事务一致模式下，同一个事务的 SELECT 语句不管是在主库执行，还是在备库执行，查询结果都满足 Read Commit 隔离级要求。

（2）高性能模式。与实时归档一样，备库收到主库发送的 REDO 日志后，马上响应主库后，再启动日志重演。在高性能模式下，备库与主库的数据同步存在一定延迟（一般情况下延迟时间非常短暂，用户几乎感觉不到），无法严格保证事务一致性。

事务一致模式的主备库之间严格维护事务一致性，但主库要等备库重演 REDO 日志完成后，再响应用户的 Commit 请求，事务 Commit 时间会变长，存在一定的性能损失。高性能模式则通过牺牲事务的一致性来获得更高的性能及提升系统的吞吐量。用户应该根据实际情况，选择合适的即时归档模式。

5）异步归档

异步归档（ASYNC），由主备库上配置的定时器触发，根据异步备库的 CUR_LSN 信息，扫描本地归档目录获取 REDO 日志，并通过 MAL 系统将 REDO 日志发送到异步备库。异步备库的 REDO 日志重演过程与实时归档等其他类型的归档完全一致。

每个 Primary 模式或 Standby 模式的数据库，最多可以配置 8 个异步备库，在 Normal 模式下配置的异步备库会自动失效。

异步备库可以级联配置，异步备库本身也可以作为源库配置异步备库。理论上来说，数据守护系统中可配置的异步备库的总数只受 MAL 系统最大节点数（2048 个）限制。

2. 归档类型比较

对除远程归档外的归档类型进行比较，如表 2-13 所示。

表 2-13　达梦数据库归档类型比较

归档类型比较项目	本地归档	实时归档	即时归档	异步归档
备库数量	0 个	1～8 个	1～8 个	1～8 个
是否通过 MAL 传递数据	否	是	是	是

（续表）

归档类型比较项目	本地归档	实时归档	即时归档	异步归档
归档时机	写入联机日志后再写入本地归档日志文件	写入联机日志前发送到备库	写入联机日志后发送到备库	定时启动
归档写入（发送）线程	归档线程	日志刷盘线程	日志刷盘线程	异步归档线程
是否支持 Huge 表	否	是	否	否
数据来源	RLOG_BUF	RLOG_BUF/HUGE_BUFFER	RLOG_BUF	本地归档文件
失败处理	当磁盘空间不足时，系统挂起等待释放足够的磁盘空间。当磁盘损坏导致写入失败时，系统会强制 Halt	Suspend 数据库，保持归档状态不变，等待守护进程干预	Suspend 数据库，并设置归档为无效状态，等待守护进程干预	不处理，等待下次触发继续发送
备库响应时机	无	收到立即响应	事务一致模式：重演完成后响应；高性能模式：收到立即响应	收到立即响应
源库模式	Primary、Standby、Normal	Primary	Primary	Primary、Standby
目标库模式	无	Standby	Standby	Standby

【注意】当任意一个备库的实时归档/即时归档失败时（即使其他备库归档成功了），主库都会切换为 Suspend 状态。

3. 归档状态及转换

本地归档、实时归档和即时归档均包含两种状态：Valid 和 Invalid；异步归档只有一种归档状态：Valid。实时归档、即时归档只对 Primary 模式的主库有效，备库上配置的实时归档、即时归档状态没有实际意义，始终保持 Valid 状态。

（1）Valid：归档有效状态，正常执行各种数据库归档操作。

（2）Invalid：归档无效状态，主库不发送联机 REDO 日志到备库。

在不同的归档类型中，归档状态转换时机不同，具体转换时机如下。

（1）主备库启动后，主库到所有备库的归档状态默认是 Valid；守护进程 Open 主库前，将主库到所有备库的归档状态修改为 Invalid。

（2）备库故障恢复，同步主库数据完成后，守护进程先将主库修改为 Suspend 状态，并将主库到备库的归档状态从 Invalid 修改为 Valid。在守护进程再次 Open 主库后，主备库数据重新恢复为一致状态。

（3）主库发送日志到实时备库失败挂起，守护进程处理 Failover 过程中，将主库到备库的归档状态修改为 Invalid。

（4）主库发送即时归档日志失败后，直接将主库到备库的归档状态修改为 Invalid。

（5）异步归档始终保持 Valid 状态，一旦归档失败马上返回，等待下一次触发再继续发送。

4. 归档流程

实时主备库数据同步的基础是实时归档，主库生成联机 REDO 日志。在触发日志写文件操作后，日志线程先将 RLOG_BUF 发送到备库，备库接收后进行合法性校验（包括日志是否连续、备库状态是否 Open 等），不合法则返回错误信息，合法则作为 KEEP_BUF 保留在内存中，原有 KEEP_BUF 的 REDO 日志加入 APPLY 任务队列进行 REDO 日志重演，并响应主库日志接收成功。实时归档流程如图 2-9 所示。

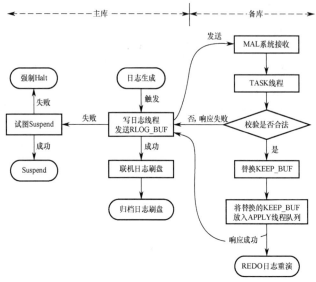

图 2-9　达梦数据库实时归档流程

2.3　实时主备环境的搭建

达梦数据库在配置实时主备环境时，有以下几种配置方案，可以根据实际情况部署。

（1）只配置主库和最多 8 个实时备库。

（2）只配置主库和最多 8 个异步备库。

（3）配置主库、最多 8 个实时备库和最多 8 个异步备库。

在实际应用中，如果数据库规模很大，并且对数据的实时性要求不是很严格，则可以配置多个异步备库用于分担统计报表等任务。

为了方便读者了解实时主备环境的搭建过程，本节将从环境说明、数据准备、主库配置、备库配置和监视器配置等方面介绍一个典型实时主备环境（一主一备一监视器）的搭建过程和方法。在实际应用中，其他类型的实时主备环境搭建过程和方法类似，读者可举一反三。

2.3.1　环境说明

实时主备环境的集群配置方案为 1 个主库、1 个实时备库、1 台监视器，操作系统采用中标麒麟 7，达梦数据库版本为 DM8，DataWatch 版本为 4.0。

在实时主备环境部署前，主库、备库及监视器的主机都事先安装了 DM8，数据库名均为 DAMENG，安装路径为"/dm8"，所需的执行程序保存在"/dm8/bin"目录中，数据存放路径为"/dm8/data"。

【注意】各主备库的实例建议采用"组名_守护环境_序号"方式命名,方便按组区分不同实例,注意总长度不能超过 16 位。

在本例中,组名为"GRP1",配置为实时主备,主库命名为"GRP1_RT_01",备库命名为"GRP1_RT_02"。主库和备库的机器上需要配置双网卡,分别进行内部通信和外部通信。监视器只需要配置一块网卡即可,使其可以访问主库和备库。本例的相关环境配置说明如表 2-14 所示,端口规划如表 2-15 所示。

表 2-14 环境配置说明

主 机 名	IP 地址	初始状态	操作系统	备 注
DW_P	192.168.1.101 192.168.2.201	主 库 GRP1_RT_01	中标麒麟 7 Linux version 3.10.0-123.el7.x86_64 (mockbuild@svr151.cs2c.com.cn) (gcc version 4.8.2 20140120 (NeoKylin 4.8.2-16) (GCC)) #1 SMP Sun Jul 13 23:08:53 CST 2014	外部服务 IP: 192.168.1.101 内部通信 IP: 192.168.2.201
DW_S1	192.168.1.121 192.168.2.221	备 库 GRP1_RT_02	中标麒麟 7 Linux version 3.10.0-123.el7.x86_64 (mockbuild@svr151.cs2c.com.cn) (gcc version 4.8.2 20140120 (NeoKylin 4.8.2-16) (GCC)) #1 SMP Sun Jul 13 23:08:53 CST 2014	外部服务 IP: 192.168.1.121 内部通信 IP: 192.168.2.221
DW_M	192.168.2.60	确认监视器	中标麒麟 7 Linux version 3.10.0-123.el7.x86_64 (mockbuild@svr151.cs2c.com.cn) (gcc version 4.8.2 20140120 (NeoKylin 4.8.2-16) (GCC)) #1 SMP Sun Jul 13 23:08:53 CST 2014	内部通信 IP: 192.168.2.60

表 2-15 端口规划

数据库名	实 例 名	PORT_NUM	MAL_INST_DW_PORT	MAL_HOST	MAL_PORT0000	MAL_DW_PORT
DAMENG	GRP1_RT_01	35101	45101	192.168.2.201	55101	65101
DAMENG	GRP1_RT_02	35121	45121	192.168.2.221	55121	65121

2.3.2 数据准备

在开始实时主备环境搭建之前,需要准备好主库和备库实例的相关数据。本例通过将主库的数据备份还原到备库中完成数据准备,具体可通过两种方式进行:一是脱机备份、脱机还原;二是联机备份、脱机还原。

1. 脱机备份、脱机还原方式

采用脱机备份、脱机还原方式的操作步骤如下。

第 1 步:正常关闭主数据库。

第 2 步:进行脱机备份,操作命令如下:

```
./dmrman CTLSTMT="BACKUP DATABASE '/dm8/data/DAMENG/dm.ini' FULL TO BACKUP_FILE1
```

BACKUPSET '/dm8/backup/BACKUP_FILE_01' "

第 3 步：复制备份文件到备库所在机器。

第 4 步：在备库所在机器上执行脱机数据库还原与恢复，操作命令如下：

./dmrman CTLSTMT="RESTORE DATABASE '/dm8/data/DAMENG/dm.ini' FROM BACKUPSET '/dm/backup/BACKUP_FILE_01' "

./dmrman CTLSTMT="RECOVER DATABASE '/dm8/data/DAMENG/dm.ini' FROM BACKUPSET '/dm8/backup/BACKUP_FILE_01' "

./dmrman CTLSTMT="RECOVER DATABASE '/dm8/data/DAMENG/dm.ini' UPDATE DB_Magic"

2. 联机备份、脱机还原方式

采用联机备份、脱机还原方式的操作步骤如下。

第 1 步：对主库进行联机备份，操作命令如下：

SQL> BACKUP DATABASE BACKUPSET '/dm8/backup/BACKUP_FILE_01';

第 2 步：复制备份文件到备库所在机器。

第 3 步：在备库所在机器上执行脱机数据库还原与恢复，操作命令如下：

./dmrman CTLSTMT="RESTORE DATABASE '/dm8/data/DAMENG/dm.ini' FROM BACKUPSET '/dm8/backup/BACKUP_FILE_01' "

2.3.3　主库配置

主库的配置在主机 DW_P 上进行，主要包括配置 dm.ini、配置 dmmal.ini、配置 dmarch.ini、配置 dmwatcher.ini、启动主库、设置 OGUID、修改数据库模式等步骤。

1. 配置 dm.ini

本例在主机 DW_P 上配置主库的实例名为 GRP1_RT_01，对主库配置文件 dm.ini 配置如下：

```
#实例名，建议使用"组名_守护环境_序号"的命名方式，总长度不能超过16位
INSTANCE_NAME = GRP1_RT_01
PORT_NUM = 35101   #数据库实例监听端口
DW_INACTIVE_INTERVAL = 60  #接收守护进程消息超时时间
ALTER_MODE_STATUS = 0   #不允许以手动方式修改实例模式/状态/OGUID
ENABLE_OFFLINE_TS = 2  #不允许备库 OFFLINE 表空间
MAL_INI = 1  #打开 MAL系统
ARCH_INI = 1   #打开归档配置
RLOG_SEND_APPLY_MON = 64  #统计最近 64 次的日志发送信息
```

2. 配置 dmmal.ini

在搭建实时主备环境时，各主备库的 dmmal.ini 配置必须完全一致，MAL_HOST 使用内部网络 IP，dmmal.ini 中的 MAL_PORT 与 dm.ini 中的 PORT_NUM 要使用不同的端口，dmmal.ini 中的 MAL_DW_PORT 是各实例守护进程之间，以及守护进程和监视器之间的通信端口。

本例对主库配置文件 dmmal.ini 配置如下：

MAL_CHECK_INTERVAL = 5　#MAL链路检测时间间隔

MAL_CONN_FAIL_INTERVAL = 5　#判定MAL链路断开的时间

[MAL_INST1]

MAL_INST_NAME = GRP1_RT_01　#实例名，和配置文件dm.ini中的INSTANCE_NAME一致

MAL_HOST = 192.168.2.201　#MAL 系统监听TCP连接的 IP 地址

MAL_PORT = 55101　#MAL系统监听TCP连接的端口

MAL_INST_HOST = 192.168.1.101　#实例对外服务的IP地址

MAL_INST_PORT = 35101　#实例对外服务的端口和配置文件dm.ini中的PORT_NUM一致

MAL_DW_PORT = 65101　#实例本地守护进程监听TCP连接的端口

MAL_INST_DW_PORT = 45101　#实例监听守护进程TCP连接的端口

[MAL_INST2]

MAL_INST_NAME = GRP1_RT_02

MAL_HOST = 192.168.2.221

MAL_PORT = 55121

MAL_INST_HOST = 192.168.1.121

MAL_INST_PORT = 35121

MAL_DW_PORT = 65121

MAL_INST_DW_PORT = 45121

3. 配置 dmarch.ini

配置文件 dmarch.ini 主要用于配置本地归档和实时归档。除本地归档外，当其他归档配置项中的 ARCH_DEST 标识实例是 Primary 模式时，需要同步归档数据的目标实例名。

在本例中，实例 GRP1_RT_01 是主库，需要向 GRP1_RT_02（实时备库）同步数据，因此实时归档的 ARCH_DEST 配置为 GRP1_RT_02，对配置文件 dmarch.ini 的配置如下：

[ARCHIVE_REALTIME]

ARCH_TYPE = REALTIME　#实时归档类型

ARCH_DEST = GRP1_RT_02　#实时归档目标实例名

[ARCHIVE_LOCAL1]

ARCH_TYPE = LOCAL　#本地归档类型

ARCH_DEST = /dm8/arch　#本地归档文件存放路径

ARCH_FILE_SIZE = 128　#单位Mbit，本地单个归档文件最大值

ARCH_SPACE_LIMIT = 0　#单位Mbit，0 表示无限制，取值范围为1024～4294967294Mbit

4. 配置 dmwatcher.ini

配置文件 dmwatcher.ini 主要用于配置守护进程。本例的守护进程配置为全局守护类型，使用自动切换模式，对配置文件 dmwatcher.ini 的配置如下：

[GRP1]

DW_TYPE = GLOBAL　#全局守护类型

DW_MODE = AUTO　#自动切换模式

```
DW_ERROR_TIME = 10   #远程守护进程故障认定时间
INST_RECOVER_TIME = 60   #主库守护进程启动恢复的间隔时间
INST_ERROR_TIME = 10   #本地实例故障认定时间
INST_OGUID = 453331   #数据守护系统唯一OGUID 值
INST_INI = /dm8/data/DAMENG/dm.ini   #dm.ini配置文件路径
INST_AUTO_RESTART = 1   #打开实例的自动启动功能
INST_STARTUP_CMD = /dm8/bin/dmserver   #命令行方式启动
RLOG_SEND_THRESHOLD = 0   #指定主库发送日志到备库的时间阈值，默认为关闭
RLOG_APPLY_THRESHOLD = 0   #指定备库重演日志的时间阈值，默认为关闭
```

5. 启动主库

对主库的配置文件配置完毕后，需要启动主库。需要注意的是，一定要以 Mount 方式启动数据库实例，否则系统启动时会重构回滚表空间，生成 REDO 日志；另外，系统启动后应用可能连接到数据库实例进行操作，破坏主备库的数据一致性。

数据守护配置结束后，守护进程会自动 Open 数据库。本例采用 Mount 方式启动主库，操作命令如下：

```
./dmserver /dm8/data/DAMENG/dm.ini mount
```

6. 设置 OGUID 值

启动主库完成后，需要通过 SQL 命令设置 OGUID 值。在本例中，完成主库启动后再启动命令行工具 DIsql，登录主库，设置 OGUID 值，SQL 命令如下：

```
SQL>SP_SET_PARA_VALUE(1, 'ALTER_MODE_STATUS', 1);
SQL>sp_set_oguid(453331);
SQL>SP_SET_PARA_VALUE(1, 'ALTER_MODE_STATUS', 0);
```

【注意】系统通过 OGUID 值确定一个守护进程组，由用户保证 OGUID 值的唯一性，并确保在数据守护系统中，数据库、守护进程和监视器配置相同的 OGUID 值。

7. 修改数据库模式

启动命令行工具 DIsql 设置 OGUID 值后，还需要修改数据库的模式为 Primary 模式，SQL 命令如下：

```
SQL>alter database primary;
```

2.3.4 备库配置

备库的配置在主机 DW_S1 上进行，主要包括配置 dm.ini、配置 dmmal.ini、配置 dmarch.ini、配置 dmwatcher.ini、启动备库、设置 OGUID、修改数据库模式等步骤。

1. 配置 dm.ini

本例在主机 DW_S1 上配置备库的实例名为 GRP1_RT_02，对备库配置文件 dm.ini 配置如下：

#实例名，建议使用"组名_守护环境_序号"的命名方式，总长度不能超过16位

INSTANCE_NAME = GRP1_RT_02

PORT_NUM = 35121　#数据库实例监听端口

DW_INACTIVE_INTERVAL = 60　#接收守护进程消息超时时间

ALTER_MODE_STATUS = 0　#不允许以手动方式修改实例模式/状态/OGUID

ENABLE_OFFLINE_TS = 2　#不允许备库 OFFLINE 表空间

MAL_INI = 1　#打开 MAL 系统

ARCH_INI = 1　#打开归档配置

RLOG_SEND_APPLY_MON = 64　#统计最近 64 次的日志重演信息

2. 配置 dmmal.ini

本例对备库配置文件 dmmal.ini 配置如下：

MAL_CHECK_INTERVAL = 5　#MAL链路检测时间间隔

MAL_CONN_FAIL_INTERVAL = 5　#判定MAL链路断开时间

[MAL_INST1]

MAL_INST_NAME = GRP1_RT_01　#实例名和配置文件dm.ini中的INSTANCE_NAME 一致

MAL_HOST = 192.168.2.201　#MAL系统监听TCP连接的IP地址

MAL_PORT = 55101　#MAL系统监听TCP连接的端口

MAL_INST_HOST = 192.168.1.101　#实例对外服务的IP地址

MAL_INST_PORT = 35101　#实例对外服务的端口和配置文件dm.ini中的PORT_NUM一致

MAL_DW_PORT = 65101　#实例对应的守护进程监听 TCP 连接的端口

MAL_INST_DW_PORT = 45101　#实例监听守护进程 TCP 连接的端口

[MAL_INST2]

MAL_INST_NAME = GRP1_RT_02

MAL_HOST = 192.168.2.221

MAL_PORT = 55121

MAL_INST_HOST = 192.168.1.121

MAL_INST_PORT = 35121

MAL_DW_PORT = 65121

MAL_INST_DW_PORT = 45121

3. 配置 dmarch.ini

在本例中，实例 GRP1_RT_02 是备库，数据守护系统配置完成后，可能进行各种故障处理，这时 GRP1_RT_02 切换为新的主库，在正常情况下，GRP1_RT_01 会切换为新的备库，需要向 GRP1_RT_01 同步数据，因此实时归档的 ARCH_DEST 配置为 GRP1_RT_01，对配置文件 dmarch.ini 的配置如下：

[ARCHIVE_REALTIME]

ARCH_TYPE = REALTIME　#实时归档类型

ARCH_DEST = GRP1_RT_01　#实时归档目标实例名

[ARCHIVE_LOCAL1]

```
ARCH_TYPE = LOCAL    #本地归档类型
ARCH_DEST = /dm8/arch    #本地归档文件路径
ARCH_FILE_SIZE = 128    #单位 Mbit, 本地单个归档文件最大值
ARCH_SPACE_LIMIT = 0    #单位 Mbit, 0表示无限制, 取值范围为1024~4294967294Mbit
```

4. 配置 dmwatcher.ini

本例的守护进程配置为全局守护类型, 使用自动切换模式, 对备库配置文件 dmwatcher.ini 的配置如下:

```
[GRP1]
DW_TYPE = GLOBAL    #全局守护类型
DW_MODE = AUTO    #自动切换模式
DW_ERROR_TIME = 10    #远程守护进程故障认定时间
INST_RECOVER_TIME = 60    #主库守护进程启动恢复间隔时间
INST_ERROR_TIME = 10    #本地实例故障认定时间
INST_OGUID = 453331    #守护系统唯一OGUID值
INST_INI = /dm8/data/DAMENG/dm.ini    #dm.ini配置文件路径
INST_AUTO_RESTART = 1    #打开实例的自动启动功能
INST_STARTUP_CMD = /dm8/bin/dmserver    #命令行方式启动
RLOG_APPLY_THRESHOLD = 0    #指定备库重演日志的时间阈值, 默认为关闭
```

5. 启动备库

对备库的配置文件配置完毕后, 需要启动备库。需要注意的是, 与启动主库一样, 一定要以 Mount 方式启动备库实例, 否则系统启动时会重构回滚表空间, 生成 REDO 日志; 另外, 系统启动后应用可能连接到数据库实例进行操作, 破坏主备库的数据一致性。

数据守护配置结束后, 守护进程会自动 Open 数据库。本例采用 Mount 方式启动备库, 操作命令如下:

```
./dmserver /dm8/data/DAMENG/dm.ini mount
```

6. 设置 OGUID 值

启动备库完成后, 需要通过 SQL 命令设置 OGUID 值。在本例中, 完成备库启动后再启动命令行工具 DIsql, 登录备库, 将 OGUID 值设置为 453331, SQL 命令如下:

```
SQL>SP_SET_PARA_VALUE(1, 'ALTER_MODE_STATUS', 1);
SQL>sp_set_oguid(453331);
SQL>SP_SET_PARA_VALUE(1, 'ALTER_MODE_STATUS', 0);
```

7. 修改数据库模式

在启动命令行工具 DIsql 设置 OGUID 值后, 还需要修改数据库的模式为 Standby。

如果当前数据库不是 Normal 模式, 则需要先修改 dm.ini 中 ALTER_MODE_STATUS 的值为 1, 允许修改数据库模式, 修改 Standby 模式成功后再改回为 0, SQL 命令如下:

```
SQL>SP_SET_PARA_VALUE(1, 'ALTER_MODE_STATUS', 1);
```

SQL>alter database standby;

SQL>SP_SET_PARA_VALUE(1, 'ALTER_MODE_STATUS', 0);

如果当前数据库是 Normal 模式，则直接修改数据库模式，SQL 命令如下：

SQL>alter database standby;

2.3.5　监视器配置

本例中，由于主库和实时备库的守护进程配置为自动切换模式，因此这里选择配置确认监视器。和普通监视器相比，确认监视器除支持相同的命令外，在主库发生故障时，能够自动通知实时备库接管成为新的主库，具有自动故障处理功能。

【注意】在故障自动切换模式下，必须配置确认监视器，并且确认监视器最多只能配置一台。

配置确认监视器通过配置文件 dmmonitor.ini 来完成，其中 MON_DW_IP 中的 IP 和 PORT 与配置文件 dmmal.ini 中的 MAL_HOST 和 MAL_DW_PORT 配置项须保持一致，配置如下：

```
MON_DW_CONFIRM = 1   #确认监视器模式
MON_LOG_PATH = /dm/data/log   #监视器日志文件存放路径
MON_LOG_INTERVAL = 60   #每隔 60s 定时记录系统信息到日志文件
MON_LOG_FILE_SIZE = 32   #每个日志文件最大32MB
MON_LOG_SPACE_LIMIT = 0   #不限定日志文件的总占用空间
[GRP1]
MON_INST_OGUID = 453331   #组GRP1的唯一OGUID值
#以下配置为监视器到组GRP1的守护进程的连接信息，以"IP:PORT"形式配置
#IP对应dmmal.ini中的MAL_HOST，PORT对应dmmal.ini中的MAL_DW_PORT
MON_DW_IP = 192.168.2.201:65101
MON_DW_IP = 192.168.2.221:65121
```

2.4　数据守护集群的启动与关闭

配置完成后，可以启动数据守护集群，也可以在运行过程中关闭数据守护集群。本节主要讨论数据守护集群的启动与关闭，包括启动主库、启动备库、启动守护进程、启动监视器、以手动方式启动数据守护系统、强制 Open 数据库、关闭数据守护系统等。

2.4.1　启动主库

一定要以 Mount 方式启动数据库实例，否则系统启动时会重构回滚表空间，生成 REDO 日志；并且启动后应用可能连接到数据库实例进行操作，破坏主备库的数据一致性。采用 Mount 方式启动主库的操作命令如下：

./dmserver　/dm8/data/DAMENG/dm.ini　mount

启动主库的操作界面如图 2-10 所示。

```
[dmdba@dw_p bin]$ ./dmserver /dm8/data/DAMENG/dm.ini mount
file dm.key not found, use default license!
version info: develop
Use normal os_malloc instead of HugeTLB
Use normal os_malloc instead of HugeTLB
DM Database Server x64 V8 startup...
Database mode = 1, oguid = 453331
License will expire on 2020-09-16
begin redo pwr log collect, last ckpt lsn: 79225 ...
redo pwr log collect finished
main rfil[/dm8/data/DAMENG/DAMENG01.log]'s grp collect 0 valid pwr record, discard 0 inval
EP[0]'s cur_lsn[79225]
begin redo log recover, last ckpt lsn: 79225 ...
redo log recover finished
ndct db load finished
ndct fill fast pool finished
nsvr_startup end.
aud sys init success.
aud rt sys init success.
systables desc init success.
ndct_db_load_info success.
SYSTEM IS READY.
```

图 2-10 　以 Mount 方式启动主库的操作界面

当数据守护系统正常运行时，在同一个守护进程组中，只有一个主库，其他的都是备库。主库处于 Open 状态，主库守护进程也处于 Open 状态，本地没有守护进程控制文件，其内存值处于有效状态。

2.4.2 　启动备库

与启动主库一样，一定要以 Mount 方式启动备库，理由与启动主库的理由一样。采用 Mount 方式启动备库的操作命令如下：

./dmserver /dm8/data/DAMENG/dm.ini　　mount

启动备库的操作界面如图 2-11 所示。

```
[dmdba@dw_s1 bin]$ ./dmserver /dm8/data/DAMENG/dm.ini mount
file dm.key not found, use default license!
version info: develop
Use normal os_malloc instead of HugeTLB
Use normal os_malloc instead of HugeTLB
DM Database Server x64 V8 startup...
Database mode = 2, oguid = 453331
License will expire on 2020-09-16
begin redo pwr log collect, last ckpt lsn: 79225 ...
redo pwr log collect finished
main rfil[/dm8/data/DAMENG/DAMENG01.log]'s grp collect 0 valid pwr record, discard 0 inval
EP[0]'s cur_lsn[79225]
begin redo log recover, last ckpt lsn: 79225 ...
redo log recover finished
ndct db load finished
ndct fill fast pool finished
nsvr_startup end.
aud sys init success.
aud rt sys init success.
systables desc init success.
ndct_db_load_info success.
SYSTEM IS READY.
```

图 2-11 　以 Mount 方式启动备库的操作界面

启动完成后，所有备库处于 Open 状态，所有备库守护进程处于 Open 状态，本地没有守护进程控制文件，其内存值处于有效状态。主库到所有备库的归档也都处于有效状态。

2.4.3　启动守护进程

主库和备库以 Mount 方式启动后，就可以启动各个主备库上的守护进程了。启动守护进程的命令如下：

./dmwatcher　/dm8/data/DAMENG/dmwatcher.ini

守护进程启动后，进入 Startup 状态，此时实例都处于 Mount 状态。守护进程开始广播自身及其监控实例的状态信息，结合自身信息和远程守护进程的广播信息，守护进程将本地实例 Open，并切换为 Open 状态。

在本例中，启动主库守护进程如图 2-12 所示，启动备库守护进程如图 2-13 所示。

图 2-12　启动主库守护进程

```
[dmdba@dw_s1 bin]$ ./dmwatcher /dm8/data/DAMENG/dmwatcher.ini
DMWATCHER[4.0] V8
DMWATCHER[4.0] IS READY
```

图 2-13　启动备库守护进程

守护进程启动后会对数据库实例的状态进行相应的修改，具体条件如下。

（1）Normal 模式的库默认以 Open 状态启动，若增加启动参数 Mount，数据库将启动到 Mount 状态。Primary/Standby 模式的库启动后，将自动进入 Mount 状态。因此，当数据守护系统启动时，如果所有数据库实例都处于 Mount 状态，则所有守护进程都处于 Startup 状态；当守护进程启动时，如果数据库实例未启动到 Mount 状态（如还处于 After Redo 状态），则守护进程不会通知数据库实例 Open。

（2）LOCAL 守护类型的守护进程，直接 Open 数据库实例，并修改守护进程状态为 Open。

（3）GLOBAL 守护类型的守护进程，需要相互协调信息，自动将数据库实例切换到 Open 状态，并将守护进程状态也切换到 Open 状态。

（4）GLOBAL 守护类型的守护进程通知本地库 Open 的总体原则是：对于备库，如果可加入远程任意一个库，则允许将其 Open；对于主库，如果远程所有库都可加入自己，则允许将其 Open。

还有一些细节条件这里不再具体列出，如果通过监视器没有观察到主库或备库 Open，可以借助监视器的 Check Open 命令查找原因，根据命令返回的原因考虑是否进行人工干预，如通过监视器命令强制 Open 主库或备库。

主库守护进程 Open 主库后，会修改 INST_RECOVER_TIME 的内存值为 3s（默认为 60s），以确保归档状态无效的备库 Open 后，尽快启动故障恢复流程。同步主库数据完成后，重新将归档设置为 Valid 状态。如果在故障恢复流程完成之前，主库故障且不存在归档状态有效的备库，则无法执行备库接管；备库强制接管会引发守护进程组分裂。

2.4.4 启动监视器

主库和备库全部启动，以及所有守护进程也全部启动后，可以开始启动监视器，监视器建议单独布署在一台服务器上。启动监视器的命令如下：

```
./dmmonitor  /dm8/data/DAMENG/dmmonitor.ini
```

在监视器服务器上执行启动监视器的操作界面如图 2-14 所示。

```
[dmdba@dw_m bin]$ ./dmmonitor /dm8/data/DAMENG/dmmonitor.ini
[monitor]         2020-05-11 10:15:17: DMMONITOR[4.0] V8
[monitor]         2020-05-11 10:15:17: DMMONITOR[4.0] IS READY.

[monitor]         2020-05-11 10:15:17: Received message from(GRP1_RT_02)
                  WTIME                WSTATUS       INST_OK   INAME            ISTATUS    IMODE
RSTAT    N_OPEN   FLSN             CLSN
                  2020-05-11 10:15:17  OPEN          OK        GRP1_RT_02       OPEN       STANDBY
NULL     8        83951            83951

[monitor]         2020-05-11 10:15:17: Received message from(GRP1_RT_01)
                  WTIME                WSTATUS       INST_OK   INAME            ISTATUS    IMODE
RSTAT    N_OPEN   FLSN             CLSN
                  2020-05-11 10:15:17  OPEN          OK        GRP1_RT_01       OPEN       PRIMARY
VALID    8        83951            83951
```

图 2-14　启动监视器

监视器提供一系列命令，支持当前守护系统的状态查看及故障处理，可输入帮助（Help）命令查看各种命令使用说明。相关命令可结合实际情况选择使用，如图 2-15 所示。

```
help
Dmmonitor supports the following commands:
NOTE:
[group_name] in command should be specified if exists more than one group,
[db_name] in command should be specified if exists more than one instance,
[group_name] and [db_name] should be separated by '.'
for [show monitor] command, if [db_name] is empty, then use first active dmwatcher in dmmonitor ini file.
#================================================================================#
#-----------------------------------FOR GLOBAL COMMAND---------------------------------------#
1.help                                          --show help information
2.exit                                          --exit dmmonitor
3.show version                                  --show self dmmonitor version
4.show global info                              --show global database information of all groups
5.show database [group_name.]db_name            --show detail database information of specified database
6.show [group_name]                             --show detail database information of specified group, if not spe
cified, it will show all groups
7.show i[nterval] n                             --auto show database information in console every n seconds
8.q                                             --cancel 'auto show' in console
9.list [[group_name.]db_name]                   --list configuration of specified dmwatcher, if not specified, it
 will show all dmwatchers
10.show open info [group_name.]db_name          --show open history of specified database
11.show arch send info [group_name.]db_name     --show source database arch send info to specified database(inclu
de recover time info)
12.show apply stat [group_name.]db_name         --show specified database apply stat
13.show monitor [group_name[.]] [db_name]       --show all dmmonitor connection info of specified dmwatcher

14.tip                                          --show system currently working status

15.login                                        --login dmmonitor
16.logout                                       --logout dmmonitor

---Type q/Q <return> to quit, or <return> to continue---

#================================================================================#
```

图 2-15　监视器帮助命令

通过 Login 命令登录监视器服务器后，可通过 Show 命令查看各主备库的相关信息。如图 2-16 所示，当前例子中的主库和备库状态都是正常的，主库和备库的实例是 Open 状态，各个守护进程也是 Open 状态，主库和备库的 RSTAT 是 Valid 状态。

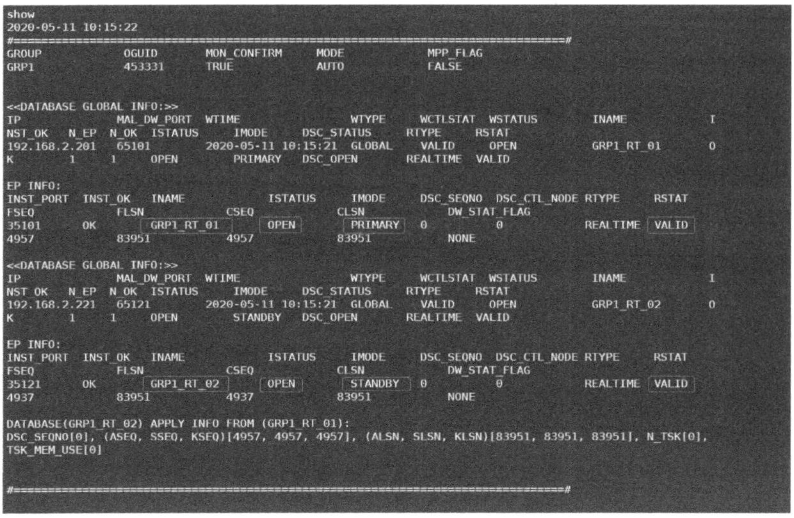

```
show
2020-05-11 10:15:22
#================================================================================#
GROUP           OGUID       MON_CONFIRM     MODE            MPP_FLAG
GRP1            453331      TRUE            AUTO            FALSE


<<DATABASE GLOBAL INFO:>>
IP              MAL_DW_PORT  WTIME                WTYPE     WCTLSTAT  WSTATUS        INAME          I
NST_OK   N_EP  N_OK  ISTATUS     IMODE      DSC_STATUS     RTYPE     RSTAT
192.168.2.201   65101        2020-05-11 10:15:21  GLOBAL    VALID     OPEN           GRP1_RT_01     0
K        1     1     OPEN        PRIMARY    DSC_OPEN       REALTIME  VALID

EP INFO:
INST_PORT  INST_OK   INAME            ISTATUS     IMODE      DSC_SEQNO  DSC_CTL_NODE RTYPE     RSTAT
FSEQ            FLSN             CSEQ             CLSN             DW_STAT_FLAG
35101      OK        GRP1_RT_01       OPEN        PRIMARY    0          0            REALTIME  VALID
4957            83951            4957             83951            NONE

<<DATABASE GLOBAL INFO:>>
IP              MAL_DW_PORT  WTIME                WTYPE     WCTLSTAT  WSTATUS        INAME          I
NST_OK   N_EP  N_OK  ISTATUS     IMODE      DSC_STATUS     RTYPE     RSTAT
192.168.2.221   65121        2020-05-11 10:15:21  GLOBAL    VALID     OPEN           GRP1_RT_02     0
K        1     1     OPEN        STANDBY    DSC_OPEN       REALTIME  VALID

EP INFO:
INST_PORT  INST_OK   INAME            ISTATUS     IMODE      DSC_SEQNO  DSC_CTL_NODE RTYPE     RSTAT
FSEQ            FLSN             CSEQ             CLSN             DW_STAT_FLAG
35121      OK        GRP1_RT_02       OPEN        STANDBY    0          0            REALTIME  VALID
4937            83951            4937             83951            NONE

DATABASE(GRP1_RT_02) APPLY INFO FROM (GRP1_RT_01):
DSC_SEQNO[0], (ASEQ, SSEQ, KSEQ)[4957, 4957, 4957], (ALSN, SLSN, KLSN)[83951, 83951, 83951], N_TSK[0],
TSK_MEM_USE[0]


#================================================================================#
```

图 2-16　监视器 Show 命令查看

2.4.5　手动方式启动数据守护系统

当需要以手动方式启动数据守护系统时，守护进程、数据库实例和监视器的启动顺序没有严格要求。若所有守护进程已经启动，则可以通过监视器命令启动数据守护系统。在启动流程中，守护进程在通知主库 Open 之前，会先收集和主库数据一致的备库（备库的 ALSN 信息和主库的 FLSN 信息一致），守护进程会将这些备库的归档设置为 Valid 状态，其他数据不一致的备库则会被设置为 Invalid 状态。

当 Primary 模式数据库实例切换为 Open 状态时，需要回滚活动事务、Purge 已提交事务，并且重构回滚段，这会引发数据变化、LSN 增长。对于归档无效的备库，在数据守护系统启动完成后，主备库数据肯定会处于不一致的状态。

2.4.6　强制 Open 数据库

在正常情况下，守护进程 dmwatcher 可以自动 Open 数据库实例，但在某些情况下（如备库硬件故障无法启动），数据守护系统不满足启动条件，可以通过监视器执行 Open 数据库命令强制 Open 数据库实例。

主备库都可以强制 Open，假设要强制 Open 数据库 A，则只需要启动一台监视器，登录后输入如下命令即可完成强制启动。

```
Open database A
```

数据库在不同的模式下，强制 Open 的执行流程有所不同。如果数据库 A 是 Standby 模式，则强制 Open 的执行流程如下。

（1）通知数据库 A 的守护进程切换为 Open Force 状态。

（2）通知数据库 A 执行 Open 操作。

（3）通知数据库守护进程切换 Open 状态。

如果数据库 A 是 Primary 模式，则强制 Open 的执行流程如下。

（1）通知数据库 A 的守护进程切换为 Open Force 状态。

（2）修改数据库 A 到所有归档目标的实时归档/即时归档状态为无效。

（3）通知数据库 A 执行 Open 操作。

（4）通知守护进程切换 Open 状态。

Primary 模式数据库实例切换为 Open 状态时，在下列场景中可能会引发守护进程组分裂。

（1）场景 1：主库 A 故障。

（2）场景 2：备库 B 接管，成为主库。

（3）场景 3：备库 B 故障。

（4）场景 4：主库 A 重启，并强制 Open。

（5）场景 5：主库 A 和备库 B 数据不一致，并且无法恢复到一致状态。

强制 Open 主库前，会设置主库到所有归档目标的实时归档/即时归档为 Invalid 状态。强制 Open 主库命令，会修改主库守护进程 INST_RECOVER_TIME 的内存值为 3s（默认为 60s），以确保主库 Open 后，尽快启动故障恢复流程，同步主库数据完成后，重新将归档设置为 Valid 状态。

如果在故障恢复流程完成之前，主库故障，则无法执行备库接管；备库强制接管会引发守护进程组分裂。

2.4.7 关闭数据守护系统

退出数据守护系统时，必须按照一定的顺序来关闭守护进程和数据库实例。特别是在自动切换模式下，如果退出守护进程或主备库的顺序不正确，则可能会引起主备库切换，甚至造成守护进程组分裂。

关闭数据守护系统可通过两种途径实现：一种是执行 Stop Group 命令关闭数据守护系统；另一种是以手动方式关闭数据守护系统。

1. 执行 Stop Group 命令关闭数据守护系统

通过监视器执行 Stop Group 命令关闭数据守护系统，是最简单、最安全的方式。命令执行成功后，数据库实例正常关闭，如图 2-17 所示。

```
stop group
[monitor]        2020-05-11 13:55:52: Stop dmwatcher process of instance GRP1_RT_01[PRIMARY, OPEN, ISTAT_SAME:TRUE]
[monitor]        2020-05-11 13:55:52: Dmwatcher process GRP1_RT_01 status switching [OPEN-->SHUTDOWN]
[monitor]        2020-05-11 13:55:53: Stop dmwatcher process of instance GRP1_RT_01[PRIMARY, OPEN, ISTAT_SAME:TRUE] success

[monitor]        2020-05-11 13:55:53: Stop dmwatcher process of instance GRP1_RT_02[STANDBY, OPEN, ISTAT_SAME:TRUE]
[monitor]        2020-05-11 13:55:53: Dmwatcher process GRP1_RT_02 status switching [OPEN-->SHUTDOWN]
[monitor]        2020-05-11 13:55:53: Stop dmwatcher process of instance GRP1_RT_02[STANDBY, OPEN, ISTAT_SAME:TRUE] success

[monitor]        2020-05-11 13:55:53: Notify instance(GRP1_RT_01) shutdown.
[monitor]        2020-05-11 13:56:05: Instance(GRP1_RT_01) shutdown success, please wait.

[monitor]        2020-05-11 13:56:05: Notify instance(GRP1_RT_02) shutdown.
[monitor]        2020-05-11 13:56:18: Instance(GRP1_RT_02) shutdown success, please wait.

[monitor]        2020-05-11 13:56:18: Notify group(GRP1)'s dmwatcher to do clear
[monitor]        2020-05-11 13:56:18: Clean request of dmwatcher processer GRP1_RT_01 success
[monitor]        2020-05-11 13:56:18: Clean request of dmwatcher processer GRP1_RT_02 success
[monitor]        2020-05-11 13:56:18: Exit all active instances in group(GRP1) success.
```

图 2-17　执行 Stop Group 命令关闭数据守护系统

执行 Stop Group 命令后，守护进程并没有真正退出，而是将状态切换为 Shutdown 状态。Stop Group 命令的内部流程如下。

（1）通知守护进程切换为 Shutdown 状态。

（2）通知主库退出。

（3）通知其他备库退出。

2. 以手动方式关闭数据守护系统

如果以手动方式关闭数据守护系统，那么需要严格按照以下顺序执行手动操作。

第 1 步：如果启动了确认监视器，则先关闭确认监视器（防止自动接管）。

第 2 步：关闭备库守护进程（防止重启数据库实例）。

第 3 步：关闭主库守护进程（防止重启数据库实例）。

第 4 步：Shutdown 主库。

第 5 步：Shutdown 备库。

在执行上述操作过程中，如果只是关闭主库，并且不想引发备库自动接管，则可通过两种方法实现。

第一种方法的操作过程如下。

（1）通过 Detach 数据库命令将所有备库分离。

（2）通过 Stop 数据库命令退出主库。

第二种方法需要严格按照以下顺序执行。

（1）通过 Stop 守护进程命令关闭所有守护进程监控。

（2）手动正常退出主库。

如果只是关闭备库，并且不想引发主库发送日志失败进入 Suspend 状态，则需要严格按照以下顺序执行。

（1）通过 Detach 数据库命令将备库分离出数据守护系统。

（2）正常退出备库（手动退出或通过 Stop 数据库命令退出）。

在关闭整个数据守护系统时，先关闭主库再关闭备库，顺序一定不能错。因为主库在 Shutdown 过程中，需要 Purge 所有已提交事务，会修改数据，并产生 REDO 日志，如果先 Shutdown 备库，会导致主库发送归档日志失败，并且由于主库已经处于 Shutdown 状态，会导致主库异常关闭。对于本地守护类型的库，在关闭数据守护系统时，不受此顺序限制。

2.5 数据守护集群故障切换和重连

搭建数据守护集群的主要目的是通过守护进程、监视器等要素的协调运行，使数据库在运行过程中出现故障时，能及时发现并采取相关措施进行补救，确保数据库系统通过主备库切换等方式正常运行。本节将主要讨论数据守护集群运行中的故障切换和重连，包括：主备库切换，主库故障、备库接管，备库强制接管，备库故障处理，等等。

2.5.1 主备库切换

当需要对主库进行维护或需要滚动升级时，可以执行 Switchover 命令，实现主备库切换。如果存在多个备库，则需要先执行 Choose Switchover 命令，选出守护进程组中可以切换的备库。

通过 Choose Switchover 命令选择可切换的备库需要一定的条件，具体内容如下。

（1）主库守护进程是 Open 状态。

（2）备库守护进程是 Open 状态。

（3）主库与备库的 OPEN 记录项内容相同，并且守护进程控制文件是 Valid 状态（内存值）。

（4）主库正常运行。

（5）备库正常运行。

（6）主库处于 Open 状态。

（7）备库处于 Open 状态。

（8）主库到备库的归档是 Valid 状态。

Switchover 命令的执行过程包含了一系列操作，假定原来运行的主库是 A，选出的可切换备库是 B，则 Switchover 命令进行主备库切换的流程如下。

（1）通知主备库守护进程，切换为 Switchover 状态。

（2）通知主库（A）Mount。

（3）在实时主备或 MPP 主备环境下，通知备库（B）APPLY KEEP_RLOG_PKG。

（4）通知备库（B）Mount。

（5）通知主库（A）切换为 Standby 模式。

（6）通知备库（B）切换为 Primary 模式。

（7）通知备库（B）修改所有归档目标的归档状态为无效。

（8）通知新的备库（A）Open。

（9）通知新的主库（B）Open。

（10）通知主备库守护进程切换为 Open 状态。

（11）清理所有守护进程上记录的监视器命令执行信息。

主备库切换在实现逻辑上等同于主备库正常状态下用户主动发起的 Takeover 操作。Swithover 命令完成后，主备库之间的数据是不完全同步的，要由新的主库 B 的守护进程通过 Recovery 流程，重新同步数据到新的备库 A。Switchover 命令会修改切换后主库守护进程 INST_RECOVER_TIME 的内存值为 3s（默认为 60s），确保尽快启动故障恢复流程，同步主库数据完成后，重新将归档设置为 Valid 状态。

需要注意的是，在故障恢复流程完成之前，再次执行 Switchover 命令会报错，如果主库故障，则备库接管会报错；备库强制接管会引发守护进程组分裂。

2.5.2 主库故障、备库接管

当出现因硬件故障（掉电、存储损坏等）导致主库无法启动，或者因主库内部网卡故障导致主库短期不能恢复正常的情况时，可使用备库接管功能，将备库切换为主库，继续对外提供服务。

在故障自动切换模式下，主库在发生故障后，确认监视器会捕获故障信息，自动选出可接管的备库，并通知备库进行接管。备库接管由确认监视器自动触发，无须用户干预。

在故障手动切换模式下，主库在发生故障后，需要人工干预，通过监视器执行接管命令，将可接管的备库切换为主库。可以先在监视器上执行 Choose Takeover 命令，选出守护进程组中可接管的备库。

为了避免备库接管后守护进程组分裂，在执行 Takeover 命令时必须满足下列条件。

（1）主库是 Primary 模式、Open 状态时，发生故障。

（2）主库守护进程故障，故障前是 Startup/Open/Recovery 状态；或者主库守护。

（3）进程正常。

（4）主库在发生故障前到接管备库的归档状态为 Valid。

（5）接管备库是 Standby 模式、Open 状态。

（6）接管备库的守护进程控制文件状态为 Valid（内存值）。

（7）故障主库和接管备库的 OPEN 记录项内容相同。

假设主库 A 发生故障，在故障自动切换模式下，确认监视器自动选出待接管备库 B，并通知备库 B 自动接管；或者在故障手动切换模式下，通过监视器上的 Choose Takeover 命令，选出待接管备库 B，在监视器上输入 Takeover 命令通知备库 B 执行接管。这两种方式的接管执行流程是一样的。

以备库 B 为例，接管的执行流程如下。

（1）监视器通知守护进程（B）切换为 Takeover 状态。

（2）在实时主备或 MPP 主备环境下，通知备库（B）APPLY KEEP_PKG。

（3）通知备库（B）Mount。

（4）通知备库（B）切换为 Primary 模式。

（5）通知备库（B）修改到所有归档目标的归档状态为 Invalid。

（6）MPP 主备系统需要通知活动主库更新 dmmpp.ctl 文件。

（7）通知新的主库（B）Open。

（8）通知守护进程（B）切换为 Open 状态。

在上述流程中，假定主库 C 故障，备库 B 接管，那么执行 Takeover 命令后，会修改守护进程（B）的 INST_RECOVER_TIME 内存值为 3s（默认为 60s），确保尽快启动备库 B 到主库 C 的故障恢复流程，同步主库数据完成后，重新将库 B 到库 C 的归档设置为 Valid 状态。需要注意的是：在故障恢复流程完成之前，主库（B）故障，备库（C）无法接管；强制备库（C）接管会引发守护进程组分裂。

2.5.3 备库强制接管

在有些情况下，备库接管会失败，同时主库不能启动或者及时恢复对外服务，此时可以使用 Takeover Force 命令，进行备库强制接管。

例如，主库和守护进程在发生故障时，监视器未启动，用户启动监视器后，由于监视器并未收到故障主库的任何信息，因此不满足 Takeover 命令执行条件，执行 Takeover

命令会报错。如果用户可确认主库故障时主备库数据是一致的（如故障发生时主库未执行操作，主备库归档有效，并且两者的 LSN 一致）、丢失小部分数据的影响可忽略，或者丢失小部分数据的影响小于主库持续崩溃停机造成的影响，则可以考虑执行 Takeover Force 命令强制接管。

备库强制接管的操作过程是：先通过 Choose Takeover Force 命令选出符合强制接管条件的备库，再执行 Takeover Force 命令。备库强制接管时，如果接管备库是处于 Mount 状态/Standby 模式的库，则会自动 Open 备库，其他执行流程与备库接管一致。

备库强制接管具有一定的风险，可能导致备库和故障主库数据不一致，从而造成部分数据的丢失，出现数据库分裂的情况，所以应该综合考虑当时情况慎重使用。备库强制接管的条件包括：

（1）不存在活动主库；

（2）备库守护进程处于 Open 状态或 Startup 状态；

（3）备库实例运行正常；

（4）备库处于 Standby 模式；

（5）备库处于 Open 状态或 Mount 状态；

（6）强制接管备库的 KLSN 必须是所有备库中最大的；

（7）备库守护进程控制文件必须有效。

与 Takeover 命令一样，Takeover Force 命令会修改主库守护进程的 INST_RECOVER_TIME 内存值为 3s（默认为 60s），以确保尽快启动故障恢复流程。

对于备库强制接管并且引发分裂的场景，故障主库重启恢复后，只有在新接管的主库处于 Primary 模式或 Open 状态，并且实例是活动的情况下，才会主动设置原来的主库为分裂状态。如果新接管主库也被重启到 Mount 状态，由于两个主库互相不可加入，守护进程无法在两个 Mount 主库之间选出有效主库，需要用户干预。

2.5.4 备库故障处理

备库在发生故障（硬件故障或内部网卡故障）时，主库的处理流程在手动切换模式、自动切换模式下有些差异。

1. 手动切换模式

在手动切换模式下，当检测到备库故障且满足切换到 Failover 状态的条件时，主库的守护进程立即切换到 Failover 状态，执行相应的故障处理；当不满足切换到 Failover 状态的条件时，则保持当前状态不变。

在手动切换模式下，主库守护进程切换到 Failover 状态的条件如下。

（1）备库实例故障、主备库之间网络故障，或者备库重演时校验 LSN 不匹配。

（2）主库到备库的归档状态是 Valid（读写分离集群没有此限制）引发主库同步日志到备库失败挂起，主库实例处于 Suspend 状态。

（3）主库的守护进程处于 Startup、Open 或 Recovery 状态引发主库同步日志到备库失败挂起，主库实例处于 Suspend 状态。

（4）当前没有监视器命令正在执行，引发主库同步日志到备库失败挂起，主库实例处于 Suspend 状态。

2. 自动切换模式

在故障自动切换模式下，备库在发生故障后，如果主备库之间的归档状态仍然有效，主库的守护进程会先切换为 Confirm 状态，等待确认监视器的确认消息。如果确认符合故障处理条件，则主库守护进程再切换至 Failover 状态，将故障备库的归档失效。

备库在发生故障后，如果备库的守护进程还处于活动状态且监控功能没有被关闭，则会切换到 Startup 状态。备库故障重启后，如果存在活动主库，则主库守护进程根据备库实例的模式、状态、备库守护进程状态、备库守护进程控制文件状态、备库已经同步到的 Open 记录及备库的恢复时间间隔等信息判断是否可以进行故障恢复。在满足故障恢复条件的情况下，主库守护进程启动 Recovery 流程，重新恢复主备库到一致状态。

如果一直没有观察到主库守护进程发起 Recovery 流程，则可以借助监视器的 Check Recover 命令查找备库不满足条件的原因，并且进行相应的处理。

2.6　DEM 工具配置数据守护集群

2.6.1　DEM 工具安装配置

DEM 的全称为 Dameng Enterprise Manager。DEM 为数据库提供了对象管理和监控的功能，并且通过远程主机部署代理，能够实现对远程主机状态和远程数据库实例状态的监控。DEM 的监控不局限于单个数据库实例，还能够对数据库集群进行监控和管理。

在安装 DEM 工具之前，我们需要先安装好达梦数据库软件并创建实例，在此基础上进行 DEM 工具安装配置。安装达梦数据库的过程，我们在这里就不再介绍了，请参照本丛书分册《达梦数据库应用基础（第二版）》中的相关内容。

1. 修改 DM 参数并执行 DEM 脚本

修改 DEM 后台数据库 dm.ini 参数配置，推荐配置如下：

```
[dmdba@localhost DAMENG]$ cat   /dm8/data/DAMENG/dm.ini
MEMORY_POOL      =    200
BUFFER           =    1000
KEEP             =    64
SORT_BUF_SIZE    =    50
在该数据库中执行 SQL 脚本 dem_init.sql：
SQL> set define off
SQL> set char_code utf-8
SQL> start /dm8/web/dem_init.sql
……
```

2. 安装配置 JDK

首先需要下载 JDK 安装包 jdk-8u152-linux-x64.rpm，下载后安装 JDK，然后设置并生效环境变量，最后检查 JDK 是否安装成功。

安装 JDK 的命令如下：

[root@localhost bin]# rpm -ivh jdk-8u152-linux-x64.rpm

设置 JDK 环境变量可通过配置/etc/profile 实现，在文件尾部添加如下配置语句（注意 JAVA_HOME 是自己安装 JDK 的安装目录地址）：

[root@localhost bin]# vi /etc/profile

export JAVA_HOME=/usr/java/jdk1.8.0_152

export CLASSPATH=.:$JAVA_HOME/jre/lib/rt.jar:$JAVA_HOME/lib/dt.jar:$JAVA_HOME/lib/tools.jar

export PATH=$PATH:$JAVA_HOME/bin

设置好环境变量后，可通过如下语句生效 JDK 环境变量：

[root@localhost bin]# source /etc/profile

最后通过如下语句检查 JDK 是否安装成功：

[root@localhost jdk1.8.0_152]# java -version

3. 安装配置 Tomcat

1）下载 Tomcat 7

首先需要下载 Tomcat 7，可通过网络搜索下载。

在下载目录中，Binary Distributions 下的文件都是编译好的二进制文件，Source Code Distributions 下的文件都为 Tomcat 的源代码。其中，Deployer 下的文件只用于部署 Web 应用，而 Core 下的文件可用于开发。

我们这里下载 Core：tar.gz，如图 2-18 所示。

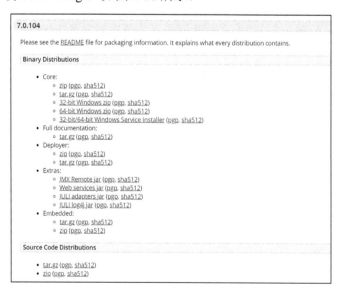

图 2-18　Tomcat 下载页面

2）安装 Tomcat 7

将下载的 Tomcat 安装包放至/dm8 目录下，通过如下命令解压缩 tar.gz 包：

```
[dmdba@localhost dm8]$ tar -xzvf apache-tomcat-7.0.104.tar.gz
```

解压缩完成后，我们会在/dm8 目录下看到 apache-tomcat-7.0.104 文件夹，为了后期操作方便，我们将这个文件夹重命名为 tomcat7，操作命令如下：

```
[dmdba@localhost dm8]$ mv apache-tomcat-7.0.104    tomcat7
```

将/dm8/tomcat7/bin 目录下的 catalina.sh 文件复制到/etc/init.d 下，并且将文件名改为 tomcat，命令如下：

```
[root@localhost~]#cp /dm8/tomcat7/bin/catalina.sh /etc/init.d/tomcat
```

编辑 tomcat 文件，在第二行输入如下代码：

```
#chkconfig: 2345 10 90
#description: Tomcat service
CATALINA_HOME=/dm8/tomcat7
JAVA_HOME=/usr/java/jdk1.8.0_152
JAVA_OPTS="-server -Xms256m -Xmx1024m -XX:MaxPermSize=512m -Djava.library.path=/dm8/bin"
```

修改 tomcat 文件的 server.xml 文件如下：

```
[root@localhost conf]# vim server.xml
<Connectorport="8080" protocol="HTTP/1.1"
 ConnectionTimeout="20000"
 redirectPort="8443"
 maxPostSize="-1"/>    ----追加属性字段
```

3）复制 war 包

通过如下命令复制 war 包到 tomcat7 文件夹的相应路径下：

```
[root@localhost conf]#
cp /dm8/web/dem.war   /dm8/tomcat7/webapps/
```

4）启动 Tomcat

复制后，可以进入并启动 Tomcat，进入命令如下：

```
[root@localhost webapps]# systemctl start tomcat.service
[root@localhost webapps]# systemctl status tomcat.service
```

启动命令如下：

```
[root@localhost bin]# pwd /dm8/tomcat7/bin
[root@localhost bin]# ./startup.sh
```

必须先启动 Tomcat，才会解压缩 war 包。解压缩 war 包后，需要修改配置文件 db.xml。对 db.xml 参数的修改如下：

```
[root@localhost WEB-INF]# cat db.xml
<?xml version="1.0" encoding="UTF-8"?>
<ConnectPool>
```

```
          <Dbtype>dm8</Dbtype>
          <Server>192.168.1.101</Server>
          <Port>5236</Port>
          <User>SYSDBA</User>
          <Password>dameng123</Password>
          <InitPoolSize>50</InitPoolSize>
          <CorePoolSize>100</CorePoolSize>
          <MaxPoolSize>500</MaxPoolSize>
          <KeepAliveTime>60</KeepAliveTime>
          <DbDriver></DbDriver>
          <DbTestStatement>select 1</DbTestStatement>
          <SSLDir>../sslDir/client_ssl/SYSDBA</SSLDir>
          <SSLPassword></SSLPassword>
          <!-- <Url>jdbc:dm://localhost:5236</Url> -->
     </ConnectPool>
```

最后重启 Tomcat，重启命令如下：

```
[root@localhost WEB-INF]# systemctl stop tomcat.service
[root@localhost WEB-INF]# systemctl start tomcat.service
```

4. 登录 DEM 系统

完成 Tomcat 的安装配置并启动后，可以通过访问地址"http://192.168.1.101:
8080/dem/"登录 DEM 系统，默认用户名和密码为 admin 和 888888。DEM 系统的登
录界面及主界面分别如图 2-19、图 2-20 所示。

图 2-19　DEM 登录界面

图 2-20　DEM 主界面

2.6.2　DEM 部署数据守护集群

DEM 搭建与管理的集群类型有 3 种：MPP 主备集群、实时主备集群和读写分离集群。在 DEM 中，集群的管理包括集群部署和集群监控。本节将介绍如何利用 DEM 部署实时主备集群。

1. 新建集群部署

在"客户端工具"栏单击"部署集群"按钮可以打开"新建集群部署"对话框。"新建集群部署"对话框如图 2-21 所示，单击"部署集群"图标 ，设定集群名称并选择集群类型。这里我们设定集群名称为"dw4-test"，选择集群类型为"数据守护 v4.0"，然后单击"确定"按钮。之后，在 DEM 系统右边面板打开部署实时主备集群面板，进入"环境准备"界面。

图 2-21　"新建集群部署"对话框

"环境准备"界面如图 2-22 所示，我们选择 192.168.1.121 和 192.168.1.101 两台 Linux 服务器。两台服务器的环境数据如下。

（1）操作系统：中标麒麟 7。

（2）数据库：DM Database Server 64 V8。

（3）Data Watch 版本：4.0。

图 2-22 "环境准备"界面

2. 实例规划

选中两台 Linux 服务器之后，单击"下一步"按钮，进入如图 2-23 所示的"实例规划"界面。

图 2-23 "实例规划"界面

实例规划的有关参数说明如下。

（1）部署名称：会在各部署主机的工作目录创建对应名称的目录来存储该集群。

（2）参数配置：统一配置实例列表中所有实例的参数；也可以通过双击实例列表中某个实例的一个参数进行单独配置。

（3）添加实例：可以在选择的主机中添加实例，同时可以指定实例类型，添加后会出现在实例列表中。

（4）删除实例：删除选中的实例。

（5）注册服务：如果想让 dmserver、dmwatcher 和 dmmonitor 服务开机自启动，则需要把 dmserver、dmwatcher 和 dmmonitor 注册为服务，注册完成后重启机器时，就会自动启动 dmserver、dmwatcher 和 dmmonitor 服务。如果选择了注册服务，则该部署工具只会把 dmserver、dmwatcher、确认监视器注册为服务，普通监视器不注册为服务。

（6）配置服务名：配置注册的服务名，默认 dmserver 的服务名为 DmService_实例名，dmwatcher 的服务名为 DmWatcherService_实例名，确认监视器服务名为 DmMonitorService。

3. 主备关系配置

在配置好实例分布及规划好端口后，单击"下一步"按钮，进入"主备关系配置"界面，如图 2-24 所示。

图 2-24 "主备关系配置"界面

在"主备关系配置"界面中，先添加主库，再添加备库，如图 2-25、图 2-26 所示。

图 2-25　添加主库

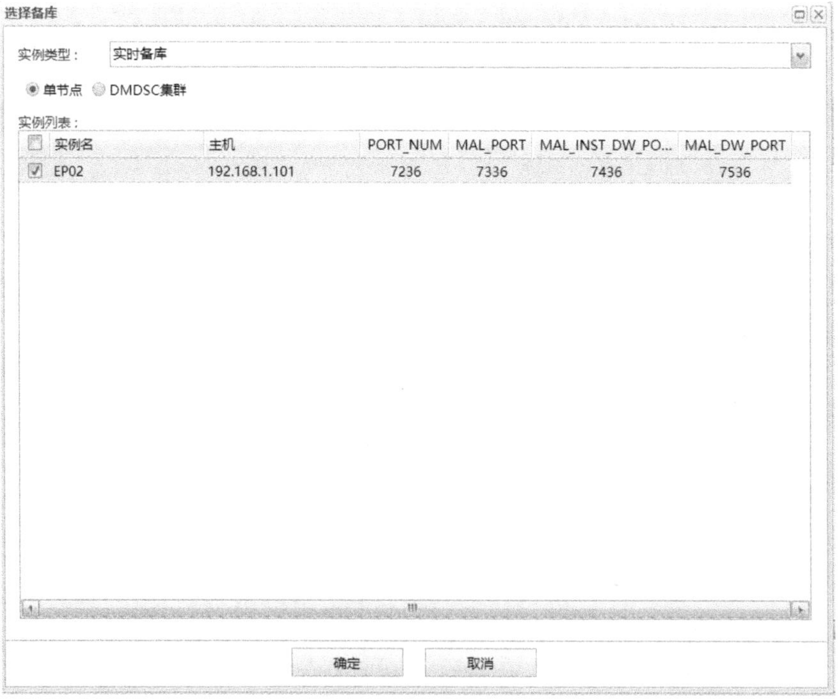

图 2-26　添加备库

添加完主库、备库后的界面如图 2-27 所示。

图 2-27　添加完主库、备库后的界面

主备关系配置的有关参数说明如下。

（1）组名：可修改守护组名。

（2）添加主库：从配置的实例中选择实例作为主库。

（3）添加备库：从配置的实例中选择实例作为备库。

（4）删除主/备库：删除实例的主/备库配置。

4．数据准备

在配置好主备关系后，单击"下一步"按钮，进入"数据准备"界面，如图 2-28
所示。

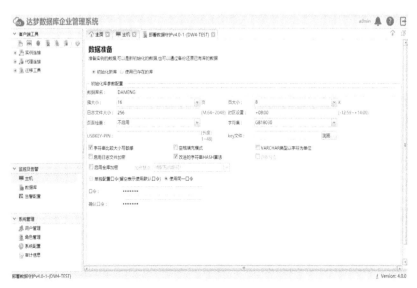

图 2-28　"数据准备"界面

单击选中"初始化新库"和"使用同一口令"单选按钮。

关于数据准备需要了解的参数如下。

（1）初始化新库：初始化一个新库，作为数据守护系统的实例。

（2）使用已存在的库：指定已经存在的库作为数据守护系统的实例，指定库所在的主机、INI 路径、库的登录用户名和口令。

5. 配置 dm.ini

准备好数据之后，单击"下一步"按钮，进入"配置 dm.ini"界面，如图 2-29 所示。

图 2-29 "配置 dm.ini"界面

界面上部窗格中显示的是各实例的 dm.ini 相关参数配置信息，选择实例即可在下部窗格中编辑对应实例的每个 dm.ini 参数。

配置 dm.ini 相关参数说明如下。

（1）同步修改同一组的其他实例：修改的参数，同步应用到所选择实例同一组的其他实例。

（2）应用到其他实例：可以选择哪些参数的修改应用到哪些实例上。

6. 配置 dmmal.ini

确认相关配置信息后，单击"下一步"按钮，进入"配置 dmmal.ini"界面，如图 2-30 所示。

图 2-30　"配置 dmmal.ini"界面

7. 配置 dmarch.ini

配置好 dmmal.ini 后，单击"下一步"按钮，进入"配置 dmarch.ini"界面，如图 2-31 所示。

图 2-31　"配置 dmarch.ini"界面

配置 dmarch.ini 的属性，异步备库需要配置定时器信息。在配置 dmarch.ini 时，上部窗格中显示的是各实例的 dmarch.ini 参数配置信息，选择实例即可在下部窗格中编辑对应实例的每个 dmarch.ini 参数。

8. 配置 dmwatcher.ini

单击"下一步"按钮，进入"配置 dmwatcher.ini"界面，如图 2-32 所示。

图 2-32 "配置 dmwatcher.ini"界面

界面上部窗格中显示的是各实例的 dmwatcher.ini 参数配置信息，选择实例即可在下部窗格中编辑对应实例的每个 dmwatcher.ini 参数。

9. 配置监视器

单击"下一步"按钮，进入"配置监视器"界面，如图 2-33 所示。

图 2-33 "配置监视器"界面

配置监视器相关属性的参数说明如下。

（1）是否部署监视器：选择是否部署监视器。

（2）监视器主机：选择要将监视器部署到哪个主机上。

（3）监视器工作空间：配置监视器部署在主机上的工作空间。

（4）启动监视器：选择部署完成后，是否启动监视器。

10. 上传服务器文件

单击"下一步"按钮，进入"上传服务器文件"界面，如图 2-34 所示。

图 2-34　"上传服务器文件"界面

上传服务器文件的有关参数说明如下。

（1）各节点将使用同一个达梦数据库服务器文件：选择该选项，则为所有操作系统为 Linux 的主机上传同一个服务器文件，为所有操作系统为 Windows 的主机上传同一个服务器文件。

（2）各节点将单独配置达梦数据库服务器文件：为每个主机单独上传服务器文件。

（3）使用 SSL 通信加密：如果上传的服务器是使用 SSL 通信加密的，则需要上传客户端 SYSDBA 的 SSL 密钥文件和输入 SSL 验证密码。

bin.zip 文件为 DM8 安装目录下整个 bin 目录的打包文件，以 .zip 的格式进行压缩和上传。

11. 部署数据守护集群

单击"下一步"按钮，进入"详情总览"界面，该界面列出将要部署的集群环境的所有配置信息，如图 2-35 所示。

图 2-35 "详情总览"界面

确认相关的配置信息没有问题后，单击"下一步"按钮，开始执行部署数据守护集群任务，如图 2-36 所示。

图 2-36 "执行部署任务"界面

执行部署任务的有关参数说明如下。

（1）停止所有任务：停止执行所有任务。

（2）回滚所有任务：执行部署任务结束后，可以回滚所有执行的任务，清除环境。

（3）重做失败任务：重新执行失败的任务。

所有任务全部完成后，单击"完成"按钮，集群就部署完成了。可以单击"查看部署信息"图标查看并导出相关的信息，如图 2-37 所示。

图 2-37　查看部署信息

12. 添加到监控

单击"添加到监控"按钮会将集群添加到监控信息中，如图 2-38、图 2-39 所示。

图 2-38　"添加到监控"操作

图 2-39　监控界面

至此，双节点的数据守护实时主备集群就部署完成了。

2.6.3　DEM 监控数据守护集群

在 DEM 的"监控及告警"栏中，双击"数据库"图标，打开数据库监控窗格，可以查看所有被监控的数据库及集群的信息。单击集群名称上的小三角符号，可以显示出所有集群相关的拓扑结构、集群监视器、启动/停止集群、SQL 监控、表监控及一些警告信息，如图 2-40 所示。

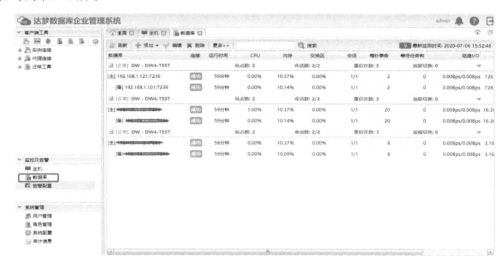

图 2-40　监控数据守护集群

单击"集群分析"图标，可以看到相关的集群分析信息，如图 2-41、图 2-42 所示。通过 DEM 监控，可以"启动/停止集群"，如图 2-43、图 2-44 所示。

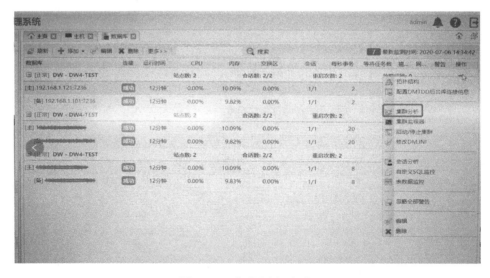

图 2-41　"集群分析"操作

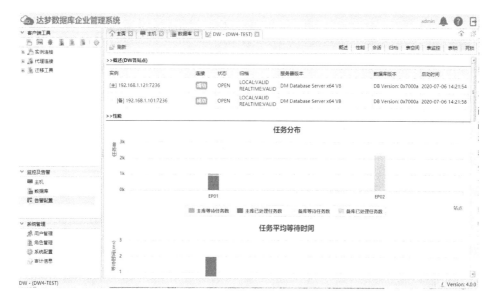

图 2-42 集群分析结果

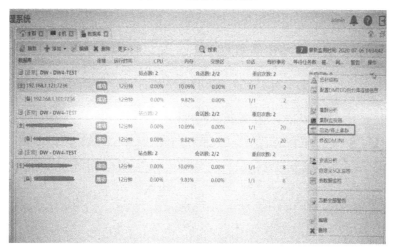

图 2-43 "启动/停止集群"操作

图 2-44 "启动/停止集群"界面

对单个服务器可以查看 AWR 报告、SQL 分析、表空间分析、死锁分析、事件分析、表数据监控等信息。服务器监控信息如图 2-45 所示。

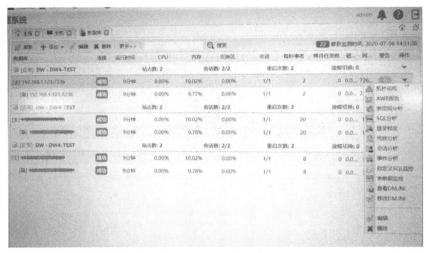

图 2-45　服务器监控信息

第 3 章
达梦数据库读写分离集群

第 2 章介绍了达梦数据库数据守护集群，数据守护集群可以在主库与备库之间进行实时的数据同步，主要用来解决主机的单点故障问题，能够为集群中的主库做好实时备份。

但是，在高并发的事务型系统中，当写事务所占的比例比读事务小时，即读事务占比较大时，需要考虑如何在做好备份的同时实现用户操作在集群多个服务器上的负载均衡。达梦数据库提供了一种独具创新性的解决方案：读写分离集群。

达梦数据库读写分离集群英文简称 DMRWC，是在保障数据库系统正常运行的前提下，通过分摊业务并发压力，提升并发业务处理性能的一个专用集群组件。

3.1 读写分离集群的基本概念

在学习使用读写分离集群之前，首先需要了解读写分离集群在设计上的考虑、与数据守护集群的关系、主要功能、优势特点等基本概念，下面分别进行介绍。

3.1.1 读写分离集群设计考虑及其与数据守护集群的关系

1. 设计考虑

对于多数信息系统而言，在一般情况下，用户上层应用系统中用到查询等只读操作的次数远多于插入/删除/修改等 DML 操作，用到修改对象定义等 DDL 操作的次数则更少。但是，这些操作往往混杂在一起，如果都在主库执行，在高并发、高压力情况下，就会导致数据库性能下降、响应时间变长。

基于上述考虑，设计者借助读写分离集群，将用户的只读操作自动分发到备库执行，以充分利用备库的硬件资源，降低主库的并发访问压力，进而提升数据库的吞吐量。

2. 与数据守护集群的关系

数据守护集群技术主要用于解决数据库单点故障问题，实现数据库的异地容灾备份，保障数据库服务的安全稳定。

读写分离集群则是基于数据守护集群技术开发的另一款集群产品，在提供数据保护、容灾备份等数据守护基本功能的同时，针对"用户查询较多、写入较少"的具体场景，实现了数据库服务效率和服务质量的提高。

读者对读写分离集群的学习应建立在数据守护集群的基础上。

3.1.2 读写分离集群的功能与特点

1. 主要功能

1）安全备份

DMRWC 首先具备了和数据守护集群一样的安全备份功能，主机和备机采用非共享存储方式，因此数据库存在多个冗余备份，可以避免单点故障（软件和硬件）导致的数据丢失。

2）事务级读写操作分离

配置好读写分离集群后，用户可通过客户端实现读写事务的自动分离。其中，读事务在备机执行，写事务在主机执行，能够充分利用主机和备机硬件资源，有效减轻主机的负载。

另外，DM8 实现了事务级别的读写操作分离执行的技术方案。若事务全为读操作，则全部在备机上执行；若事务全为写操作，则全部在主机上执行；若事务既有读操作又有写操作，则备机会将写操作返回主机执行，即从写操作开始以后的所有操作均在主机上执行，以保证事务的一致性。如果事务中含有存储过程/函数，则也支持存储过程/函数中的读写操作分离执行。

3）负载均衡

当写事务不多时，为了防止出现读事务过多占用备机资源、主机负载过少造成资源浪费的情况，需要采用一定的算法实现负载均衡。

为了实现负载均衡，更好地利用主备库的硬件资源，JDBC 等数据库接口提供了配置项，允许将一定比例的只读事务分发到主库执行。因此，用户可以根据主备库的负载情况，灵活调整数据库接口的分发比例（rwPercent）配置项，以得到最佳的数据库性能。

4）故障隔离

同时，DMRWC 还具备故障隔离的功能。当某些物理服务器失效时，其会自动剔除故障服务器；当故障得以解决时，用户访问负载将自动加载。

当 DMRWC 的负载趋于饱和时，通过增加备机服务器，系统的负载将重新在所有集群的物理服务器之间重新分配，以达到新的均衡。例如，有 1000 个并发连接、4 台备机，按照负载策略，每台备机的连接数为 250 个；如果再增加一台备机，则每台备机的连接数为 200 个。

2. 优势特点

1）性能提升

DMRWC 特别适合办公系统、网站等以读为主、只读事务多于写事务的业务场景，在这样的场景中性能可以得到较明显的提升。经测试，在一主两备的 DMRWC 配置条件下，当只读事务比例超过所有事务的 30% 时，开始有加速效果；当只读事务比例超过所有事务的 60% 时，加速效果明显；当只读事务比例超过所有事务的 90% 时，加速效果曲线接近线性。

2）高可用性

DMRWC 中可配置多台实时备机；支持秒级故障快速切换。增加多台备机节点资源可以简单有效地提高系统的并发能力，增强系统的可用性。

3）可扩展性

当用户访问量增加时，可以增加备机对集群进行扩容，最多可扩展到 8 台备机；系统性能、可靠性随着备机节点的增加而增强。在一主两备的配置下，最高可实现单机 3 倍的性能提升；在一主八备的配置下，最高可实现单机 7 倍的性能提升。

4）可移植性

DMRWC 属于纯软件解决方案，具备高度的可移植性。DMRWC 提供跨平台支持，主备库可以跨不同的硬件和操作系统平台使用；对应用透明，不需要对应用程序进行修改就可以使用。

3.2　读写分离集群的实现原理

读写分离集群既能够保证主备库的数据一致，起到实时备份的作用；又能够保证在主库与备库上实现读写分离，最大化利用主备库资源。因此，读写分离集群的实现原理重点包括读写分离集群体系架构、主备库数据一致性原理和主备库读写分离原理，下面分别进行介绍。

3.2.1　读写分离集群体系架构

读写分离集群由一个主库及一个或多个配置了即时归档（TIMELY）程序的备库组成，主要通过驱动程序实现读写事务的自动分离，读事务在备机执行，写事务在主机执行，减轻主库的负担，并且支持负载均衡。

读写分离集群体系架构如图 3-1 所示，一主多备，最多 8 个备库，主备库之间基于日志实时同步。

可以看出，备库数量是影响读写分离集群性能的一个重要因素，备库越多则每个备库需要承担的任务越少，有助于提升系统整体并发效率。

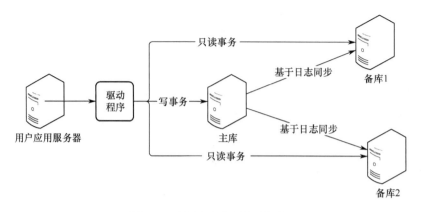

图 3-1   读写分离集群体系架构

另外，在事务一致模式下，主库要等所有备库重演 REDO 日志完成后，才能响应用户，随着备库的增加，即时归档时间会变长，最终会降低非只读事务的响应速度。因此，部署多少个备库，也需要综合考虑硬件资源、系统性能等各种因素。配置为高性能模式也是提升读写分离集群性能的一个有效手段。如果应用系统对查询结果的实时性要求并不太高，并且事务中修改数据的操作也不依赖同一个事务中的查询结果，那么通过将 dmarch.ini 中的 ARCH_WAIT_APPLY 配置项修改为 0，将读写分离集群配置为高性能模式，可以大幅提升系统整体性能。

如果应用包含以下代码逻辑（修改后马上就要查询），则不适合使用高性能模式：

```
--事务1开始
INSERT INTO t VALUES(1); --写操作在主库上执行
COMMIT; --事务提交


--事务2开始
SELECT TOP 1 c1 INTO var1 FROM t; --tx1事务已提交，SELECT操作重新转移到备库上执行。在高性能模式下备库可能还没有重做日志，查不出tx1事务中插入的结果
UPDATE t SET c1 = var1 + 1 WHERE c1 = var1; --更新不到数据
```

此外，根据读写分离特性合理地规划应用的事务逻辑，也可以具备更好的性能，包括：

（1）尽可能将事务规划为只读事务和纯修改事务，避免无效的备库试错；

（2）读操作尽量放在写操作之前，用备库可读的特点来分摊系统压力。

3.2.2   主备库数据一致性原理

读写分离集群通过即时归档模式来保障主备库数据的一致性。根据功能与实现方式的不同，达梦数据库主要有 4 种归档方式：本地归档、实时归档、即时归档和异步归档。这里主要介绍读写分离集群所用的即时归档。

需要提前了解的是，无论哪种归档方式，主备机之间的日志传输都是通过 MAL 系统

进行的，MAL 系统是基于 TCP 协议实现的一种内部通信机制，具有可靠、灵活、高效的特性。DM 通过 MAL 系统实现 REDO 日志传输及一些实例间的消息通信。

1. 即时归档流程

读写分离集群主要通过即时归档方式保证主备库数据一致性，并且配合达梦数据库管理系统的各种接口（JDBC、DPI 等），将只读操作自动分流到备库，有效降低主库的负载，提升系统吞吐量。

可以说读写分离集群主备库数据一致性的基础是即时归档，其流程与数据守护集群的实时归档流程存在一定的差异。

即时归档流程如图 3-2 所示。

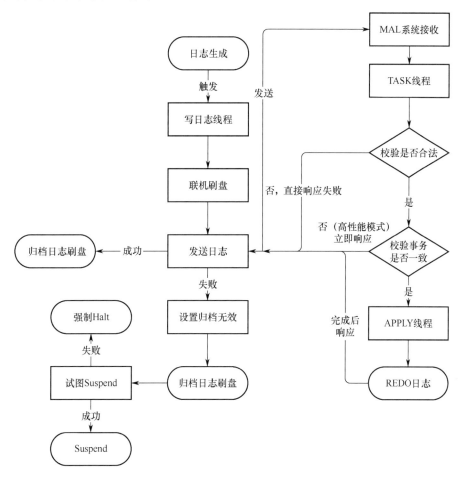

图 3-2　即时归档流程

当主库数据发生变化时，用户 REDO 日志（用户操作日志，有些地方也称作 RLOG_PKG 或 RLOG_BUF）被写入本地 REDO 日志文件（又称作联机 REDO 日志）中，再通过 MAL 系统将 REDO 日志发送到备库。这里可看出即时归档与实时归档的主要区别：发送 REDO 日志的时机不同。在实时归档中，主库在 REDO 日志写入联机 REDO 日志文件前，将 REDO 日志发送到配置为 Standby 模式的备库，所以即时归档是先写再发，实时归档是先发再写。

由于即时归档的同步机制可以保证备库的 REDO 日志不会多于主库的 REDO 日志，所以在即时归档中，备库不需要 KEEP_PKG，备库收到 REDO 日志后，将其直接加入 APPLY 线程，启动 REDO 日志重演。

备库收到 REDO 日志后，备库对主库的响应有下列两种模式（即时归档方式）。

（1）事务一致模式：重演 REDO 日志完成后，再响应主库。

（2）高性能模式：收到 REDO 日志后，马上响应主库（与实时归档一样）。

主库收到备库响应后，再响应用户 Commit 请求，保证了主备库数据的一致性。

2．即时归档方式的优势和劣势

即时归档两种响应模式各有优势和劣势，具体如下。

（1）在保障数据一致性方面，在事物一致模式下，同一个事务的 SELECT 语句无论是在主库执行，还是在备库执行，查询结果都满足 Read Commit 隔离级要求。在高性能模式下，备库与主库的数据同步存在一定延迟（一般情况下延迟时间非常短暂，用户几乎感觉不到），不能严格保障数据一致性。

（2）在集群性能方面，在事务一致模式下，主库要等备库 REDO 日志重演完成后，再响应用户的 Commit 请求，事务 Commit 时间会变长，存在一定的性能损失。在高性能模式下，则通过牺牲事务一致性来获得更好的性能和提高系统的吞吐量。

用户应该根据实际情况，选择合适的即时归档响应模式。

3．即时归档状态

和本地归档、实时归档一样，即时归档也包含两种状态：Valid 和 Invalid。

（1）Valid 表示归档有效，可正常执行各种数据库归档操作。

（2）Invalid 表示归档无效，主库不发送联机 REDO 日志到备库。

例如，在归档流程中，当备库故障或者主库与备库之间网络故障导致发送 REDO 日志失败时，主库马上将即时归档状态修改为 Invalid，并且将数据库状态切换为 Suspend。即时归档状态修改为 Invalid 后，会强制断开备库上存在影子会话的对应用户会话，避免只读操作继续分发到该备库导致查询数据不一致。

3.2.3 主备库读写分离原理

达梦数据库主要通过试错法来实现读写分离，基本思路如下：利用备库提供只读服务、无法修改数据的特性，优先将所有操作发送到备库执行，一旦备库执行报错，就说明该操作不是读操作，发送到主库重新执行。通过备库"试错"这个步骤，可以自然地将只读操作分流到备库执行，并且备库"试错"由接口层自动完成，对应用透明。

一次访问读写分离包括两个部分：创建用户到数据库的连接；分发语句并返回用户。

创建用户到数据库的连接包括如下步骤，如图 3-3 所示。

第 1 步，用户发起数据库连接请求。

第 2 步，接口（JDBC、DPI 等）根据服务名配置（dm_svc.conf 中的配置）登录主库。

第 3 步，主库挑选一个有效即时备库的 IP/PORT 返回接口。

第 4 步，接口根据返回的备库 IP 信息和 PORT 信息，向备库发起一个连接请求。

第 5 步，备库返回连接成功信息。

第 6 步，接口响应应用用户数据库，连接创建成功。

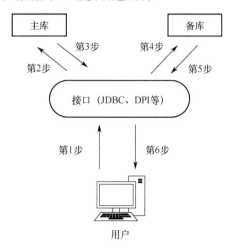

图 3-3　创建用户到数据库的连接

接口在备库上创建的连接是读写分离集群自动创建的；对用户而言，就是在主库上创建了一个数据库连接。

分发语句并返回用户包括如下步骤，如图 3-4 所示。

第 1 步，接口收到用户的请求。

第 2 步，接口优先将 SQL 语句发送到备库执行（并不是一个事务的所有 SQL 语句，而是一条条 SQL 语句，这样就保证了一个事务中一些 SQL 语句在备库执行，而另一些在 SQL 语句主库执行）。

第 3 步，备库执行并返回执行结果。如果接口收到的是备库执行成功的消息，则转到第 6 步；如果接口收到的是备库执行失败消息，则转到第 4 步。

第 4 步，重新将执行失败的 SQL 语句发送到主库执行。只要第 3 步中的 SQL 语句在备库执行失败，同一个事务的后续所有操作（包括只读操作）就都会直接发送到主库执行。

第 5 步，主库执行并返回执行结果给接口。如果主库上执行的写事务提交，则下次继续从第 1 步开始执行。

第 6 步，接口响应应用用户并将执行结果返回用户。

举例说明如下：

--事务开始

SELECT * FROM t; --首先在备库上执行

INSERT INTO t VALUES(1); --写操作在备库执行失败，转移到主库执行，后续操作都在主库执行

SELECT * FROM t; --事务未提交，还在主库执行

COMMIT; --事务提交

--事务已提交

SELECT * FROM t; --重新转移到备库上执行

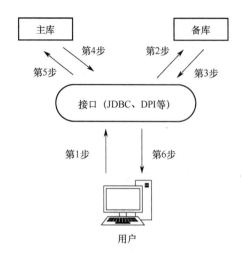

图 3-4　分发语句并返回用户

可以看出，一个事务包含的多条 SQL 语句可能分别在备库和主库执行，但执行结果与单独在一个数据库执行的结果完全一致，满足读提交事务隔离级特性。在读写分离集群中，当一条 SQL 语句从备库切换到主库执行时，主库会启动一个新的事务，主库事务与备库事务没有任何联系，事务 ID 也完全不同。备库事务 ID 与主库事务 ID 分配机制并不相同，主库事务的 ID 取值范围是 1～0x7FFFFFFFFFFF，备库事务的 ID 取值范围为 0x800000000000～0xFFFFFFFFFFFF；备库事务的 ID 是一个内存值，每次重启都从 0x800000000000 开始重新分配；主库事务的 ID 是一个物理值，一旦分配，就不会重复分配。

为了保证主备库的数据一致性，目前在读写分离集群中，如下类型的语句不会在备库执行，而是在主库执行：

（1）设置会话、事务为串行化隔离级语句；

（2）表对象上锁语句（LOCK TABLE xx IN EXCLUSIVE MODE）；

（3）查询上锁语句（SELECT FOR UPDATE）；

（4）备份相关系统函数；

（5）自治事务操作；

（6）包操作；

（7）动态视图查询；

（8）设置自增列操作语句（SET IDENTITY_INSERT TABLE ON）；

（9）临时表查询；

（10）访问@@IDENTITY、@@ERROR 等全局变量；

（11）SF_GET_PARA_STRING_VALUE、SF_GET_PARA_DOUBLE_VALUE 等函数。

在实时性要求不高的备库查询条件下，实时主备库也可以配置接口的读写分离属性，实现读写分离功能特性。

实时归档（读写分离）和即时归档的主要区别在于联机日志发送、写本地归档的顺序及发送失败后的处理方式。实时读写分离类似于即时读写分离的高性能响应模式，这是由实时归档的归档流程决定的，备库收到日志后立即响应主库，不需要等备库重演 REDO 日志完成后再响应。实时归档发送失败后，不会立即将归档状态设置为无效，而是直接将系统挂起。

对于包含大量查询的应用而言，实时归档的读写分离适合对实时性有一定要求但要求不高的情况。

3.3　读写分离集群的搭建

第 2 章介绍了数据守护集群的搭建，因此，在搭建读写分离集群时，需要重点关注搭建两种集群时的相似之处和不同之处。相似之处在于这两个集群的构成都包括主库、备库、监视器等，不同之处主要在于相关配置文件的配置参数不同，下面具体进行介绍。

3.3.1　配置说明

本节主要介绍安装、部署达梦数据库读写分离集群前需要掌握的相关知识。

1. 读写分离集群备库数量

读写分离集群最多可以配置 8 个即时备库，提供数据同步、备库故障自动处理、故障恢复、自动数据同步等功能。

2. 读写分离集群守护进程与守护模式

守护进程（dmwatcher）是数据库实例和监视器之间信息流转的桥梁，数据库实例与监视器之间没有直接的消息交互；守护进程解析并执行监视器发起的各种命令（Switchover/Takeover/Open Force 等），并且在必要时通知数据库实例执行相应的操作。

守护进程分为两种类型，本地守护和全局守护。守护进程根据数据库服务器配置的归档类型及 MPP_INI 参数情况，自动识别具体的集群类型（实时主备集群、MPP 主备集群或读写分离集群）。

（1）本地守护——提供最基本的守护进程功能，监控本地数据库服务。如果实例使用 Mount 方式启动，则守护进程会通知实例自动 Open；如果连续一段时间没有收到来自其监控数据库的消息，则认定数据库出现故障，根据配置（INST_AUTO_RESTART）确定是否使用配置的启动命令重启数据库服务。异步备库也采用这种方式进行配置。

（2）全局守护——在本地守护类型的基础上，通过和远程守护进程的交互，增加主备库切换、主备库故障检测、备库接管、数据库故障重加入等功能。

在读写分离集群系统中，需要将守护进程配置为全局守护类型。读写分离集群也支持故障自动切换和故障手动切换两种守护模式。

（1）故障自动切换——当主库发生故障时，确认监视器自动选择一个备库，切换为主库对外提供服务。故障自动切换模式要求必须且只能配置一个确认监视器。

（2）故障手动切换——当主库发生故障时，由用户根据实际情况，通过监视器命令将备库切换为主库。在用户干预之前，备库可以继续提供只读服务和对临时表的操作功能。

3. 读写分离集群监视器

读写分离集群最多允许同时启动 10 个监视器，监视器的作用在第 2 章中已经介绍了，这里不再赘述。所有监视器都可以接收守护进程消息，获取守护系统状态。所有监视器都可以发起 Switchover 等命令，但守护进程一次只能接收一个监视器命令，在一个监视器命令执行完毕之前，若守护进程收到其他监视器发起的请求，则会直接报错返回。

监视器支持两种运行模式：监控模式和确认模式。和监控模式一样，确认模式下的监视器具有接收守护进程消息、获取数据守护系统状态信息及执行各种监控命令的功能。区别在于，除具备监控模式下监视器的所有功能外，确认模式下的监视器还具有状态确认和自动接管两个功能。

对于读写分离集群和实时主备库，只允许配置一组监视器，所以命令中的组名 [group_name]都可以不指定；对于 MPP 主备库，因为有多个组，所以需要指定组名，但是 set group 相关命令不受此限制。

4. 读写分离集群配置文件

针对多个网络互通的达梦数据库服务器，在确定主库和备库之后，配置主库和备库上的相关配置文件就可以构建读写分离集群了。这些配置文件，都是 DM8 安装路径中自带的文件，相关的配置文件介绍如下。

（1）数据库配置文件 dm.ini。

（2）MAL 配置文件 dmmal.ini。它需要用到 MAL 系统的实例，所有站点的 dmmal.ini 需要保证严格一致。

（3）REDO 日志归档配置文件 dmarch.ini。其中，ARCH_TYPE 字段表示 REDO 日志归档类型，包括 LOCAL、REALTIME、TIMELY、ASYNC，分别表示本地归档、实时归档、即时归档、异步归档。

（4）守护进程配置文件 dmwatcher.ini。DW_MODE 字段，表示切换模式，默认为 MANUAL。MANUAL：故障手动切换模式；AUTO：故障自动切换模式。DW_TYPE 字段，表示守护类型，默认为 LOCAL。LOCAL：本地守护；GLOBAL：全局守护。INST_OGUID 字段是数据守护唯一标识码，同一个守护进程组中的所有数据库、守护进程和监视器都必须配置相同的 OGUID 值，取值范围为 0～2147483647。

（5）监视器配置文件 dmmonitor.ini。MON_DW_CONFIRM 字段，表示是否配置为确认模式，默认为 0。0：监控模式；1：确认模式。

（6）定时器配置文件 dmtimer.ini。其为读写分离集群实现所需配置的文件，主要存放在达梦数据库安装目录 data 文件夹下的 DAMENG 文件夹中（DAMENG 为数据库名字，不同数据库的名字不同），配置文件所在位置如图 3-5 所示。

【注意】（1）如果在该目录中找不到某个配置文件，则需要参照模板文件进行手动创建，所有配置文件的模板都在该目录下，模板命名为 xxx_example.ini。

（2）关于守护进程控制文件 dmwatcher.ctl，使用 DM8 以前版本需要配置该文件，使用 DM8 不需要配置该文件。在使用 DM8 以前版本时，除配置 LOCAL 守护类型的实例外，其他实例的库目录下都需要有守护进程控制文件 dmwatcher.ctl，并且初始配置时同一个守护进程组的控制文件必须相同。

图 3-5　配置文件所在位置

5. 读写分离集群整体模式

根据 3.2 节中介绍的两种模式，读写分离集群可以配置为事务一致模式或高性能模式。在事务一致模式下，无论一个查询语句是在备库执行还是在主库执行，其查询结果集都是一样的。在高性能模式下，则不能保证查询结果集是一致的，备库与主库的数据同步存在一定的延迟，当查询语句发送到备库执行时，返回的有可能是主库上一个时间点的数据。

读写分离集群不依赖额外的中间件，而是通过数据库接口与数据库之间的密切配合实现读写操作自动分离的。达梦数据库的 JDBC、DPI、DCI、ODBC、.NET Data Provider 等接口都可以用来部署读写分离集群。

3.3.2　环境说明

下面举例说明配置一个完整的读写分离集群的过程。本例配置方案中有一个主库、一个即时备库和一个监视器，组名为"GRP2"，配置为实时主备，主库命名为"DMRWC01"，备库命名为"DMRWC02"。配置环境如表 3-1 所示，端口规划如表 3-2 所示。

表 3-1　配置环境

主机类型	IP 地址	实 例 名	操作系统
主库	192.168.1.30（外部服务） 192.168.2.40（内部通信）	DMRWC01	中标麒麟 7
即时备库	192.168.1.32（外部服务） 192.168.2.42（内部通信）	DMRWC02	中标麒麟 7
监视器	192.168.2.44	确认监视器	中标麒麟 7

表 3-2　端口规划

实 例 名	PORT_NUM	DW_PORT	MAL_HOST	MAL_PORT	MAL_DW_PORT
DMRWC01	5236	5336	192.168.2.40	5436	5536
DMRWC02	5237	5337	192.168.2.42	5437	5537

　　主备库服务器均采用中标麒麟 7 操作系统，系统图形界面及系统信息如图 3-6～图 3-8 所示。服务器上已提前安装了 DM8，并且自动生成 DM8 的系统用户 dmdba，DM8 的具体安装过程不是本书重点，此处不再进行介绍，如有需要请参照《达梦数据库应用基础（第二版）》。

图 3-6　系统图形界面

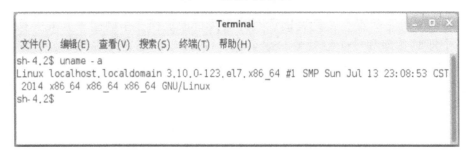

图 3-7　系统配置信息

　　主库和备库服务器需要安装双网卡，分别进行内部通信和外部服务，监视器上只需要一块网卡即可。主库和备库所在服务器的网卡配置可通过执行"应用程序"→"杂项"→"网络连接"命令进行配置，如图 3-9 所示。

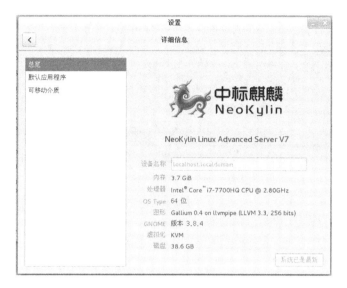

图 3-8　系统详细信息

图 3-9　网卡配置

网卡配置完成后的配置信息如图 3-10～图 3-12 所示。

图 3-10　主库服务器网卡配置信息

```
[dmdba@localhost ~]$ ifconfig
ens32: flags=4163<UP,BROADCAST,RUNNING,MULTICAST>  mtu 1500
        inet 192.168.1.32  netmask 255.255.255.0  broadcast 192.168.1.255
        inet6 fe80::7b59:ff5c:fae3:258d  prefixlen 64  scopeid 0x20<link>
        ether 00:0c:29:9c:92:8a  txqueuelen 1000  (Ethernet)
        RX packets 89  bytes 8060 (7.8 KiB)
        RX errors 0  dropped 0  overruns 0  frame 0
        TX packets 17  bytes 1318 (1.2 KiB)
        TX errors 0  dropped 0  overruns 0  carrier 0  collisions 0

ens33: flags=4163<UP,BROADCAST,RUNNING,MULTICAST>  mtu 1500
        inet 192.168.2.42  netmask 255.255.255.0  broadcast 192.168.2.255
        inet6 fe80::ff15:889c:ff79:724d  prefixlen 64  scopeid 0x20<link>
        ether 00:0c:29:9c:92:94  txqueuelen 1000  (Ethernet)
        RX packets 89  bytes 8060 (7.8 KiB)
        RX errors 0  dropped 0  overruns 0  frame 0
        TX packets 17  bytes 1318 (1.2 KiB)
        TX errors 0  dropped 0  overruns 0  carrier 0  collisions 0
```

图 3-11　备库服务器网卡配置信息

```
dmdba@localhost:/home/dmdba/桌面
文件(F) 编辑(E) 查看(V) 搜索(S) 终端(T) 帮助(H)
[root@localhost 桌面]# ifconfig
eno16777728: flags=4163<UP,BROADCAST,RUNNING,MULTICAST>  mtu 1500
        inet 192.168.2.44  netmask 255.255.255.0  broadcast 192.168.2.255
        ether 00:0c:29:d1:bc:7b  txqueuelen 1000  (Ethernet)
        RX packets 2009  bytes 188248 (183.8 KiB)
        RX errors 0  dropped 0  overruns 0  frame 0
        TX packets 23  bytes 3048 (2.9 KiB)
        TX errors 0  dropped 0  overruns 0  carrier 0  collisions 0
```

图 3-12　监视器网卡配置信息

主库服务器和备库服务器数据库实例配置信息如图 3-13、图 3-14 所示。

图 3-13　主库服务器数据库实例配置信息

图 3-14　备库服务器数据库实例配置信息

　　检查服务是否正常启动，在中标麒麟 7 操作系统中，执行"应用程序"→"达梦数据库"→"DM 服务查看器"命令，打开"DM 服务查看器"，如图 3-15 所示。

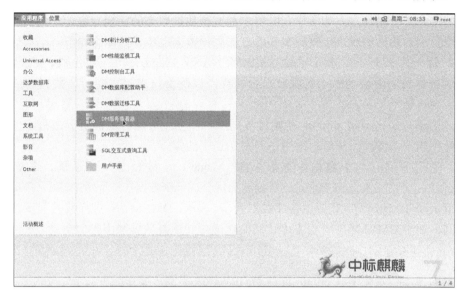

图 3-15　打开"DM 服务查看器"操作

主库服务器和备库服务器相关服务如图 3-16、图 3-17 所示，应确保核心服务启动。

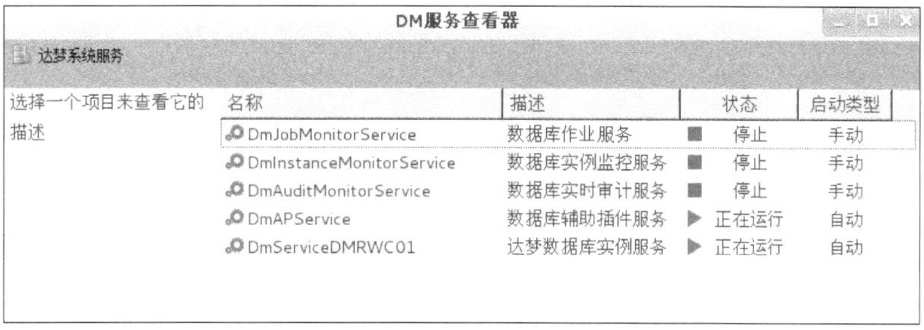

图 3-16　主库服务器相关服务

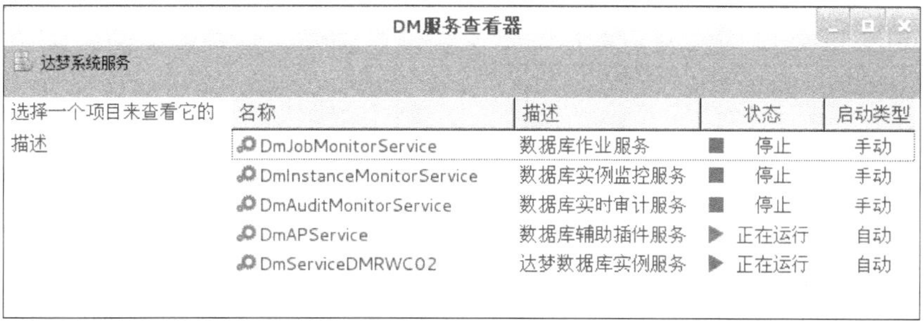

图 3-17　备库服务器相关服务

3.3.3　数据准备

数据准备主要是使主库和备库在配置之前实现数据状态的完全一致。从 DW4 开始就不能使用分别初始化库或直接复制文件的方法进行数据准备了，原因如下。

（1）每个库都有一个永久魔数（PERMENANT_Magic），一经生成，永远不会改变，主库传送日志时会判断永久魔数是否一样，以确保日志来自同一个数据守护环境中的库，否则传送不了日志。

（2）由于初始化工具 dminit 初始化数据库时，会生成随机密钥用于加密，每次生成的密钥都不相同，备库无法解析采用主库密钥加密的数据。

（3）每个库都有一个数据库魔数（DB_Magic），每经过一次还原、恢复操作，DB_Magic 就会产生变化，需要通过这种方式来区分同一个数据守护环境中各个不同的库。

本节采用 DMRMAN 完成主备库数据同步。采用 DMRMAN 进行数据同步包括创建主库实例、使用 DMRMAN 备份主库、初始化备库并恢复数据等步骤。

1）创建主库实例

在主库使用初始化工具 dminit 创建 DMRWC01 实例，操作如下：

```
[linux@localhost ~]$ dminit PATH=/dm/dmdbms/data DB_NAME=CNDBA
INSTANCE_NAME=DMRWC01


#注册服务：
[root@dm3 ~]# /dm/dmdbms/script/root/dm_service_installer.sh -t dmserver -i
/dm/dmdbms/data/CNDBA/dm.ini -p DMRWC01
Move the service script file(/dm/dmdbms/bin/DmServiceDMRWC01 to
/etc/rc.d/init.d/DmServiceDMRWC01)
Finished to create the service(DmServiceDMRWC01)
[root@dm3 ~]#


#启动DB：
[linux@localhost bin]$ service DmServiceDMRWC01 start
Starting DmServiceDMRWC01: [ OK ]
[linux@localhost bin]$


#启动归档模式：
[linux@localhost bin]$ disql SYSDBA/SYSDBA
Server[LOCALHOST:5236]:mode is normal, state is open
login used time: 11.249(ms)
disql V7.6.0.95-Build(2018.09.13-97108)ENT
Connected to: DM 7.1.6.95
```

SQL> alter database mount;

executed successfully

used time: 00:00:01.766. Execute id is 0.

SQL> alter database add archivelog 'DEST=/dm/dmarch, TYPE=local, FILE_SIZE=128, space_limit=0';

executed successfully

used time: 2.975(ms). Execute id is 0.

SQL> alter database archivelog;

executed successfully

used time: 9.097(ms). Execute id is 0.

SQL> alter database open;

executed successfully

used time: 656.739(ms). Execute id is 0.

SQL>

2）使用 DMRMAN 备份主库

这里采用离线备份方法，操作如下：

[linux@localhost bin]$ service DmServiceDMRWC01 stop

Stopping DmServiceDMRWC01: [OK]

[linux@localhost bin]$ pwd

/dm/dmdbms/bin

[linux@localhost bin]$ ./dmrman

RMAN> backup database '/dm/dmdbms/data/CNDBA/dm.ini' full backupset

　　　'/dm/rww_bak/db_full_bak_01';

backup database '/dm/dmdbms/data/CNDBA/dm.ini' full backupset '/dm/rww_bak/db_full_bak_01';

file dm.key not found, use default license!

checking if the database under system path [/dm/dmdbms/data/CNDBA] is running...[4].

checking if the database under system path [/dm/dmdbms/data/CNDBA] is running...[3].

checking if the database under system path [/dm/dmdbms/data/CNDBA] is running...[2].

checking if the database under system path [/dm/dmdbms/data/CNDBA] is running...[1].

checking if the database under system path [/dm/dmdbms/data/CNDBA] is running...[0].

checking if the database under system path [/dm/dmdbms/data/CNDBA] is running, write dmrman info.

EP[0] max_lsn: 44755

BACKUP DATABASE [CNDBA], execute...

CMD CHECK LSN...

BACKUP DATABASE [CNDBA], collect dbf...

CMD CHECK ...

DBF BACKUP SUBS...

total 1 packages processed...

total 3 packages processed...

```
total 4 packages processed...
DBF BACKUP MAIN...
BACKUPSET [/dm/rww_bak/db_full_bak_01] END, CODE [0]...
META GENERATING...
total 5 packages processed...
total 5 packages processed!
CMD END.CODE:[0]
backup successfully!
time used: 7069.838(ms)


#将备份分发到2个备库:
[linux@localhost bin]$ cd /dm/rww_bak/
[linux@localhost rww_bak]$ ls
db_full_bak_01
[linux@localhost rww_bak]$ scp -r db_full_bak_01 192.168.1.32:'pwd'
dmdba@192.168.1.32's password:
db_full_bak_01.bak
100%     5326KB     5.2MB/s     00:00
db_full_bak_01.meta
100%       69KB     68.5KB/s     00:00
[linux@localhost rww_bak]$ scp -r db_full_bak_01 192.168.20.195:'pwd'
dmdba@192.168.20.195's password:
db_full_bak_01.bak
100%     5326KB     5.2MB/s     00:01
db_full_bak_01.meta
100%       69KB     68.5KB/s     00:00
[linux@localhost rww_bak]$
```

3）初始化备库并恢复数据

初始化备库并恢复数据的具体操作如下：

```
#初始化实例:
[linux@localhost ~]$ dminit PATH=/dm/dmdbms/data DB_NAME=CNDBA INSTANCE_NAME=DMRWC02


#注册服务:
[root@dm4 ~]# /dm/dmdbms/script/root/dm_service_installer.sh -t dmserver -i
/dm/dmdbms/data/CNDBA/dm.ini -p DMRWC02
Move the service script file(/dm/dmdbms/bin/DmServiceDMRWC02 to
/etc/rc.d/init.d/DmServiceDMRWC02)
Finished to create the service (DmServiceDMRWC02)
```

[root@dm4 ~]#

#还原数据库

[linux@localhost bin]$ ./dmrman CTLSTMT= "RESTORE DATABASE
'/dm/dmdbms/data/CNDBA/dm.ini' FROM BACKUPSET '/dm/rww_bak/db_full_bak_01' "

　　RESTORE DATABASE '/dm/dmdbms/data/CNDBA/dm.ini' FROM BACKUPSET
'/dm/rww_bak/db_full_bak_01'

　　file dm.key not found, use default license!

　　Global parameter value of RT_HEAP_TARGET is illegal, use min value!

　　checking if the database under system path [/dm/dmdbms/data/CNDBA] is running...[4].

　　checking if the database under system path [/dm/dmdbms/data/CNDBA] is running...[3].

　　checking if the database under system path [/dm/dmdbms/data/CNDBA] is running...[2].

　　checking if the database under system path [/dm/dmdbms/data/CNDBA] is running...[1].

　　checking if the database under system path [/dm/dmdbms/data/CNDBA] is running...[0].

　　checking if the database under system path [/dm/dmdbms/data/CNDBA] is running, write dmrman info.

　　RESTORE DATABASE　CHECK...

　　RESTORE DATABASE, dbf collect...

　　RESTORE DATABASE, dbf refresh...

　　RESTORE BACKUPSET [/dm/rww_bak/db_full_bak_01] START...

　　total 4 packages processed...

　　RESTORE DATABASE, UPDATE ctl file...

　　RESTORE DATABASE, REBUILD key file...

　　RESTORE DATABASE, CHECK db info...

　　RESTORE DATABASE, UPDATE db info...

　　total 5 packages processed!

　　CMD END.CODE:[0]

　　restore successfully.

　　time used: 8341.679(ms)

　　[linux@localhost bin]$

#恢复数据库：

[linux@localhost bin]$ ./dmrman CTLSTMT= "RECOVER DATABASE
'/dm/dmdbms/data/CNDBA/dm.ini' FROM BACKUPSET '/dm/rww_bak/db_full_bak_01' "

　　RECOVER DATABASE '/dm/dmdbms/data/CNDBA/dm.ini' FROM BACKUPSET
'/dm/rww_bak/db_full_bak_01'

　　file dm.key not found, use default license!

　　Global parameter value of RT_HEAP_TARGET is illegal, use min value!

　　checking if the database under system path [/dm/dmdbms/data/CNDBA] is running...[4].

```
checking if the database under system path [/dm/dmdbms/data/CNDBA] is running...[3].
checking if the database under system path [/dm/dmdbms/data/CNDBA] is running...[2].
checking if the database under system path [/dm/dmdbms/data/CNDBA] is running...[1].
checking if the database under system path [/dm/dmdbms/data/CNDBA] is running...[0].
checking if the database under system path [/dm/dmdbms/data/CNDBA] is running, write dmrman info.
EP[0] max_lsn: 44755
RESTORE RLOG CHECK...
CMD END. CODE:[603], DESC:[no log generates while the backupset [/dm/rww_bak/db_full_bak_01]
created]
no log generates while the backupset [/dm/rww_bak/db_full_bak_01] created
recover successfully!
time used: 7050.939(ms)
[linux@localhost bin]$
```

3.3.4 主库配置

主库配置主要包括配置 dm.ini、dmmal.ini、dmarch.ini、dmwatcher.ini 等配置文件，以及以 Mount 方式启动主库、设置 OGUID 值、修改数据库模式等步骤，下面将根据前面的配置说明、环境说明和数据准备，介绍具体的配置方法。

1. 配置 dm.ini

dm.ini 为 DM 安装程序自带的文件，直接打开修改其中的参数即可，配置 dm.ini 文件中的参数具体如下：

```
INSTANCE_NAME = DMRWC01##实例名，也可使用"组名_守护环境_序号"的命名方式，总长
度不能超过16位
PORT_NUM = 5236 ##数据库实例监听端口
DW_INACTIVE_INTERVAL = 60   #接收守护进程消息超过时间
ALTER_MODE_STATUS = 0   #不允许以手动方式修改实例模式/状态
ENABLE_OFFLINE_TS = 2   #不允许备库OFFLINE表空间
MAL_INI = 1   #打开MAL系统
ARCH_INI = 1   #打开归档配置
RLOG_SEND_APPLY_MON = 64   #统计最近64次的日志发送信息
DW_PORT = 5336   #在守护环境下，监听守护进程连接端口
```

【注意】这些配置文件中有很多参数，本书仅指出需要配置的这些参数，读者可以使用 VIM 编辑器的查找或者图形界面工具中的查找来找到这些参数，逐一对照进行修改。

2. 配置 dmmal.ini

dmmal.ini 中的参数主要用于配置 MAL 系统，其与 dm.ini 在一个目录中，若该目录

中没有 dmmal.ini，则需要手动创建。

（1）MAL_PORT 与 dm.ini 中 PORT_NUM 使用不同的端口。

（2）MAL_DW_PORT 是各实例对应的守护进程之间及守护进程和监视器之间的通信端口。

对 dmmal.ini 文件进行配置：

```
MAL_CHECK_INTERVAL = 5   #MAL链路检测时间间隔
MAL_CONN_FAIL_INTERVAL = 5   #判定MAL链路断开的时间


[MAL_INST1]
MAL_INST_NAME = DMRWC01   #实例名，和dm.ini中的INSTANCE_NAME一致
MAL_HOST = 192.168.2.40   #MAL系统监听TCP连接的IP地址，主库的第二块网卡网址
MAL_PORT = 5436   #MAL系统监听TCP连接的端口
MAL_INST_HOST = 192.168.1.30   #实例对外服务的IP地址
MAL_INST_PORT = 5236   #实例对外服务的端口，和dm.ini中的PORT_NUM一致
MAL_DW_PORT = 5536   #实例对应的守护进程监听TCP连接的端口


[MAL_INST2]
MAL_INST_NAME = DMRWC02
MAL_HOST = 192.168.2.42
MAL_PORT = 5437
MAL_INST_HOST = 192.168.1.32
MAL_INST_PORT = 5237
MAL_DW_PORT = 5537
```

【注意】各主备库的 dmmal.ini 配置文件中参数的配置必须完全一致。

3. 配置 dmarch.ini

修改 dmarch.ini，配置本地归档和即时归档。除本地归档外，当其他归档配置项中的 ARCH_DEST 表示实例处于 Primary 模式时，需要同步归档数据的目标实例名。

当前实例 DMRWC01 是主库，需要向即时备库 DMRWC02 同步数据，因此即时归档的 ARCH_DEST 配置为 DMRWC02。

```
[ARCHIVE_TIMELY1]
ARCH_TYPE = TIMELY #即时归档类型
ARCH_DEST = DMRWC02 #即时归档目标实例名


[ARCHIVE_LOCAL1]
ARCH_TYPE = LOCAL #本地归档类型
ARCH_DEST = /opt/dmdbms/data/DAMENG/arch #本地归档文件存放路径，该路径要结合当前
```

数据库安装位置填写，arch文件夹本身并不存在，这里填写完成后在后续启动时会自动创建arch文件夹

ARCH_FILE_SIZE = 128 #单位Mbit，本地单个归档文件最大值

ARCH_SPACE_LIMIT = 0 #单位Mbit，0表示无限制，范围1024～4294967294Mbit

4. 配置 dmwatcher.ini

修改 dmwatcher.ini，将守护进程配置为全局守护类型，使用自动切换模式。

```
[GRP1]
DW_TYPE = GLOBAL #全局守护类型
DW_MODE = AUTO #自动切换模式
DW_ERROR_TIME = 10 #远程守护进程故障认定时间
INST_RECOVER_TIME = 60 #主库守护进程启动恢复的时间间隔
INST_ERROR_TIME = 10 #本地实例故障认定时间
INST_OGUID = 453332 #守护系统唯一OGUID值
INST_INI = /dm/dmdbms/data/DAMENG/dm.ini   #dm.ini配置文件路径
INST_AUTO_RESTART = 1 #打开实例的自动启动功能
INST_STARTUP_CMD = /dm/dmdbms/bin/dmserver #命令行方式启动
RLOG_SEND_THRESHOLD = 0 #指定主库发送日志到备库的时间阈值，默认关闭
RLOG_APPLY_THRESHOLD = 0 #指定备库重演日志的时间阈值，默认关闭
```

5. 以 Mount 方式启动主库

以 Mount 方式启动主库的命令如下：

```
[root@localhost dmdbms]$ cd bin
[root@localhost bin]$ ./dmserver   /opt/dmdbms/data/DAMENG/dm.ini   mount
```

【注意】上述代码中"./dmserver"与"/opt"之间有空格，以及"dm.ini"与"mount"之间有空格，若没有空格，则主库无法启动成功。

主库启动结果如图 3-18 所示。

图 3-18   以 Mount 方式启动主库结果

一定要以 Mount 方式启动数据库实例，否则系统启动时会重构回滚表空间，生成 REDO

日志；并且启动后应用可能连接到数据库实例进行操作，破坏主备库的数据一致性。

【注意】注册并启动数据守护进程后（见 3.3.7 节），守护进程会自动 Open 数据库。

6. 设置 OGUID 值

执行"应用程序"→"达梦数据库"→"SQL 交互式查询工具"命令，启动命令行工具 DIsql，如图 3-19 所示。

图 3-19　启动 SQL 交互式查询工具

登录主库，设置 OGUID 值，SQL 语句如下：

SQL>conn sysdba/"123456789"@127.0.0.1　#123456789为sysdba密码，要根据实际情况设置
SQL>sp_set_oguid(453332);

系统通过 OGUID 值确定一个守护进程组，设置主库 OGUID 值成功界面如图 3-20 所示。

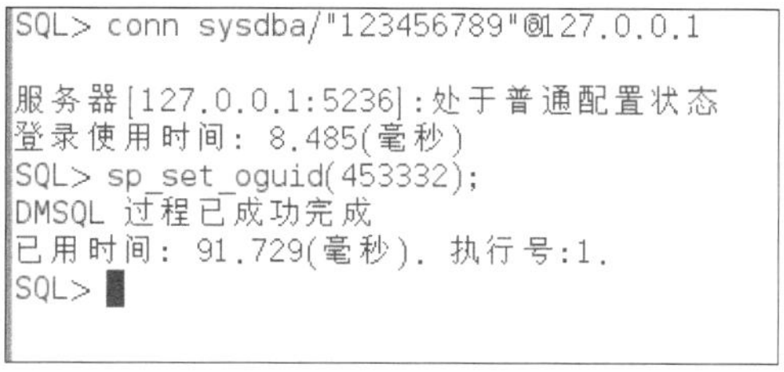

```
SQL> conn sysdba/"123456789"@127.0.0.1

服务器[127.0.0.1:5236]:处于普通配置状态
登录使用时间: 8.485(毫秒)
SQL> sp_set_oguid(453332);
DMSQL 过程已成功完成
已用时间: 91.729(毫秒). 执行号:1.
SQL>
```

图 3-20　设置主库 OGUID 值成功界面

如果此次登录 DIsql 失败，则可以重启服务器，然后关闭数据库服务，以 Mount 方式启动，再设置 OGUID 值即可。

7. 修改数据库模式

启动命令行工具 DIsql，登录主库，修改数据库为 Primary 模式。

```
SQL>alter database primary;
```

3.3.5　备库配置

备库配置主要包括配置 dm.ini、dmmal.ini、dmarch.ini、dmwatcher.ini 等文件，以及以 Mount 方式启动备库、设置 OGUID 值、修改数据库模式、注册服务等步骤，下面将根据前面的配置说明、环境说明和数据准备，以 DMRWC02 为例介绍具体的备库配置方法。

1. 配置 dm.ini

配置备库的实例名为 DMRWC02，dm.ini 参数修改如下：

```
#实例名，建议使用"组名_守护环境_序号"的命名方式，总长度不能超过16位
INSTANCE_NAME = DMRWC02
PORT_NUM = 5237 #数据库实例监听端口
DW_INACTIVE_INTERVAL = 60 #接收守护进程消息超过时间
ALTER_MODE_STATUS = 0 #不允许以手动方式修改实例模式/状态
ENABLE_OFFLINE_TS = 2 #不允许备库OFFLINE表空间
MAL_INI = 1 #打开 MAL系统
ARCH_INI = 1 #打开归档配置
RLOG_SEND_APPLY_MON = 64 #统计最近64次的日志发送信息
DW_PORT = 5337 #在守护环境下，监听守护进程连接端口
```

2. 配置 dmmal.ini

主库和备库的 dmmal.ini 配置必须完全一致，所以该备库的 dmmal.ini 按主库配置即可，具体配置参考 3.3.4 节。

3. 配置 dmarch.ini

当前实例 DMRWC02 是备库，守护系统在配置完成后，可能处于各种故障处理状态，这时，DMRWC02 切换为新的主库。在正常情况下，DMRWC01 会切换为新的备库，主库需要向 DMRWC01 同步数据，因此即时归档的 ARCH_DEST 配置为 DMRWC01。

dmarch.ini 配置文件的配置如下：

```
[ARCHIVE_TIMELY1]
ARCH_TYPE = TIMELY #即时归档类型
ARCH_DEST = DMRWC01 #即时归档目标实例名

[ARCHIVE_LOCAL1]
ARCH_TYPE = LOCAL #本地归档类型
ARCH_DEST = /opt/dmdbms/data/DAMENG/arch #本地归档文件存放路径，该路径要结合当前数据
```

库安装位置填写，arch文件夹本身并不存在，这里填写完成后在后续启动时会自动创建arch文件夹

ARCH_FILE_SIZE = 128 #单位Mbit，本地单个归档文件最大值

ARCH_SPACE_LIMIT = 0 #单位Mbit，0表示无限制，范围1024～4294967294Mbit

4. 配置 dmwatcher.ini

修改 dmwatcher.ini，将守护进程配置为全局守护类型，使用自动切换模式。

[GRP2]

DW_TYPE =GLOBAL #全局守护类型

DW_MODE = AUTO #自动切换模式

DW_ERROR_TIME = 10 #远程守护进程故障认定时间

INST_RECOVER_TIME = 60 #主库守护进程启动恢复的时间间隔

INST_ERROR_TIME = 10 #本地实例故障认定时间

INST_OGUID = 453332 #守护系统唯一OGUID值

INST_INI = /dm/dmdbms/data/CNDBA/dm.ini　#dm.ini配置文件路径

INST_AUTO_RESTART = 1 #打开实例的自动启动功能

INST_STARTUP_CMD = /dm/dmdbms/bin/dmserver #命令行方式启动

RLOG_SEND_THRESHOLD = 0 #指定主库发送日志到备库的时间阈值，默认关闭

RLOG_APPLY_THRESHOLD = 0 #指定备库重演日志的时间阈值，默认关闭

5. 以 Mount 方式启动备库

以 Mount 方式启动备库的命令如下：

[root@localhost bin]$ cd /opt/dmdbms/bin

[root@localhost bin]$ ./dmserver　/opt/dmdbms/data/DAMENG/dm.ini　mount

同样地，不要忘记保留"dmserver"与"/opt"之间，以及"dm.ini"与"mount"之间的空格，否则备库无法启动成功。

备库启动结果如图 3-21 所示。

同样地，也一定要以 Mount 方式启动数据库实例，理由前面已经讲过。

```
[root@localhost 桌面]# cd /opt/dmdbms/bin
[root@localhost bin]# ./dmserver /opt/dmdbms/data/DAMENG/dm.ini mount
file dm.key not found, use default license!
version info: develop
Use normal os_malloc instead of HugeTLB
Use normal os_malloc instead of HugeTLB
DM Database Server x64 V8 1-1-78-20.04.28-121039-ENT  startup...
Database mode = 0, oguid = 0
License will expire on 2021-04-28
file lsn: 37686
ndct db load finished
ndct fill fast pool finished
nsvr_startup end.
aud sys init success.
aud rt sys init success.
systables desc init success.
ndct_db_load_info success.
SYSTEM IS READY.
```

图 3-21　以 Mount 方式启动备库结果

数据守护进程注册并启动后，守护进程会自动 Open 数据库。

6. 设置 OGUID 值

启动命令行工具 DIsql，具体方法在设置主库时已经介绍了，这里不再赘述。

利用命令行工具 DIsql 登录备库设置 OGUID 值。如果此次登录 DIsql 失败，则可以参考 3.3.4 节中的相关内容进行处理。

SQL>conn sysdba/"123456789"@127.0.0.1:5237　#123456789为sysdba密码，具体要根据实际设置。

必须要写备库的端口号5237，否则默认为5236

SQL> sp_set_oguid(453332);

设置备库 OGUID 值成功界面如图 3-22 所示。

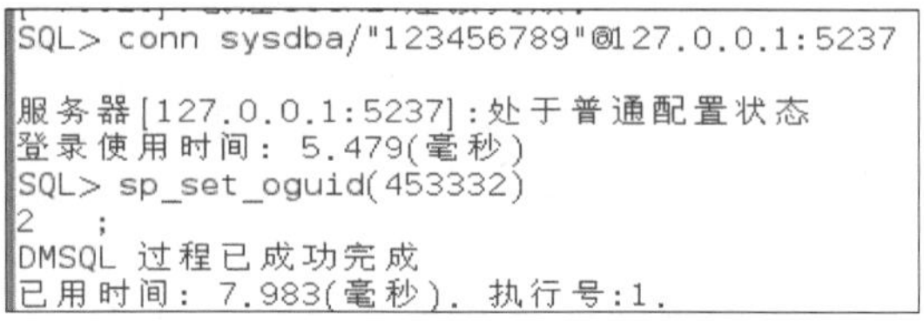

```
SQL> conn sysdba/"123456789"@127.0.0.1:5237

服务器[127.0.0.1:5237]:处于普通配置状态
登录使用时间: 5.479(毫秒)
SQL> sp_set_oguid(453332)
2   ;
DMSQL 过程已成功完成
已用时间: 7.983(毫秒). 执行号:1.
```

图 3-22　设置备库 OGUID 值成功界面

7. 修改数据库模式

启动命令行工具 DIsql，登录备库，修改数据库为 Standby 模式。

SQL>alter database standby;

修改数据库模式成功界面如图 3-23 所示。

```
SQL> alter database standby;
操作已执行
已用时间: 97.306(毫秒). 执行号:0.
SQL>
```

图 3-23　修改数据库模式成功界面

如果当前数据库不是 Normal 模式，则会修改失败，需要先将 dm.ini 中的 ALTER_MODE_STATUS 值修改为 1，允许修改数据库模式，修改 Standby 模式成功后再改回 0。修改方法如下：

SQL>SP_SET_PARA_VALUE(1,'ALTER_MODE_STATUS',1)

SQL> alter database standby;

SQL>SP_SET_PARA_VALUE(1,'ALTER_MODE_STATUS',0)

8. 注册服务

注册服务的命令如下：

[root@dm4 ~]# /opt/dmdbms/script/root/dm_service_installer.sh -t dmserver -i

/opt/dmdbms/data/DAMENG/dm.ini -p DMRWC02

3.3.6 监视器配置

监视器配置主要包括两个步骤：配置监控文件参数、启动监视器。

1. 配置监控文件参数

由于主库和即时备库的守护进程配置为自动切换模式，因此这里选择配置确认监视器。和普通监视器相比，确认监视器除相同的命令支持外，在主库发生故障时，能够自动通知即时备库接管，成为新的主库，具有自动故障处理的功能。

在故障自动切换模式下，必须配置确认监视器，并且确认监视器最多只能配置一个。在监控节点的/opt/dmdbms/data/DAMENG 目录下创建并修改 dmmonitor.ini，其中，MON_DW_IP 中的 IP 和 PORT 与 dmmal.ini 中的配置项 MAL_HOST 和 MAL_DW_PORT 应保持一致。

```
MON_DW_CONFIRM = 1 #确认监视器模式
MON_LOG_PATH = /opt/dmdbms/data/log #监视器日志文件存放路径
MON_LOG_INTERVAL = 60 #每隔 60s 定时记录系统信息到日志文件
MON_LOG_FILE_SIZE = 32 #每个日志文件最大 32MB
MON_LOG_SPACE_LIMIT = 0 #不限定日志文件总占用空间


[GRP1]
MON_INST_OGUID = 453332 #组 GRP1 的唯一 OGUID 值
#以下配置为监视器到组 GRP1 的守护进程的连接信息，以"IP:PORT"的形式配置
#IP 对应 dmmal.ini 中的 MAL_HOST，PORT 对应 dmmal.ini 中的 MAL_DW_PORT
MON_DW_IP = 192.168.2.40:5536
MON_DW_IP = 192.168.2.42:5537
```

【注意】监视器上仅配置 dmmonitor.ini 配置文件即可，不需要配置 dm.ini 等主备库已经配置过的文件。

2. 启动监视器

启动监视器命令如下：

[root@monitor ~]#./dmmonitor /opt/dmdbms/data/DAMENG/dmmonitor.ini

监视器提供一系列命令，支持对当前守护系统的状态查看及故障处理，可输入 Help 命令查看各种命令的使用说明，用户可结合实际情况选择使用。

3.3.7　注册并启动守护进程

1. 注册守护进程

[root@dm3 ~]# /opt/dmdbms/script/root/dm_service_installer.sh -t dmwatcher -i
/opt/dmdbms/data/DAMENG/dmwatcher.ini -p DMRWC01

Move the service script file(/opt/dmdbms/bin/DmWatcherServicedm3 to /etc/rc.d/init.d/DmWatcherService
DMRWC01)

Finished to create the service (DmWatcherServiceDMRWC01)

[root@dm3 ~]#

[root@dm4 ~]# /opt/dmdbms/script/root/dm_service_installer.sh -t dmwatcher -i

/opt/dmdbms/data/DAMENG/dmwatcher.ini -p DMRWC02

　　Move the service script file(/opt/dmdbms/bin/DmWatcherServiceDMRWC02 to

/etc/rc.d/init.d/DmWatcherServiceDMRWC02)

　　Finished to create the service (DmWatcherServiceDMRWC02)

　　[root@dm4 ~]#

2. 启动守护进程

[linux@localhost ~]$ service DmWatcherServiceDMRWC01 start

Starting DmWatcherServiceDMRWC01: [OK]

[linux@localhost ~]$

[linux@localhost ~]$ serviceDmWatcherServiceDMRWC02 start

Starting DmWatcherServiceDMRWC02: [OK]

[linux@localhost ~]$

　　守护进程启动后，进入 Startup 状态，此时实例都处于 Mount 状态。守护进程开始广播自身及其监控实例的状态信息，结合自身信息和远程守护进程的广播信息，守护进程将本地实例 Open，并切换为 Open 状态。

　　守护进程启动界面如图 3-24 所示。

```
[root@localhost 桌面]# cd /opt/dmdbms/bin
[root@localhost bin]# ./dmwatcher /opt/dmdbms/data/DAMENG/dmwatcher.ini
DMWATCHER[4.0]  V8
DMWATCHER[4.0]  IS READY
Waitpid error!
file dm.key not found, use default license!
version info: develop
instance DMRWC01 is running.
```

图 3-24　守护进程启动界面

3. 读写分离集群和数据守护集群验证方法对比

　　数据守护集群验证方法如下。

　　（1）在主库建表，备库可以看到。

　　（2）在备库建表，提示 Standby 模式（后备模式）无法创建（在这种模式下，备库不能读也不能写，读写全在主库进行）。

　　读写分离集群验证方法如下。

　　（1）在主库建表，备库可以看到。

　　（2）在备库建表，提示 Standby 模式无法创建（和数据守护集群相同，备库读也不能读、写也不能写）。

　　（3）读写分离测试：验证用户连接主库是写在主库、读在备库。

　　读写分离集群和数据守护集群的具体区别如下。在配置方面，归档模式不一样，接口启动时的配置不一致。在原理方面，程序在连接读写分离集群时连接的是主库，在接口启用读写分离的特性后，主库通过 MAL 系统将所有操作发送到备库执行，一旦备库执行报错，就发送到主库重新执行，读写分离过程对应用透明。

3.4　读写分离接口配置

读写分离接口配置包括 JDBC 接口配置、DPI 接口配置、ODBC 接口配置、.NET Data Provider 接口配置和 DCI 接口配置，下面分别进行介绍。

3.4.1　JDBC 接口配置

在 JDBC 连接串中增加两个连接属性。

（1）rwSeparate，是否使用读写分离系统，默认为 0；取值 0 表示不使用，1 表示使用。

（2）rwPercent，分发到主库的事务数占主备库总事务数的比例，有效值为 0～100，默认值为 25。

举例如下：

```
<DRIVER>dm.jdbc.driver.DmDriver</DRIVER>
<URL>jdbc:dm://192.168.0.206:5236?rwSeparate=1&rwPercent=10</URL>
```

3.4.2　DPI 接口配置

DPI 接口的连接句柄上可设置读写分离属性。

（1）DSQL_ATTR_RWSEPARATE：读写分离（可读写）。

（2）DSQL_ATTR_RWSEPARATE_PERCENT：读写分离比例（可读写）。

举例如下：

```
dhenv env;
dhcon con;
dpi_alloc_env(&env);
dpi_alloc_con(env, &con);
dpi_set_con_attr(con, DSQL_ATTR_RWSEPARATE, (dpointer) DSQL_RWSEPARATE_ON, 0);
dpi_set_con_attr(con, DSQL_ATTR_RWSEPARATE_PERCENT, (dpointer)25, 0);
```

DIsql 工具可以直接设置读写分离属性：

```
>disql /nolog
SQL> login
服务名:
用户名:
密码:
端口号:
SSL路径:
SSL密码:
```

```
UKEY名称:
UKEY PIN码:
MPP类型:
是否读写分离(y/n):y
读写分离百分比(0~100):25
```

3.4.3　ODBC 接口配置

ODBC 接口中与读写分离相关的连接关键字如下。

（1）RW_SEPARATE：是否配置读写分离，取值为 TRUE 或 FALSE。

（2）RW_SEPARATE_PERCENT：读写分离的比例，取值为 0~100。

连接串举例说明：

```
"DSN=DM8; DRIVER=DM ODBC DRIVER; UID=SYSDBA; PWD=SYSDBA; TCP_PORT=5236; RW_
SEPARATE=TRUE; RW_SEPARATE_PERCENT=25";
```

3.4.4　.NET Data Provider 接口配置

.NET Data Provider 接口主要实现了 DmConnection，DmConnection 对象表示一个 DM 打开的连接。其支持的读写分离属性如下。

（1）RwSeparate：是否读写分离，有效值为 true 或 false。

（2）RwPercent：表示分发到主库的事务数占主备库总事务数的比例，有效值范围为 0~100，默认值为 25。

连接串举例：

```
static DmConnection cnn = new DmConnection( );
cnn.ConnectionString = "Server=localhost; User Id=SYSDBA; PWD=SYSDBA; RwSeparate=true;
RwPercent=25 ";
```

3.4.5　DCI 接口配置

DCI 接口支持会话上的读写分离属性设置。

（1）OCI_ATTR_RW_SEPARATE：是否读写分离，有效值为 1 或 0，默认为 0。

（2）OCI_ATTR_RW_SEPARATE_PERCENT：表示分发到主库的事务数占主备库总事务数的比例，有效值为 0~100，默认值为 25。

利用 DCI 接口编程的举例如下：

```
OCIEnv* envhp;
OCISession* authp;
OCIError* errhp;
OCIInitialize(OCI_DEFAULT, NULL, NULL, NULL, NULL);
OCIEnvInit(&envhp, OCI_DEFAULT, 0, 0);
OCIHandleAlloc(envhp, (dvoid**)&authp, OCI_HTYPE_SESSION, 0, 0);
```

OCIAttrSet(authp, OCI_HTYPE_SESSION, (void*)OCI_RW_SEPARATE_ON, (ub4)sizeof(ub4),
OCI_ATTR_RW_SEPARATE, errhp);

OCIAttrSet(authp, OCI_HTYPE_SESSION, (void*)25, (ub4)sizeof(ub4), OCI_ATTR_RW_SEPARATE_
PERCENT, errhp);

3.5　动态增加读写分离集群节点

当需要进行系统扩容，希望系统运行不中断，或者影响运行的时间尽可能短时，可以通过动态增加读写分离集群节点的方式实现。

动态增加读写分离集群节点包括 5 个步骤：数据准备、配置新备库、动态添加 MAL配置、动态添加归档配置、配置启动监视器。下面举例说明如何对读写分离集群动态增加节点，本例需要在配置读写分离集群的基础上，再增加一个备库，实例名为GRP1_RWW_04，配置环境说明如表 3-3 所示。

表 3-3　配置环境说明

主 机 类 型	IP 地址	实 例 名	操 作 系 统
备库	192.168.1.196（外部服务） 192.168.2.196（内部通信）	GRP1_RWW_04	中标麒麟 7

3.5.1　数据准备

1. 对主库进行联机备份操作

SQL> BACKUP DATABASE BACKUPSET 'BACKUP_FILE_01';

2. 初始化备库

./dminit path=/dm/data/

3. 还原恢复新增备库

复制生成的备份集目录 BACKUP_FILE_01 到 BACKUP_FILE_144 上的/dm/data/目录下，使用 DMRMAN 工具脱机还原，操作方法如下：

./dmrman CTLSTMT= "RESTORE DATABASE '/dm/data/DAMENG/dm.ini' FROM BACKUPSET
'/dm/data/BACKUP_FILE_01' "

./dmrman CTLSTMT= "RECOVER DATABASE '/dm/data/DAMENG/dm.ini' FROM BACKUPSET
'/dm/data/BACKUP_FILE_01' "

./dmrman　CTLSTMT= "RECOVER DATABASE '/dm/data/DAMENG/dm.ini' UPDATE DB_Magic "

3.5.2　配置新备库

1. 配置 dm.ini

在 DW_S3 机器上配置备库的实例名为 GRP1_RWW_04，参数修改如下：

#实例名，建议使用"组名_守护环境_序号"的命名方式，总长度不能超过16位

INSTANCE_NAME = GRP1_RWW_04

PORT_NUM = 32144   #数据库实例监听端口

DW_INACTIVE_INTERVAL = 60   #接收守护进程消息超时时间

ALTER_MODE_STATUS = 0   #不允许以手动方式修改实例模式/状态/OGUID值

ENABLE_OFFLINE_TS = 2   #不允许备库OFFLINE表空间

MAL_INI = 1   #打开MAL系统

ARCH_INI = 1   #打开归档配置

RLOG_SEND_APPLY_MON = 64   #统计最近64次的日志重演信息

2. 配置 dmmal.ini

复制一份原系统 dmmal.ini 文件，并且加上自己一项，最终配置如下：

MAL_CHECK_INTERVAL = 5   #MAL链路检测时间间隔

MAL_CONN_FAIL_INTERVAL = 5   #判定MAL链路断开的时间

[MAL_INST1]MAL_INST_NAME= GRP1_RWW_01   #实例名，和dm.ini中的INSTANCE_NAME一致

MAL_HOST = 192.168.0.141   #MAL系统监听TCP连接的IP地址

MAL_PORT = 61141   #MAL系统监听TCP连接的端口

MAL_INST_HOST = 192.168.1.131   #实例对外服务的IP地址

MAL_INST_PORT = 32141   #实例对外服务的端口，和dm.ini中的PORT_NUM一致

MAL_DW_PORT = 52141   #实例对应的守护进程监听TCP连接的端口

MAL_INST_DW_PORT = 33141   #实例监听守护进程TCP连接的端口

[MAL_INST2]   MAL_INST_NAME = GRP1_RWW_02

MAL_HOST = 192.168.0.142

MAL_PORT = 61142

MAL_INST_HOST = 192.168.1.132

MAL_INST_PORT = 32142

MAL_DW_PORT = 52142

MAL_INST_DW_PORT = 33142

[MAL_INST3]   MAL_INST_NAME = GRP1_RWW_03

MAL_HOST = 192.168.0.143

MAL_PORT = 61143

MAL_INST_HOST = 192.168.1.133

MAL_INST_PORT = 32143

MAL_DW_PORT = 52143

MAL_INST_DW_PORT = 33143

[MAL_INST4]MAL_INST_NAME = GRP1_RWW_04

MAL_HOST = 192.168.0.144

MAL_PORT = 61144

MAL_INST_HOST = 192.168.1.134

MAL_INST_PORT = 32144

MAL_DW_PORT = 52144

MAL_INST_DW_PORT = 33144

3. 配置 dmarch.ini

修改 dmarch.ini，配置本地归档和即时归档。

[ARCHIVE_TIMELY1]

ARCH_TYPE = TIMELY　#即时归档类型

ARCH_DEST = GRP1_RWW_01　#即时归档目标实例名

[ARCHIVE_TIMELY2]

ARCH_TYPE = TIMELY　#即时归档类型

ARCH_DEST = GRP1_RWW_02　#即时归档目标实例名

[ARCHIVE_TIMELY3]

ARCH_TYPE = TIMELY　#即时归档类型

ARCH_DEST = GRP1_RWW_03　#即时归档目标实例名

[ARCHIVE_LOCAL1]

ARCH_TYPE = LOCAL　#本地归档类型

ARCH_DEST = /dm/data/DAMENG/arch　#本地归档文件存放路径

ARCH_FILE_SIZE = 128　#单位Mbit，本地单个归档文件最大值

ARCH_SPACE_LIMIT = 0　#单位Mbit，0表示无限制，范围1024～4294967294Mbit

4. 配置 dmwatcher.ini

修改 dmwatcher.ini，将守护进程配置为全局守护类型，使用自动切换模式。

[GRP1]

DW_TYPE = GLOBAL　#全局守护类型

DW_MODE = AUTO　#自动切换模式

DW_ERROR_TIME = 10　#远程守护进程故障认定时间

INST_RECOVER_TIME = 60　#主库守护进程启动恢复的时间间隔

INST_ERROR_TIME = 10　#本地实例故障认定时间

INST_OGUID = 453332　#守护系统唯一OGUID值

INST_INI = /dm/data/DAMENG/dm.ini　#dm.ini配置文件路径

INST_AUTO_RESTART = 1　#打开实例的自动拉起功能

INST_STARTUP_CMD = /dm/bin/dmserver　#命令行方式启动

RLOG_SEND_THRESHOLD = 0　#指定主库发送日志到备库的时间阈值，默认关闭

RLOG_APPLY_THRESHOLD = 0　#指定备库重演日志的时间阈值，默认关闭

5. 启动备库

以 Mount 方式启动备库。

./dmserver /dm/data/DAMENG/dm.ini mount

6. 设置 OGUID 值

启动命令行工具 DIsql，登录备库设置 OGUID 值。

SQL>SP_SET_PARA_VALUE(1, 'ALTER_MODE_STATUS', 1);

SQL>sp_set_oguid(453332);

SQL>SP_SET_PARA_VALUE(1, 'ALTER_MODE_STATUS', 0);

7. 修改数据库模式

启动命令行工具 DIsql，登录备库修改数据库为 Standby 模式。

SQL>SP_SET_PARA_VALUE(1, 'ALTER_MODE_STATUS', 1);

SQL>alter database standby;

SQL>SP_SET_PARA_VALUE(1, 'ALTER_MODE_STATUS', 0);

3.5.3 动态添加 MAL 配置

本节的操作需要分别连接原系统中每个数据库单独执行，如果是 DMDSC，则需要连接集群内的每个节点执行。

动态添加 MAL 中 GRP1_RWW_04 的相关配置信息：

SF_MAL_CONFIG(1,0); SF_MAL_INST_ADD('MAL_INST4','GRP1_RWW_04','192.168.0.144', 61144,'192.168.1.1 34',32144,52144,0,33144);

SF_MAL_CONFIG_APPLY( );

SF_MAL_CONFIG(0,0);

3.5.4 动态添加归档配置

分别连接原系统中的所有数据库执行（此时处于 Mount 状态），动态添加 dmarch.ini 中的归档节点，如果是 DMDSC，则需要连接集群内的每个节点执行。

SQL> alter database add archivelog 'DEST=GRP1_RWW_04, TYPE=TIMELY';

3.5.5 配置启动监视器

在 dmmonitor.ini 中添加新增的备库 GRP1_RWW_04：

MON_DW_IP = 192.168.0.144:52144

分别启动主库和备库（包括 GRP1_RWW_04）的所有守护进程，最后启动监视器。

3.6 DEM 工具配置读写分离集群

本书在 2.6 节中已经介绍了如何使用 DEM 工具配置数据守护集群，本章将通过 DEM 工具图形化操作界面配置读写分离集群。

需要注意的是，DEM 工具的环境准备必须在读写分离集群配置好之前完成，否则会引起冲突。

3.6.1 环境准备

在使用 DEM 工具前需要配置 dm.ini 文件，该文件的位置如图 3-25 所示。

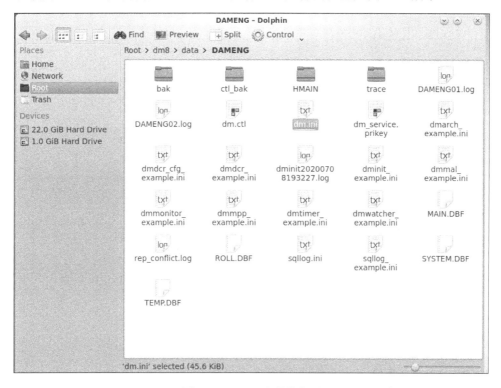

图 3-25 dm.ini 文件的位置

可以通过命令配置该文件，主要修改文件中的如下参数。

```
[dmdba@localhost DAMENG]$ cat   /dm8/data/DAMENG/dm.ini
MEMORY_POOL = 200
BUFFER = 1000
KEEP = 64
SORT_BUF_SIZE = 50
```

之后，进入 DM8 安装目录中，找到 web 文件夹，如图 3-26 所示。

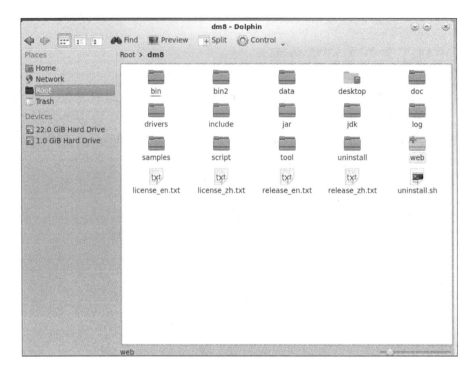

图 3-26　找到 web 文件夹

web 文件夹中的文件是 DEM 工具配置的关键，如图 3-27 所示。

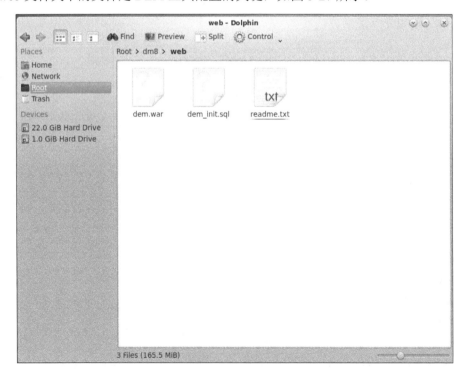

图 3-27　DEM 工具配置的关键文件

其中， readme.txt 文件为 DEM 工具配置的帮助说明，打开后如图 3-28 所示，读者也可以参考该文件进行 DEM 工具配置。

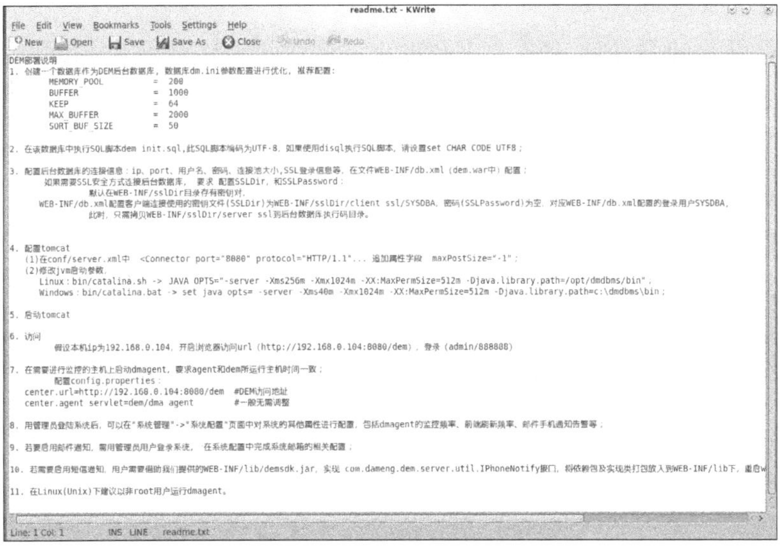

```
DEM部署说明
1. 创建一个数据库作为DEM后台数据库，数据库dm.ini参数配置进行优化，推荐配置:
        MEMORY_POOL         =  200
        BUFFER              =  1000
        KEEP                =  64
        MAX_BUFFER          =  2000
        SORT_BUF_SIZE       =  50

2. 在该数据库中执行SQL脚本dem_init.sql,此SQL脚本编码为UTF-8，如果使用disql执行SQL脚本，请设置set CHAR_CODE UTF8；

3. 配置后台数据库的连接信息：ip、port、用户名、密码、连接池大小,SSL登录信息等，在文件WEB-INF/db.xml（dem.war中）配置；
      如果需要SSL安全方式连接后台数据库， 要求 配置SSLDir，和SSLPassword：
             默认在WEB-INF/sslDir目录存有密钥对，
    WEB-INF/db.xml配置客户端连接使用的密钥文件(SSLDir)为WEB-INF/sslDir/client_ssl/SYSDBA，密码(SSLPassword)为空，对应WEB-INF/db.xml配置的登录用户SYSDBA，
             此时，只需拷贝WEB-INF/sslDir/server_ssl到后台数据库执行码目录。


4. 配置tomcat
  (1)在conf/server.xml中  <Connector port="8080" protocol="HTTP/1.1"... 追加属性字段  maxPostSize="-1"；
  (2)修改jvm启动参数，
    Linux：bin/catalina.sh -> JAVA_OPTS="-server -Xms256m -Xmx1024m -XX:MaxPermSize=512m -Djava.library.path=/opt/dmdbms/bin"；
    Windows：bin/catalina.bat -> set java_opts= -server -Xms40m -Xmx1024m -XX:MaxPermSize=512m -Djava.library.path=c:\dmdbms\bin；

5. 启动tomcat

6. 访问
      假设本机ip为192.168.0.104，开启浏览器访问url（http://192.168.0.104:8080/dem），登录（admin/888888）

7. 在需要进行监控的主机上启动dmagent，要求agent和dem所运行主机时间一致；
      配置config.properties：
  center.url=http://192.168.0.104:8080/dem  #DEM访问地址
  center.agent_servlet=dem/dma_agent        #一般无需调整

8. 用管理员登陆系统后，可以在"系统管理"->"系统配置"页面中对系统的其他属性进行配置，包括dmagent的监控频率、前端刷新频率、邮件手机通知告警等；

9. 若要启用邮件通知，需用管理员用户登录系统， 在系统配置中完成系统邮箱的相关配置；

10. 若需要启用短信通知，用户需要借助我们提供的WEB-INF/lib/demsdk.jar，实现 com.dameng.dem.server.util.IPhoneNotify接口，将依赖包及实现类打包放入到WEB-INF/lib下，重启w

11. 在Linux(Unix)下建议以非root用户运行dmagent。
```

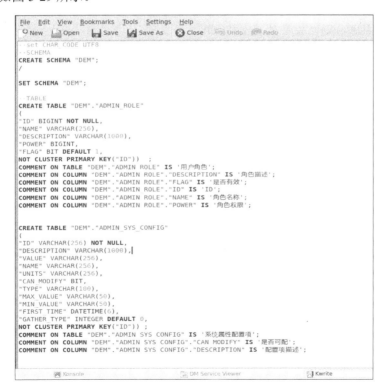

图 3-28　DEM 工具配置的帮助说明

web 文件夹下的 dem_init.sql 文件中存放了 DEM 工具运行的初始化 SQL 脚本，脚本中部分内容如图 3-29 所示。

```
--set CHAR_CODE UTF8
--SCHEMA
CREATE SCHEMA "DEM";
/

SET SCHEMA "DEM";

--TABLE
CREATE TABLE "DEM"."ADMIN_ROLE"
(
"ID" BIGINT NOT NULL,
"NAME" VARCHAR(256),
"DESCRIPTION" VARCHAR(1000),
"POWER" BIGINT,
"FLAG" BIT DEFAULT 1,
NOT CLUSTER PRIMARY KEY("ID"))  ;
COMMENT ON TABLE "DEM"."ADMIN_ROLE" IS '用户角色';
COMMENT ON COLUMN "DEM"."ADMIN_ROLE"."DESCRIPTION" IS '角色描述';
COMMENT ON COLUMN "DEM"."ADMIN_ROLE"."FLAG" IS '是否有效';
COMMENT ON COLUMN "DEM"."ADMIN_ROLE"."ID" IS 'ID';
COMMENT ON COLUMN "DEM"."ADMIN_ROLE"."NAME" IS '角色名称';
COMMENT ON COLUMN "DEM"."ADMIN_ROLE"."POWER" IS '角色权限';


CREATE TABLE "DEM"."ADMIN_SYS_CONFIG"
(
"ID" VARCHAR(256) NOT NULL,
"DESCRIPTION" VARCHAR(1000),
"VALUE" VARCHAR(256),
"NAME" VARCHAR(256),
"UNITS" VARCHAR(256),
"CAN_MODIFY" BIT,
"TYPE" VARCHAR(100),
"MAX_VALUE" VARCHAR(50),
"MIN_VALUE" VARCHAR(50),
"FIRST_TIME" DATETIME(6),
"GATHER_TYPE" INTEGER DEFAULT 0,
NOT CLUSTER PRIMARY KEY("ID")) ;
COMMENT ON TABLE "DEM"."ADMIN_SYS_CONFIG" IS '系统属性配置项';
COMMENT ON COLUMN "DEM"."ADMIN_SYS_CONFIG"."CAN_MODIFY" IS '是否可配';
COMMENT ON COLUMN "DEM"."ADMIN_SYS_CONFIG"."DESCRIPTION" IS '配置项描述';
```

图 3-29　初始化 SQL 脚本（部分）

需要在数据库中执行该 dem_init.sql 文件，具体操作命令如下。

```
SQL> set define off
SQL> set char_code utf-8
SQL> start /dm8/web/dem_init.sql
```

另外，web 文件夹下的 dem.war 文件会在后面进行介绍。

DEM 工具是基于 B/S 架构的一个网站管理工具，由于其使用 Java Web 进行开发，所以需要在 JDK 环境下使用。

首先需要检查服务器是否已经安装了 JDK，如图 3-30 所示。通过 java -version 命令进行检查，若出现版本号，则表明已安装该版本的 JDK，无须重复安装。

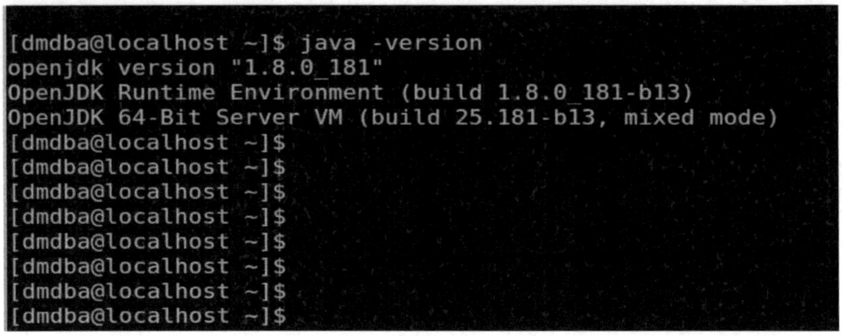

```
[dmdba@localhost ~]$ java -version
openjdk version "1.8.0_181"
OpenJDK Runtime Environment (build 1.8.0_181-b13)
OpenJDK 64-Bit Server VM (build 25.181-b13, mixed mode)
[dmdba@localhost ~]$
[dmdba@localhost ~]$
[dmdba@localhost ~]$
[dmdba@localhost ~]$
[dmdba@localhost ~]$
[dmdba@localhost ~]$
[dmdba@localhost ~]$
```

图 3-30　检查服务器是否安装了 JDK

若未安装 JDK，则需要下载并安装 JDK。

Tomcat 具体配置过程与数据守护集群中相同，此处不再赘述。

最后需要将 web 文件夹下的 dem.war 包放入 Tomcat 安装目录中的 webapps 文件夹下，启动 Tomcat。

3.6.2　DEM 部署读写分离集群

与数据守护集群类似，DEM 工具的登录地址为 http://192.168.1.101:8080/dem/，默认用户名和密码分别为 admin 和 888888。在 DEM 工具启动后，可通过浏览器进行访问，登录界面和主页分别如图 3-31、图 3-32 所示。

DEM 工具登录成功后即可配置读写分离集群，首先需要新建集群部署，如图 3-33 所示，集群类型选择"读写分离(数据守护 v2.1)"选项后，配置"集群名称"。

新建集群部署成功后，在如图 3-34 所示的界面中配置主机中的各项参数，具体参数参考手动配置时的参数即可。

图 3-31　DEM 工具的登录界面

图 3-32　DEM 工具的主页

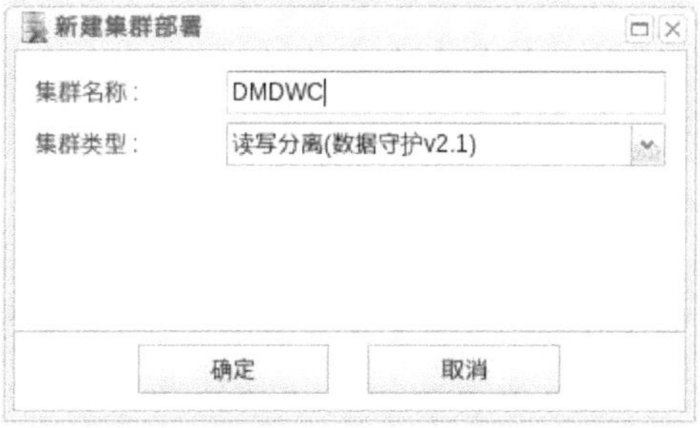

图 3-33　新建集群部署

图 3-34　主备库参数配置界面

第 4 章
达梦数据库大规模并行处理集群

4.1 大规模并行处理集群概述

在海量数据分析的应用场景中，经常会遇到以下问题。

（1）大量的复杂查询操作需要较高的系统性能支持。

（2）数据库响应能力受到硬件的束缚。

（3）小型机虽然能在垂直领域提供较好的单个节点性能，但是价格较高。

为了解决上述问题，以较高的性价比满足存储海量数据及发挥处理性能、数据库响应能力等方面的需求，提供高端数据仓库解决方案，达梦数据库提供了大规模并行处理（DM Massively Parallel Processing，DMMPP）架构，其能够以极低的成本代价，为客户提供业界领先的计算性能服务。

达梦数据库大规模并行处理（DMMPP）集群是基于达梦数据库管理系统研发的完全对等不共享式集群组件，支持将多个达梦数据库实例组织为一个并行计算网络，对外提供统一的数据库服务。

本节内容主要介绍 DMMPP 集群的原理与概念。

4.1.1 大规模并行处理集群的原理

1. DMMPP 集群系统架构

目前，主流数据库系统架构有以下几种：完全共享、共享存储、完全不共享和完全对等不共享。主流数据库系统架构如图 4-1 所示。

完全共享体系，如对称多处理器（Symmetric Multi-Processor，SMP）服务器，局限于单节点服务器，价格通常比较昂贵，扩展性和性能受到相应的限制。

共享存储体系允许系统带有多个服务器实例，这些实例与共享存储设备相连。这种体系可实现多机并行，可保证系统的高可用性，但需要通过一个数据管道将所有输入/输出信息过滤到共享存储子系统，因此对硬件的要求较高，并非高性能解决方案。

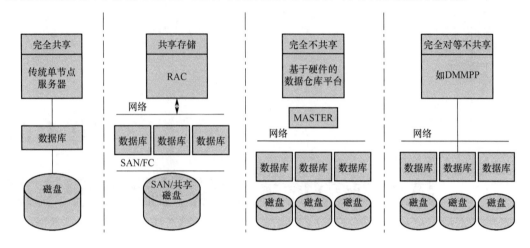

图 4-1　主流数据库系统架构

在完全不共享体系下，通信功能部署在一个高带宽网络互联体系上，用户通过一个主控制节点执行并行查询。完全不共享体系的一个重要优势就是每个节点都有一个通往本地磁盘的独立通道，这不但简化了体系，还具有良好的扩展性。其存在的问题是，主控节点的存在——系统规模扩张时，主控节点可能成为系统瓶颈，而且主控节点一旦发生故障，这个系统将无法提供服务。基于硬件的数据仓库平台一般采用完全不共享体系。

完全对等不共享体系架构结合了完全不共享体系的优点，在此基础上又前进了一步，不采用增加主控节点来协调所有并行处理的主从式方法，而是各个节点完全对等，进一步简化了体系的实现，也消除了系统可能存在的主控节点瓶颈问题。

综上所述，这几种数据库系统架构都有各自的特点，如表 4-1 所示。

表 4-1　数据库主流系统架构特点比较

架构名称	特　　点
完全共享	局限于单节点服务器，价格昂贵，扩展性、性能受限
共享存储	允许多个服务器实例共享存储设备，可有效解决单实例负载问题，具有一定的扩展性，但在节点增加到一定程度后，由于对 I/O 资源、锁资源等的激烈竞争，反而导致性能下降，扩展性和性能在系统规模变大时受限；同时共享磁盘等硬件成本也很高
完全不共享	部署在高速网络上，各节点相对独立，无共享 I/O 资源，扩展性和性能良好。缺点是系统中有一个主控节点，其在系统规模扩充时可能成为瓶颈，主控节点无备份，容易出现单节点故障
完全对等不共享	继承了完全不共享体系的优点，而且各节点完全对等，不需要专用硬件，不存在主控节点，消除了潜在瓶颈问题及避免了单节点故障的发生

DMMPP 集群采用完全对等不共享体系架构，具体如图 4-2 所示。

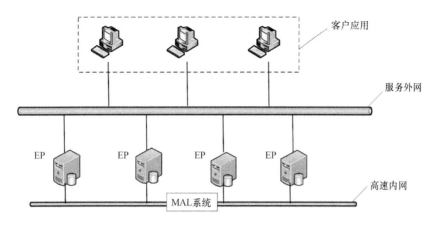

图 4-2　DMMPP 集群架构

DMMPP 集群中的每个达梦数据库服务器实例作为一个执行节点（Execute Point，EP），客户端可连接任意一个 EP 进行操作，所有 EP 对客户来说都是对等的。

DMMPP 集群内每个 EP 只负责自身部分数据的读写，执行计划在所有 EP 并行执行，能充分利用各 EP 的计算能力及发挥各 EP 独立存储的优势。数据只在必要时通过 DM 的高速通信 MAL 系统在 EP 间传递。当通信代价占整体执行代价的比例较小时，更能体现大规模并行处理的优势。随着系统规模的扩大，并行支路越来越多，其优势越来越明显。

2. DMMPP 集群执行流程

在 DMMPP 集群中，数据根据用户指定的分布规则分布在不同的 EP 上。DMMPP 集群的核心在于对用户请求的并行执行，其执行流程如图 4-3 所示，具体描述如下。

（1）用户选择一个 EP 登录，此时该 EP 就是此用户的主 EP，集群中的其他 EP 都是此用户的从 EP。

（2）主 EP 接收用户的 SQL 请求，生成并行执行计划。

（3）主 EP 将计划打包后分发给其他从 EP。

（4）各 EP 并行执行。

（5）主 EP 收集各 EP（包括自己）的执行结果。

（6）主 EP 将执行结果汇总后返回给用户。

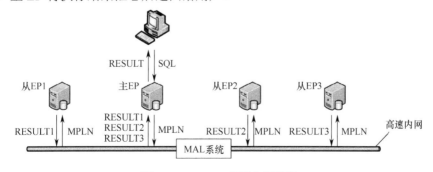

图 4-3　DMMPP 集群执行流程

4.1.2 大规模并行处理集群的概念

1. 执行节点

在 DMMPP 集群中，除基于数据守护的 MPP 环境内的备库外，每个运行的达梦数据库服务器实例被称为一个执行节点（EP）。

2. 主 EP 和从 EP

DMMPP 集群采用完全对等不共享架构，对整个系统来说，每个 EP 的作用都是一样的，用户可以连接到其中的任何一个 EP 进行操作；而对每个用户会话来说，EP 具有主从之分，用户会话实际连接的那个 EP 对该用户会话来说是主 EP，其余的 EP 都是从 EP。

3. MAL 系统

MAL 系统是达梦数据库实例间的高速通信系统，是基于 TCP 协议实现的一种内部通信机制，具有可靠、灵活、高效的特性。达梦数据库通过 MAL 系统实现实例间的消息通信。

4. 全局连接与本地连接

DMMPP 集群中数据分布在各个 EP 中，用户只需要登录到某个 EP，系统就会自动建立这个 EP 与其余 EP 的连接，因此用户建立的连接实际上是与整个 DMMPP 集群的全局连接，用户对数据库的操作通过全局连接在 DMMPP 集群的所有 EP 进行。当使用全局连接时，要求 DMMPP 集群的所有 EP 都正常提供服务，否则无法建立连接。

DMMPP 集群也提供本地连接。当使用本地连接时，用户登录到某个 EP 后，这个 EP 不再建立与其余 EP 的连接，用户的所有数据库操作仅在这个 EP 上进行。例如，SELECT、UPDATE 和 DELETE 语句的 WHERE 条件中的子查询都仅查询本地 EP 的数据，而当使用 INSERT 语句时，如果插入的数据根据分布定义应分布在其余 EP 上，则系统会报错。

通常，在 DMMPP 集群正常运行时都使用全局连接，DMMPP 集群的快速装载和动态扩容使用到了本地连接，用户在某些时候（如 DMMPP 集群中有 EP 故障时）也可以使用本地连接。

DM 的各接口驱动程序都提供了连接属性，用于设置全局连接（登录）或本地连接（登录），通常默认为全局连接。DM 交互式工具 DIsql 也提供了登录参数 MPP_TYPE 用于指定使用全局连接或本地连接，"GLOBAL"表示全局连接，"LOCAL"表示本地连接，默认为全局连接。

4.2 大规模并行处理集群部署

为便于读者掌握达梦数据库大规模并行处理集群的部署方法，本节将以一个简单的双节点 MPP 集群为例进行介绍，主要包括环境准备、分布表、数据装载、启动和停止 MPP 系统 4 个部分。

4.2.1　环境准备

配置与搭建 DMMPP 集群的环境准备有 4 个步骤：系统规划、配置 dm.ini、配置 dmmal.ini、配置 dmmpp.ctl。

1. 系统规划

本例配置一个双节点 DMMPP 集群，这两个节点都需要配置两块网卡，一块接入内部网络交换模块，另一块接入外部交换机。

两个节点的实例名分别为 EP01 和 EP02，相关的 IP、端口等规划如表 4-2 所示。

表 4-2　MPP 集群规划

实 例 名	MAL_INST_HOST	MAL_INST_PORT	MAL_HOST	MAL_PORT	MPP_SEQNO
EP01	192.168.1.11	5236	192.168.0.12	5269	0
EP02	192.168.1.21	5237	192.168.0.22	5270	1

这里需要注意的是，DMMPP 集群各 EP 使用的 DM 服务器版本应一致，各 EP 所在主机的操作系统位数、大小端模式、时区及时间设置也应一致，否则可能造成意想不到的错误。

2. 配置 dm.ini

首先，在 EP01 和 EP02 上分别创建数据库，用户可以使用 DM 的图形化客户端工具"数据库配置助手"或命令行工具 dminit 创建数据库。

分别对两个实例的 dm.ini 进行配置，修改 EP01 的 dm.ini 的有关参数如下：

```
INSTANCE_NAME = EP01
PORT_NUM = 5236
MAL_INI = 1
MPP_INI = 1
```

修改 EP02 的 dm.ini 的有关参数如下：

```
INSTANCE_NAME = EP02
PORT_NUM = 5237
MAL_INI = 1
MPP_INI = 1
```

3. 配置 dmmal.ini

两个 EP 的 dmmal.ini 配置完全一样，两个 EP 的 dmmal.ini 配置文件可以互相复制。dmmal.ini 与 dm.ini 放在相同的目录下，其配置如下：

```
[MAL_INST1]
MAL_INST_NAME = EP01
MAL_HOST = 192.168.0.12
MAL_PORT = 5269
MAL_INST_HOST = 192.168.1.11
```

```
MAL_INST_PORT = 5236
[MAL_INST2]
MAL_INST_NAME = EP02
MAL_HOST = 192.168.0.22
MAL_PORT = 5270
MAL_INST_HOST = 192.168.1.21
MAL_INST_PORT = 5237
```

4. 配置 dmmpp.ctl

dmmpp.ctl 是一个二进制文件，用户不能直接配置，需要先配置 dmmpp.ini，然后使用 DM 提供的工具 dmctlcvt 将 dmmpp.ini 转换成 dmmpp.ctl。

dmmpp.ini 配置如下：

```
[SERVICE_NAME1]
MPP_SEQ_NO = 0
MPP_INST_NAME = EP01
[SERVICE_NAME2]
MPP_SEQ_NO = 1
MPP_INST_NAME = EP02
```

dmctlcvt 工具在 DM 安装目录的"bin"子目录中，转换生成的 dmmpp.ctl 需要与 dm.ini 放在同一个目录中，可通过下面的命令将 dmmpp.ini 转换为 dmmpp.ctl，命令中的 "TYPE=2"表示将文本文件转换成控制文件，也可以使用"TYPE=1"进行逆向转换。

```
dmctlcvt TYPE=2 SRC=/dm/data/EP01/dmmpp.ini DEST=/dm/data/EP01/dmmpp.ctl
```

最后，将生成的 dmmpp.ctl 复制至另一个 EP 相应的位置，确保 DMMPP 集群中所有 EP 的 dmmpp.ctl 完全相同。

4.2.2　分布表

DMMPP 系统中的数据分布在各 EP 中，表数据支持哈希分布、随机分布、复制分布、范围分布和 LIST 分布等类型，用户可根据应用的实际情况为表数据选择合适的分布类型。

1. 哈希分布

哈希分布按照表定义中指定的一列或多列对行数据计算一个哈希值，再根据哈希值和哈希映射表，将该行数据分布到映射的节点上。

当表的连接查询中使用的连接键为哈希分布列时，DMMPP 集群的查询计划会进行优化，如减少计划中通信操作符个数、使用索引、对分组计划优化等，以减少数据在节点间的分发，提高查询效率。

在使用哈希分布时，节点间的数据是否均衡，取决于设置的哈希分布列及表中的数据情况。当节点个数变动时，各个节点的数据需要按照新的哈希映射表重新进行分发。

2. 随机分布

随机分布表不存在分布列，在插入表数据时会按照一定的随机算法将数据随机均衡分布到各个节点。

随机分布的优点是数据和节点间不存在映射关系。节点个数变动后，如果没有节点数据均衡的要求，则可以不用对节点现有的数据进行变动操作。

一般来说，对于复杂查询及存在较多的节点间数据分发的情况，随机分布性能不如哈希分布。

3. 复制分布

复制分布表在每个节点上的本地数据都是一份完整的复制表，在查询该表数据时在任意节点上都能单独完成，不需要从其他节点获取数据。

复制分布一般用于数据量不是很大的表。

4. 范围分布

范围分布按照表定义中指定的一个或多个列的列值范围分布项，决定将一行数据存储到 DMMPP 集群中的哪个相应 EP 上。

5. LIST 分布

LIST 分布通过指定表中一个或多个列的离散值集，确定将一行数据存储到 DMMPP 集群中的哪个相应 EP 上。

LIST 分布一般用于表中列值可列举的情况。

4.2.3　数据装载

DMMPP 集群适合海量数据的存储和处理，因此在应用中常常面临将大量数据从某个或某些历史数据库中装载到 DMMPP 集群的需求。

为了满足海量数据的快速装载需求，达梦数据库提供了快速装载工具 dmfldr，其能够实现对 DM 单机版和 DMMPP 集群进行海量数据的快速装载。

4.2.4　启动和停止 MPP 系统

在 4.2.1 节，我们已经配置完成了 DMMPP 集群环境。之后，分别启动 EP01 和 EP02 数据库实例（顺序不分先后），DMMPP 集群就能正常运行，用户就可以登录任何一个 EP 进行数据库操作了。

当我们需要停止运行 DMMPP 集群时，只需要停止每个 EP 的 DM 实例即可，在停止时也没有特别的顺序要求。

4.3　大规模并行处理集群并行执行计划

在达梦数据库中，SQL 语句经过一系列的处理最终生成一棵由不同操作符组成的计划树，执行器以自底向上的顺序执行计划树，数据也按自底向上的顺序在计划树中流动，并经过各操作符的处理，最终在计划树的根节点生成执行结果。

在 DMMPP 环境中各 EP 执行的是并行计划，并行计划是在单节点执行计划的基础上，按照一定规则在适当的位置插入 MPP 通信操作符而生成的。

本节介绍 DMMPP 集群并行执行计划流程等内容。

4.3.1 并行执行计划流程

DMMPP 集群对于查询语句和插入/删除/修改语句的处理是不同的，因为插入/删除/修改语句涉及数据的修改，必须在数据行所在 EP 进行修改操作，而查询语句只需要主 EP 收集查询结果即可。

1. 查询语句处理流程

DMMPP 集群对查询语句的处理按如下流程进行。

1）建立连接

如果用户连接到 DMMPP 集群内的一个 EP，则该 EP 为连接的主 EP，其余 EP 为从 EP。

2）生成执行计划

主 EP 解析查询语句，生成普通的查询计划后，根据数据分布情况在合适的位置插入合适的并行通信操作符，生成最终的并行查询计划。

3）分发计划

主 EP 把执行计划分发给所有的从 EP。

4）执行计划

各从 EP 收到计划后，生成执行计划的运行环境，所有 EP 并行执行，执行时各 EP 通过通信操作符分发必要的数据并协调执行进度。

5）生成结果集

主 EP 收集所有 EP 的查询结果（包括自身数据），生成结果集。

6）返回结果集

主 EP 将结果集返回给用户。

2. 插入/修改/删除语句处理流程

DMMPP 集群对插入/修改/删除语句的处理按如下流程进行。

1）建立连接

如果用户连接到 DMMPP 集群内的一个 EP，则该 EP 为连接的主 EP，其余 EP 为从 EP。

2）生成执行计划

主 EP 解析语句，生成执行计划，其中包含的查询计划（WHERE 条件对应的计划）

也是并行查询计划，还会生成一个对应的在从 EP 上执行的计划（MPLN）。

3）准备数据

主 EP 开始执行计划时先把查询计划部分发布给所有的从 EP，并行执行查询，主 EP 收集查询结果。

4）定位节点

数据准备完成后，根据分布列和分布方式计算出需要修改的行数据所在的目标 EP，将 MPLN 及操作所需数据发送到各对应的 EP。如果目标 EP 为本地则不发送，在本地直接完成操作。

5）执行修改操作

从 EP 收到 MPLN 和数据后生成执行环境，执行实际的修改操作。

6）返回执行结果

主 EP 等待所有从 EP 执行完成后才会返回执行结果给客户端，只要其中任何一个 EP 执行失败，已经执行的所有 EP 就会回滚，以保证数据的一致性，并且返回错误信息给客户端。

4.3.2 并行执行计划的操作符

DMMPP 集群并行执行计划是在单节点执行计划的基础上增加 MPP 通信操作符生成的，相关通信操作符有 5 个，具体名称和功能如表 4-3 所示。

表 4-3 DMMPP 集群并行执行计划通信操作符

操作符名称	功　　能
MPP GATHER（MGAT）	主 EP 收集所有节点数据；从 EP 将数据发送到主 EP
MPP COLLECT（MCLCT）	在 MGAT 的基础上，增加主从 EP 执行同步功能，避免数据在主 EP 上堆积。一个计划树中一般只会在较上层出现一个 MCLCT，但可能有多个 MGAT
MPP DISTRIBUTE（MDIS）	各 EP 间相互分发数据，按照分发列计算行数据的目标节点并发送过去，目标节点负责接收
MPP BROADCAST（MBRO）	功能类似 MGAT，收集数据到主 EP，该操作符带有聚集函数运算功能，仅和 FAGR 配合使用
MPP SCATTER（MSCT）	主 EP 发送完整数据到所有从 EP，保证每个节点数据都完整，一般和 MGAT 配合使用

4.3.3 数据分布与并行执行计划

在 DMMPP 环境中，建表时指定的数据分布类型决定了表数据的分布。DMMPP 集群支持的表分布类型包括哈希分布、随机分布、范围分布、复制分布、LIST 分布。数据插入或装载时系统会根据表的分布类型自动将数据发送到对应的 EP。

哈希分布、范围分布和 LIST 分布的共同特征是，在创建表的时候，用户指定一个或多个列作为分布列，系统会针对每个插入的数据行计算这些对应列的值，确定数据所属 EP。随机分布和复制分布则不需要指定分布列。

并行执行计划与数据分布密切相关，数据分布能够决定最终生成的并行执行计划。例如，若查询数据经过预先判断发现都在一个 EP 上，则服务器会做一定的优化，在最优的情况下，整个计划甚至不包含任何通信操作符。优化的原则是尽量减少节点之间的通信交互。

因此，用户应根据应用中查询的实际需求来确定表的分布类型，进而得到较优的并行执行计划。

1. 场景 1

在某应用中，查询语句中包含大量的连接查询，表数据分布较为均匀，应用对查询的效率要求较高。此时可以使用哈希分布，并且将常用连接列作为哈希分布列，这样能尽可能地减少 EP 间的数据传递，少占用网络带宽，减少网络延迟，充分发挥多节点并行执行的巨大优势。

2. 场景 2

在某应用中，查询以单表查询居多，连接查询较少，可以采用随机分布。随机分布使海量数据能均匀分布，充分体现了 DMMPP 集群的并行优势。

3. 场景 3

对于单表查询或出现在连接查询中数据量较小的表，可采用复制分布。复制分布的表在每个 EP 上都有一份完整的数据复制表，使得在生成并行执行计划时能减少对应通信操作符的使用，进一步优化并行执行计划。

4.4 大规模并行处理集群管理

对大规模并行处理集群的管理主要包括两个方面：一是初始阶段 MPP 集群的部署，二是运行过程中动态增加 MPP 集群的节点。

4.4.1 DEM 部署 MPP 集群

达梦数据库企业管理系统（Dameng Enterprise Manager，DEM）提供了图形化部署 MPP 集群的功能。数据库管理员对已经规划好 MPP 系统的机器与端口，可以使用 DEM 的集群部署功能，根据页面的指示一步一步搭建好 MPP 集群环境。

下面介绍如何使用 DEM 部署 MPP 集群。

1. 打开"主机"界面

DEM 提供 MPP 集群的图形化搭建与管理功能。DEM 启动后，可以通过浏览器访问

DEM 工具，其主界面如图 4-4 所示。

　　在这里需要注意的是，在使用 DEM 对集群进行部署之前，需要在各节点所在的机器上部署 DM 代理工具 dmagent。部署完 dmagent 之后，通过 DEM 的"监控及告警"栏打开"主机"界面，就可看到所监控的远程主机信息，如图 4-5 所示。

图 4-4　DEM 工具主界面

图 4-5　DEM 监控的远程主机信息

2. 新建集群部署

在 DEM 的"客户端工具"栏选择部署集群工具,打开"新建集群部署"对话框,如图 4-6 所示。

图 4-6 "新建集群部署"对话框

输入集群名称"MPP TEST",选择集群类型"MPP(数据守护 v2.1+普通 MPP)",如图 4-7 所示。

图 4-7 "新建集群部署"信息

3. 环境准备

单击"确定"按钮后,在 DEM 主界面右边面板打开部署 MPP 集群的面板,进入"环境准备"界面,如图 4-8 所示。

图 4-8 "环境准备"界面

参数说明如下。

（1）刷新：刷新主机列表。

（2）搜索：输入 IP 地址，快速搜索并指定主机。

4. 实例规划

选择要部署 MPP 集群的主机，单击"下一步"按钮，进入"实例规划"界面，如图 4-9 所示。

图 4-9 "实例规划"界面

默认部署 MPP 主备系统，本例仅部署单纯的 MPP 系统，因此取消勾选"MPP 主备"复选框，如图 4-10 所示。

图 4-10 MPP 部署——单纯的 MPP 系统实例规划

参数说明如下。

（1）部署名称：会在各部署主机的工作目录下创建对应名称的目录存储该集群。

（2）MPP 主备：决定配置 MPP 主备系统还是单纯的 MPP 系统。

（3）参数配置：统一配置实例列表中所有实例的参数。另外，也可以通过双击实例列表中某个实例的某个参数进行单独配置。

（4）添加实例：可以在选择的主机中添加实例，同时可以指定实例类型。实例添加之后会出现在实例列表中。

（5）删除实例：删除选中的实例。

（6）注册服务：如果想让 dmserver 服务开机自启动，则需要把 dmserver 注册为服务，注册完成后重启机器时，就会自动启动 dmserver 服务。

（7）配置服务名：配置注册的服务名，默认 dmserver 的服务名为"DmService_实例名"。

5. 数据准备

在配置好各实例的参数后，单击"下一步"按钮，进入"数据准备"界面，如图 4-11 所示。

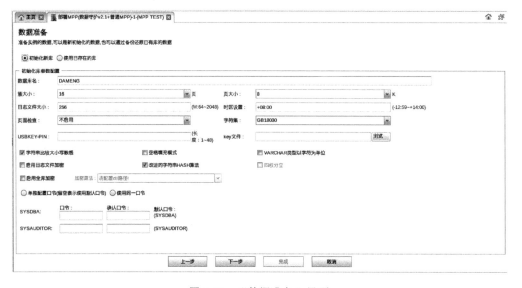

图 4-11 "数据准备"界面

参数说明如下。

（1）初始化新库：初始化一个新库，将其作为 MPP 系统的实例。

（2）使用已存在的库：指定已经存在的库作为 MPP 系统的实例。指定库所在的主机、INI 路径、库的登录用户名和密码等信息。

6. 配置 dmaml.ini

准备好数据之后，单击"下一步"按钮，进入"配置 dmaml.ini"界面，配置 dmmal.ini 相关参数，如图 4-12 所示。

可以在这个界面中对 dmmal.ini 的相关参数进行配置，各个参数的具体用法可以参照达梦数据库的相关技术文档。

图 4-12　"配置 dmmal.ini"界面

7. 配置 dmarch.ini

单击"下一步"按钮，进入"配置 dmarch.ini"界面，配置 dmarch.ini 参数，如图 4-13 所示。

图 4-13　"配置 dmarch.ini"界面

MPP 环境下并不要求必须配置归档，但用户也可以根据应用的实际需要进行配置，勾选"是否配置归档"复选框，即可进行配置。

8. 上传服务器文件

单击"下一步"按钮，进入"上传服务器文件"界面，如图 4-14 所示。

图 4-14 "上传服务器文件"界面

选择要上传的服务器文件"bin.zip"，该文件由/dm8/bin 压缩后生成，等待一段时间至文件上传成功，如图 4-15 所示。

图 4-15 上传服务器文件成功

参数说明如下。

（1）各节点将使用同一个达梦数据库服务器文件：选择该选项，则为所有 Linux 主机上传一个服务器文件，为所有 Windows 主机上传一个服务器文件。

（2）各节点将单独配置达梦数据库服务器文件：为每个主机单独上传服务器文件。

（3）使用 SSL 通信加密：如果上传的服务器是使用 SSL 通信加密的，则需要上传客户端 SYSDBA 的 SSL 密钥文件，并且输入 SSL 验证密码。

9. 执行部署任务

单击"下一步"按钮，进入"详情总览"界面。该界面列出将要部署的集群环境的所有配置信息，如图 4-16 所示。

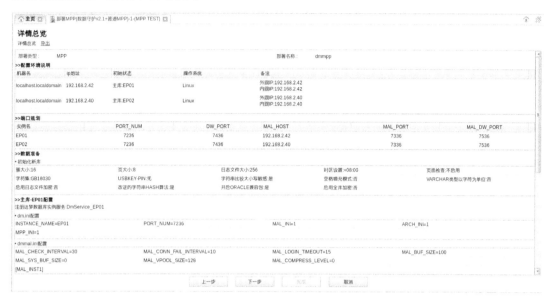

图 4-16　"详情总览"界面

若通过"详情总览"判断 MPP 集群部署没有问题，就可以单击"下一步"按钮执行部署任务。部署任务执行过程如图 4-17 所示。

图 4-17　部署任务执行过程

参数说明如下。

（1）查看部署信息：对部署配置信息进行详细浏览。

（2）停止所有任务：停止执行所有任务。

（3）回滚所有任务：执行结束后，可以回滚所有执行任务，清除环境。

（4）重做失败任务：重新执行失败的任务。

等待一段时间，只要之前的配置没有错误，就能成功完成 MPP 集群部署任务，如图 4-18 所示。

图 4-18　完成 MPP 集群部署任务

至此，DMMPP 集群环境部署完成。

另外，在如图 4-18 所示的界面可以单击"添加到监控"按钮，以在 DEM 中监控该 DMMPP 集群的相关数据库信息，如图 4-19 所示。

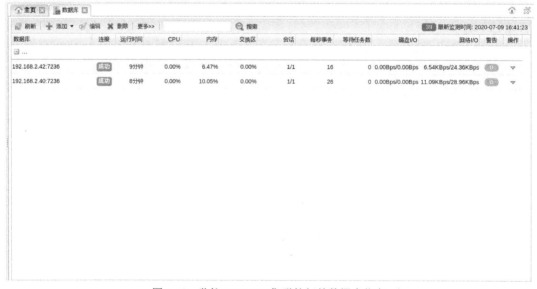

图 4-19　监控 DMMPP 集群的相关数据库信息

4.4.2　动态增加 MPP 集群节点

　　DMMPP 集群将多个达梦数据库实例组织为一个并行计算网络，为用户提供高性价比的海量数据存储和处理服务。即使 DMMPP 集群的部署成本极低，用户通常也不能在最初就部署好足够应用持续运行很长时间的系统规模。在应用系统运行几年后，随着应用数据规模的不断增加，为运行中的 DMMPP 集群进一步扩充容量是一个常见的需求。为此，DMMPP 集群提供了系统动态扩容功能，在不影响数据库应用的情况下，可以为 DMMPP 集群动态增加新的 EP。

　　下面介绍 DMMPP 集群动态扩容的具体步骤。

1. 环境准备

　　以 4.2 节搭建的 DMMPP 集群为例进行介绍，此 MPP 集群已有 EP01 和 EP02 两个节点，现在要增加一个节点 EP03。

　　设当前的双节点 MPP 集群中已有哈希分布表 T1（普通表）和 T2（Huge 表）、复制分布表 T3、随机分布表 T4，创建和插入数据的语句如下：

```
--哈希分布表T1
DROP TABLE T1;
CREATE TABLE T1(C1 INT,C2 INT,C3 INT,C4 VARCHAR(10)) DISTRIBUTED BY HASH(C1);
DECLARE
i INT;
BEGIN
FOR i IN 1..1000 LOOP
INSERT INTO T1 VALUES(i,i+1,i+2,'adasf');
END LOOP;
END;
COMMIT;
--哈希分布表T2
DROP TABLE T2;
CREATE HUGE TABLE T2(C1 INT,C2 INT,C3 INT,C4 VARCHAR(10)) DISTRIBUTED BY HASH(C1);
DECLARE
i INT;
BEGIN
FOR i IN 1..10 LOOP
INSERT INTO T2 VALUES(i,i+1,i+2,'adasf');
END LOOP;
END;
COMMIT;
--复制分布表T3
DROP TABLE T3;
CREATE TABLE T3(C1 INT,C2 INT,C3 INT,C4 VARCHAR(10)) DISTRIBUTED FULLY;
DECLARE
```

```
i INT;
BEGIN
FOR i IN 1..1000 LOOP
INSERT INTO T3 VALUES(i,i+1,i+2,'adasf');
END LOOP;
END;
COMMIT;
--随机分布表T4
DROP TABLE T4;
CREATE TABLE T4(C1 INT,C2 INT,C3 INT,C4 VARCHAR(10)) DISTRIBUTED RANDOMLY;
DECLARE
i INT;
BEGIN
FOR i IN 1..1000 LOOP
INSERT INTO T4 VALUES(i,i+1,i+2,'adasf');
END LOOP;
END;
COMMIT;
```

2. 动态增加节点

1）禁止系统 DDL 操作

全局登录 MPP 系统任意一个节点，执行下面的语句，禁止系统 DDL 操作。

```
SP_DDL_FORBIDEN(1);
```

2）克隆数据库

克隆数据库的目的是把系统中的对象定义信息进行备份，用于恢复到新加的节点上，生成的备份集位于指定的目录备份集中。

若 MPP 系统处于运行状态，采用联机 DDL 克隆方式（需要配置本地归档）。全局登录 MPP 系统任意一个节点，执行下面语句。

```
BACKUP DATABASE DDL_CLONE BACKUPSET 'clone';
```

生成的备份集保存在当前登录节点 bak 路径的 clone 目录中。

若 MPP 系统处于退出状态，则选择 MPP 系统任一节点使用 DMRMAN 工具进行脱机备份。

```
RMAN>BACKUP DATABASE '/dm/data/EP01/dm.ini' DDL_CLONE BACKUPSET 'clone';
```

生成的备份集保存在当前备份节点 bak 路径的 clone 目录中。

3）脱机还原

在新增节点上执行脱机还原。手动复制克隆的备份集目录 clone 到新增节点 EP03 的 bak 目录中，使用 DMRMAN 工具进行脱机还原。

```
RMAN>RESTORE DATABASE '/dm/data/EP03/dm.ini' FROM BACKUPSET '/dm/data/EP03/bak/clone';
RMAN>RECOVER DATABASE '/dm/data/EP03/dm.ini' FROM BACKUPSET '/dm/data/EP03/bak/clone';
```

若要增加多个节点，则依次执行复制、脱机还原步骤。

4）配置新增节点的 dmmal.ini

为新增的节点配置 dmmal.ini，其中包含扩容前 MPP 系统的节点，以及新增节点 EP03 的信息。

```
[MAL_INST1]
MAL_INST_NAME = EP01
MAL_HOST = 192.168.0.12
MAL_PORT = 5269
MAL_INST_HOST = 192.168.1.11
MAL_INST_PORT = 5236
[MAL_INST2]
MAL_INST_NAME = EP02
MAL_HOST = 192.168.0.22
MAL_PORT = 5270
MAL_INST_HOST = 192.168.1.21
MAL_INST_PORT = 5237
[MAL_INST3]
MAL_INST_NAME = EP03
MAL_HOST = 192.168.0.32
MAL_PORT = 5271
MAL_INST_HOST = 192.168.1.31
MAL_INST_PORT = 5238
```

修改新增节点 dm.ini 文件中的如下配置项：

```
INSTANCE_NAME = EP03
PORT_NUM = 5238
MAL_INI = 1
MPP_INI = 0
```

5）以 Mount 方式启动新增节点

以 Mount 方式启动新增节点 EP03，登录后执行如下命令。

```
SP_DDL_FORBIDEN(1);
alter database open force;
```

以 Mount 方式启动的目的是防止启动后有用户执行 DDL 操作，因此先禁止 DDL 后再 Open。

6）动态增加 MAL

分别本地登录 MPP 系统中原有的每个节点，执行下列语句为每个原有节点的 MAL 系统配置新增节点信息。

```
--设置本地MAL系统配置状态
```

```
SF_MAL_CONFIG(1,0);
--增加MAL系统配置
SF_MAL_INST_ADD('MAL_INST3','EP03','192.168.0.32',5271, '192.168.1.31',5238);
--应用MAL系统配置
SF_MAL_CONFIG_APPLY( );
--重置本地MAL系统配置状态
SF_MAL_CONFIG(0,0);
```

7）增加 MPP 节点，设置表的标记

全局登录 MPP 系统原有节点中的任意一个节点，执行下列语句。

```
--广播方式设置MAL系统配置状态
SF_MAL_CONFIG(1,1);
--保存老的HASHMAP
SF_MPP_SAVE_HASHMAP( );
--增加MPP实例EP03
SF_MPP_INST_ADD('service_name3', 'EP03');
```

增加节点配置后，之前的连接失效，需要断开连接，重新全局登录，然后执行下列语句。

```
--设置分布表的重分发状态
SF_MPP_REDIS_STATE_SET_ALL( );
--广播方式重置MAL系统配置状态
SF_MAL_CONFIG(0,1);
--增加节点之后，可以放开DDL限制
SP_DDL_FORBIDEN(0);
```

至此，节点 EP03 已经顺利地加入 MPP 系统。但是，MPP 系统动态扩容并没有完成，在原有 MPP 系统中建立的哈希分布表、复制分布表和随机分布表需要在增加节点后的 MPP 系统中进行数据重分发。

3. 数据重分发

MPP 系统动态增加节点后，原系统中的哈希分布表、复制分布表和随机分布表需要进行数据重分发，范围分布表和 LIST 分布表不需要进行数据重分发。

1）哈希分布表数据重分发

本节中创建的表 T1 和表 T2 都是哈希分布表，其中，表 T1 为普通表，表 T2 为 Huge 表，下面以这两个表为例进行哈希分布表的数据重分发，具体步骤如下。

（1）全局登录新增节点 EP03（如果新增多个节点，则要分别全局登录每个新增节点）。

（2）设置本 SESSION 可对表进行重分发（插入和删除），执行如下语句：

```
SET_SESSION_MPP_REDIS(1);
```

（3）设置重分发状态，执行如下语句：

SF_MPP_REDIS_STATE_SET('SYSDBA','T1',2);

SF_MPP_REDIS_STATE_SET('SYSDBA','T2',2);

（4）进行查询插入，执行如下语句：

INSERT INTO T1 SELECT * FROM T1 WHERE EP_SEQNO('T1')= 2; --2为本节点SEQNO

COMMIT;

INSERT INTO T2 SELECT * FROM T2 WHERE EP_SEQNO('T2')= 2; --2为本节点SEQNO

COMMIT;

（5）设置待删除数据状态，执行如下语句：

SF_MPP_REDIS_STATE_SET('SYSDBA','T1',3);

SF_MPP_REDIS_STATE_SET('SYSDBA','T2',3);

（6）本地登录每个 MPP 系统的原有节点，删除分发出去的数据，执行如下语句：

SET_SESSION_MPP_REDIS(1);

对于普通表 T1，执行如下语句：

DELETE FROM T1 WHERE EP_SEQNO('T1')=2; --2为本节点SEQNO

如果新增了多个节点，则需要删除分发到所有这些新增节点的数据，如：

DELETE FROM T1 WHERE EP_SEQNO('T1')=新加节点MPP序号1 OR EP_SEQNO('T1')=新加节点

MPP序号2……

对于 Huge 表 T2，由于直接使用 DELETE 语句效率较低，故采用查询插入再删除表的方式：

```
--放开本地登录下的DDL限制
SP_SET_SESSION_LOCAL_TYPE(1);
CREATE TABLE STR_TAB(A VARCHAR);
INSERT INTO STR_TAB SELECT TABLEDEF('SYSDBA','T2') FROM DUAL;
ALTER TABLE T2 RENAME TO T2_REDIS;
DECLARE
sqltxt VARCHAR;
BEGIN
SELECT * INTO sqltxt FROM STR_TAB;
EXECUTE IMMEDIATE sqltxt;
END;
/
SF_MPP_REDIS_STATE_SET('SYSDBA','T2',3);
INSERT INTO T2 SELECT * FROM T2_REDIS WHERE EP_SEQNO('T2_REDIS')= 2;
DROP TABLE T2_REDIS;
DROP TABLE STR_TAB;
COMMIT;
```

在这个步骤中需要注意的是，如果表上建有二级索引，则需要重新创建二级索引。

（7）所有新增节点执行完上述步骤后，重置表的分发状态为普通状态，执行如下语句：

```
SF_MPP_REDIS_STATE_SET('SYSDBA','T1',0);
```

2）复制分布表数据重分发

本节中创建的表 T3 是复制分布表，下面以表 T3 为例进行复制分布表的数据重分发。具体步骤如下。

（1）本地登录新增节点 EP03（如果新增多个节点，则要分别本地登录每个新增节点），执行如下语句：

```
SET_SESSION_MPP_REDIS(1);
SP_SET_SESSION_LOCAL_TYPE(1); --放开本地登录下的DDL限制
```

（2）创建新增节点 EP03 到某一个原有节点间的外部链接（如果新增多个节点，则要为每个新增节点创建一个这样的外部链接），执行如下语句：

```
CREATE LINK LINK_EP01 CONNECT WITH SYSDBA IDENTIFIED BY SYSDBA USING 'EP01';
```

（3）查询插入，执行如下语句：

```
INSERT INTO T3 SELECT * FROM T3@LINK_EP01;
```

（4）删除外部链接，执行如下语句：

```
DROP LINK LINK_EP01;
```

（5）全局登录 MPP 系统，重置表的分发状态为普通状态，执行如下语句：

```
SET_SESSION_MPP_REDIS(1);
SF_MPP_REDIS_STATE_SET('SYSDBA','T3',0);
```

3）随机分布表数据重分发

本节中创建的表 T4 是随机分布表，下面以表 T4 为例进行随机分布表的数据重分发。具体步骤如下。

（1）本地登录新增节点 EP03（如果新增多个节点，则要分别本地登录每个新增节点），执行如下语句：

```
SET_SESSION_MPP_REDIS(1);
SP_SET_SESSION_LOCAL_TYPE(1); --放开本地登录下的DDL限制
```

（2）设置表的重分发状态，执行如下语句：

```
SF_MPP_REDIS_STATE_SET('SYSDBA','T4',2);
```

（3）创建 EP03 与每个原有节点的外部链接（如果新增多个节点，则要为每个新增节点创建这样的外部链接），执行如下语句：

```
CREATE LINK LINK1 CONNECT WITH SYSDBA IDENTIFIED BY SYSDBA USING 'EP01';
CREATE LINK LINK2 CONNECT WITH SYSDBA IDENTIFIED BY SYSDBA USING 'EP02';
```

（4）本地登录每个原有节点，查出每个原有节点上表 T4 的 MIN(ROWID)和 MAX(ROWID)，执行如下语句：

```
SELECT MIN(ROWID), MAX(ROWID) FROM T4;
```

（5）在新增节点 EP03 上，分别使用连接每个原有节点的外部链接执行查询插入，执行如下语句：

```
INSERT INTO T4 SELECT * FROM T4@LINK1 WHERE ROWID
```

BETWEEN V_MIN1 AND V_MIN1 + (V_MAX1 - V_MIN1)*1/3;

INSERT INTO T4 SELECT * FROM T4@LINK2 WHERE ROWID

BETWEEN V_MIN2 AND V_MIN2 + (V_MAX2 - V_MIN2)*1/3;

说明：V_MIN1 和 V_MAX1 对应第（4）步中查询出的 EP01 上的 MIN(ROWID)和 MAX(ROWID)；V_MIN2 和 V_MAX2 对应第（4）步中查询出的 EP02 上的 MIN(ROWID)和 MAX(ROWID)；"1/3"中的"3"表示动态增加节点后的节点总数。

如果有多个新增节点，则节点 2、节点 3……上执行的查询插入语句如下：

INSERT INTO T4 SELECT * FROM T4@LINKx WHERE ROWID

BETWEEN V_MINx + (V_MAXx - V_MINx)*N_SEQ/N_SITE_NEW_TOTAL+ 1 AND V_MINx +

(V_MAXx - V_MINx)*(N_SEQ + 1)/N_SITE_NEW_TOTAL;

说明：V_MINx 和 V_MAXx 的意义与前面说明的一致；N_SEQ 表示新增节点序号，新增节点 1 的 N_SEQ 为 0，新增节点 2 的 N_SEQ 为 1……N_SITE_NEW_TOTAL 表示动态增加节点后的节点总数。

（6）全局登录某一个节点，设置表的待删除数据状态，执行如下语句：

SF_MPP_REDIS_STATE_SET('SYSDBA','T4',3);

（7）本地登录每个原有节点，删除分发出去的数据，执行如下语句：

SET_SESSION_MPP_REDIS(1);

DELETE FROM T4 WHERE ROWID BETWEEN V_MIN AND V_MIN + (V_MAX - V_MIN) * 1/3;

说明：V_MIN 和 V_MAX 对应第（4）步中查询出的 MIN(ROWID)和 MAX(ROWID)；"1/3"中的"1"表示新增节点数；"3"表示动态增加节点后的节点总数。

（8）每个原有节点都完成删除后，执行提交操作，执行如下语句：

COMMIT;

（9）全局登录某个节点，重置表的分发状态为普通状态，执行如下语句：

SET_SESSION_MPP_REDIS(1);

SF_MPP_REDIS_STATE_SET('SYSDBA','T4',0);

（10）本地登录 EP03，删除之前创建的到每个原有节点的外部链接（如果新增多个节点，则要本地登录每个新增节点，删除这些外部链接），执行如下语句：

DROP LINK LINK1;

DROP LINK LINK2;

至此，原有 MPP 系统的哈希分布表、复制分布表和随机分布表都已进行了数据重分发，但还需要更新扩容后的 MPP 系统的控制文件中的数据分布控制结构。

全局登录某个节点，执行如下语句：

SF_MAL_CONFIG(1,1);

SF_MPP_SAVE_HASHMAP( );

SF_MAL_CONFIG(0,1);

MPP 系统动态扩容全部完成，动态增加 MPP 集群节点成功。

4.5 大规模并行处理集群主备系统

4.5.1 DMMPP 集群主备系统的原理

为了提高 MPP 系统的可靠性，克服由于单节点故障导致整个系统不能继续正常工作的问题，达梦数据库在普通 MPP 系统的基础上，引入数据守护主备机制，为每个 MPP 节点配置一个实时备库作为备份节点，在必要时备库可切换为主库代替故障节点工作，提高系统的可靠性和可用性。在使用 DMMPP 集群时，我们推荐用户使用 MPP 主备系统，以确保系统的可靠性。

使用 MPP 主备系统的主要目的是为 DMMPP 集群提供数据可靠性保障，备库只做数据容灾、备份，MPP 备库并不是 MPP 集群的一部分，只是某个 MPP 节点（主库）的镜像。MPP 备库不参与 MPP 操作，与其他 MPP 备库之间也没有任何关系，MPP 备库只能以单节点方式提供只读服务，但不提供全局的 MPP 只读服务。

为了提高系统可靠性并节约硬件资源，DMMPP 主备系统可采用交叉守护的方式，即每个 EP 和其对应的备库实例不在同一台主机上，将一个 EP 与其他 EP 的备库放在一台主机上。

DMMPP 主备系统的架构如图 4-20 所示。

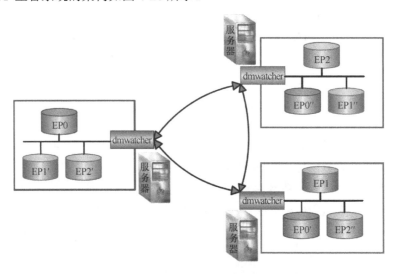

图 4-20 DMMPP 主备系统的架构

4.5.2 DMMPP 集群主备系统部署

1. 环境说明

本例配置 2 个 MPP 节点，每个节点为一个主库，与其备库组成一个守护组，因此需要配置两个守护组，分别取名为 GRP1、GRP2，主库名为 GRP1_MPP_EP01、GRP2_MPP_EP02，对应的备库实例名分别为 GRP1_MPP_EP11、GRP2_MPP_EP22。

准备 3 台机器 A、B、C，A 和 B 用来交叉部署实例，C 用来部署监视器。其中，A 和 B 配置两块网卡，一块接入内部网络交换模块，一块接入外部交换机；C 接入内部网络。配制环境、主库端口规则、备库端口规划、守护进程规划如表 4-4～表 4-7 所示。

表 4-4 配制环境说明

机　器	IP 地址	初　始　状　态	操　作　系　统
A	192.168.1.131 192.168.0.141	主库 GRP1_MPP_EP01 备库 GRP2_MPP_EP22	中标麒麟 7
B	192.168.1.132 192.168.0.142	主库 GRP1_MPP_EP02 备库 GRP2_MPP_EP11	中标麒麟 7
C	192.168.0.144	监视器	中标麒麟 7

表 4-5 主库端口规划

实　例　名	PORT_NUM	MAL_INST_DW_PORT	MAL_HOST	MAL_PORT	MAL_DW_PORT	MPP 实例序号
GRP1_MPP_EP01	5236	5243	192.168.0.141	5337	5253	0
GRP1_MPP_EP02	5236	5243	192.168.0.142	5337	5253	1

表 4-6 备库端口规划

实　例　名	PORT_NUM	MAL_INST_DW_PORT	MAL_HOST	MAL_PORT	MAL_DW_PORT	对应主库
GRP1_MPP_EP11	5237	5244	192.168.0.142	5338	5254	GRP1_MPP_EP01
GRP1_MPP_EP22	5237	5244	192.168.0.141	5338	5254	GRP1_MPP_EP02

表 4-7 守护进程规划

组　　名	实　例　名	所　在　机　器
GRP1	GRP1_MPP_EP01	192.168.0.141
	GRP1_MPP_EP11	192.168.0.142
GRP2	GRP2_MPP_EP02	192.168.0.142
	GRP2_MPP_EP22	192.168.0.141

机器事先都安装了达梦数据库，安装路径为"/dm"，执行程序保存在"/dm/bin"目录中，数据存放路径分别为"/dm/data/EP01""/dm/data/EP02"。

2. 数据准备

在 A 机器上，初始化库至目录/dm/data/EP01：

```
./dminit path=/dm/data/EP01
```

在 B 机器上，初始化库至目录/dm/data/EP02：

```
./dminit path=/dm/data/EP02
```

以上操作即可完成两个主库的初始化，然后分别同步两个备库。本例采取机器交叉的方式配置两个备库，对应存放目录分别为：

（1）在 B 机器上，备库存放在/dm/data/EP01 中。

（2）在 A 机器上，备库存放在/dm/data/EP02 中。

3. 配置主库 GRP1_MPP_EP01

1）配置 dm.ini

在 A 机器上，配置主库的实例名为 GRP1_MPP_EP01，dm.ini 参数修改如下：

```
#实例名，建议使用"组名_守护环境_序号"的命名方式，总长度不能超过16位
INSTANCE_NAME = GRP1_MPP_EP01
PORT_NUM = 5236 #数据库实例监听端口
DW_INACTIVE_INTERVAL = 60 #接收守护进程消息超时时间
ALTER_MODE_STATUS = 0 #不允许以手动方式修改实例模式/状态/OGUID值
ENABLE_OFFLINE_TS = 2 #不允许备库OFFLINE表空间
MAL_INI = 1 #打开MAL系统
ARCH_INI = 1 #打开归档配置
MPP_INI = 1 #启用MPP配置
RLOG_SEND_APPLY_MON = 64 #统计最近64次的日志发送信息
```

2）配置 dmmal.ini

配置 MAL 系统，各主备库的 dmmal.ini 配置必须完全一致，MAL_HOST 使用内部网络 IP，MAL_PORT 与 dm.ini 中 PORT_NUM 使用不同的端口，MAL_DW_PORT 是各实例对应的守护进程之间，以及守护进程和监视器之间的通信端口，配置如下：

```
MAL_CHECK_INTERVAL = 5 #MAL链路检测时间间隔
MAL_CONN_FAIL_INTERVAL = 5 #判定MAL链路断开的时间
[MAL_INST1]
MAL_INST_NAME = GRP1_MPP_EP01 #实例名,和dm.ini中的INSTANCE_NAME一致
MAL_HOST = 192.168.0.141 #MAL系统监听TCP连接的IP地址
MAL_PORT = 5337 #MAL系统监听TCP连接的端口
MAL_INST_HOST = 192.168.1.131 #实例对外服务的IP地址
MAL_INST_PORT = 5236 #实例对外服务的端口,和dm.ini中的PORT_NUM一致
MAL_DW_PORT = 5253 #实例对应的守护进程监听TCP连接的端口
MAL_INST_DW_PORT = 5243 #实例监听守护进程TCP连接的端口
[MAL_INST2]
```

```
MAL_INST_NAME = GRP2_MPP_EP02
MAL_HOST = 192.168.0.142
MAL_PORT = 5337
MAL_INST_HOST = 192.168.1.132
MAL_INST_PORT = 5236
MAL_DW_PORT = 5253
MAL_INST_DW_PORT = 5243
[MAL_INST3]
MAL_INST_NAME = GRP1_MPP_EP11
MAL_HOST = 192.168.0.142
MAL_PORT = 5338
MAL_INST_HOST = 192.168.1.132
MAL_INST_PORT = 5237
MAL_DW_PORT = 5254
MAL_INST_DW_PORT = 5244
[MAL_INST4]
MAL_INST_NAME = GRP2_MPP_EP22
MAL_HOST = 192.168.0.141
MAL_PORT = 5338
MAL_INST_HOST = 192.168.1.131
MAL_INST_PORT = 5237
MAL_DW_PORT = 5254
MAL_INST_DW_PORT = 5244
```

3）配置 dmarch.ini（实时归档）

修改 dmarch.ini，可以配置实时归档。除本地归档外，其他归档配置项中的 ARCH_DEST 表示实例是 Primary 模式时，需要同步归档数据的目标实例名。

当前实例 GRP1_MPP_EP01 是主库，需要向 MPP 备库 GRP1_MPP_EP11 同步数据，因此实时归档的 ARCH_DEST 配置为 GRP1_MPP_EP11。

```
[ARCHIVE_REALTIME1]
ARCH_TYPE = REALTIME #实时归档类型
ARCH_DEST = GRP1_MPP_EP11 #实时归档目标实例名
[ARCHIVE_LOCAL1]
ARCH_TYPE = LOCAL #本地归档类型
ARCH_DEST = /dm/data/EP01/DAMENG/arch #本地归档文件存放路径
ARCH_FILE_SIZE = 128 #单位Mbit，本地单个归档文件最大值
ARCH_SPACE_LIMIT = 0 #单位Mbit，0表示无限制，取值范围为1024～4294967294Mbit
```

4）配置 dmmpp.ctl

dmmpp.ctl 是二进制文件，由 dmmpp.ini 文本文件通过 dmctlcvt 工具转换而来，dmmpp.ini 配置项如表 4-8 所示。

表 4-8　dmmpp.ini 配置项

配　置　项	配　置　含　义
[SERVICE_NAME]	标识每个实例的选项名
MPP_SEQ_NO	实例在 MPP 系统内的序号
MPP_INST_NAME	节点实例名

本例中双节点的 dmmpp.ini 配置如下：

```
[SERVICE_NAME1]
MPP_SEQ_NO = 0
MPP_INST_NAME = GRP1_MPP_EP01
[SERVICE_NAME2]
MPP_SEQ_NO = 1
MPP_INST_NAME = GRP2_MPP_EP02
```

转换命令如下：

```
./dmctlcvt TYPE=2 SRC=/dm/data/EP01/DAMENG/dmmpp.ini
DEST=/dm/data/EP01/DAMENG/dmmpp.ctl
```

5）启动主库

在启动主库时，一定要以 Mount 方式启动数据库实例，否则系统启动时会重构回滚表空间，生成 REDO 日志；并且启动后应用可能连接到数据库实例进行操作，破坏主备库数据的一致性。数据守护配置结束后，守护进程会自动 Open 数据库。

以 Mount 方式启动主库的命令为

```
./dmserver /dm/data/EP01/DAMENG/dm.ini mount
```

6）设置 OGUID 值

启动命令行工具 DIsql，使用 MPP 类型为 LOCAL 方式，登录主库设置 OGUID 值。

```
SQL>SP_SET_PARA_VALUE(1, 'ALTER_MODE_STATUS', 1);
SQL>sp_set_oguid(45330);
SQL>SP_SET_PARA_VALUE(1, 'ALTER_MODE_STATUS', 0);
```

在这里我们需要注意，系统通过 OGUID 值确定一个守护进程组，由用户保证 OGUID 值的唯一性，并确保在数据守护系统中，数据库、守护进程和监视器配置相同的 OGUID 值。

7）修改数据库模式

启动命令行工具 DIsql，使用 MPP 类型为 LOCAL 方式，登录主库修改数据库为 Primary 模式。

```
SQL>alter database primary;
```

4. 配置主库 GRP2_MPP_EP02

1）配置 dm.ini

在 B 机器上，配置主库的实例名为 GRP2_MPP_EP02，dm.ini 参数修改如下：

```
#实例名，建议使用"组名_守护环境_序号"的命名方式，总长度不能超过16位
INSTANCE_NAME = GRP2_MPP_EP02
PORT_NUM = 5236 #数据库实例监听端口
DW_INACTIVE_INTERVAL = 60 #接收守护进程消息超时时间
ALTER_MODE_STATUS = 0 #不允许以手动方式修改实例模式/状态/OGUID值
ENABLE_OFFLINE_TS = 2 #不允许备库OFFLINE表空间
MAL_INI = 1 #打开MAL系统
ARCH_INI = 1 #打开归档配置
MPP_INI = 1 #启用MPP配置
RLOG_SEND_APPLY_MON = 64 #统计最近64次的日志发送信息
```

2）配置 dmmal.ini

直接将 A 机器实例 GRP1_MPP_EP01 配置的 dmmal.ini 复制到/dm/data/EP02/DAMENG 目录中。

3）配置 dmarch.ini（实时归档）

修改 dmarch.ini，可以配置实时归档。除本地归档外，其他归档配置项中的 ARCH_DEST 表示实例处于 Primary 模式时，需要同步归档数据的目标实例名。

当前实例 GRP2_MPP_EP02 是主库，需要向 MPP 备库 GRP2_MPP_EP22 同步数据，因此实时归档的 ARCH_DEST 配置为 GRP2_MPP_EP22。

```
[ARCHIVE_REALTIME1]
ARCH_TYPE = REALTIME #实时归档类型
ARCH_DEST = GRP2_MPP_EP22 #实时归档目标实例名
[ARCHIVE_LOCAL1]
ARCH_TYPE = LOCAL #本地归档类型
ARCH_DEST = /dm/data/EP02/DAMENG/arch   #本地归档文件存放路径
ARCH_FILE_SIZE = 128 #单位Mbit，本地单个归档文件最大值
ARCH_SPACE_LIMIT = 0 #单位Mbit，0表示无限制，取值范围为1024～4294967294Mbit
```

4）配置 dmmpp.ctl

直接将 A 机器上实例 GRP1_MPP_EP01 配置的 dmmpp.ctl 复制到/dm/data/EP02/DAMENG 目录中即可。

5）启动主库

以 Mount 方式启动主库：

```
./dmserver /dm/data/EP02/DAMENG/dm.ini mount
```

6）设置 OGUID 值

启动命令行工具 DIsql，使用 MPP 类型为 LOCAL 方式，登录主库设置 OGUID 值。

```
SQL>SP_SET_PARA_VALUE(1, 'ALTER_MODE_STATUS', 1);
SQL>sp_set_oguid(45331);
```

```
SQL>SP_SET_PARA_VALUE(1, 'ALTER_MODE_STATUS', 0);
```

7）修改数据库模式

启动命令行工具 DIsql，使用 MPP 类型为 LOCAL 方式，登录主库修改数据库为 Primary 模式。

```
SQL>alter database primary;
```

5. 配置备库 GRP1_MPP_EP11

1）配置 dm.ini

在 B 机器上，配置备库的实例名为 GRP1_MPP_EP11，dm.ini 参数修改如下：

```
#实例名，建议使用"组名_守护环境_序号"的命名方式，总长度不能超过16位
INSTANCE_NAME = GRP1_MPP_EP11
PORT_NUM = 5237 #数据库实例监听端口
DW_INACTIVE_INTERVAL = 60 #接收守护进程消息超时时间
ALTER_MODE_STATUS = 0 #不允许以手动方式修改实例模式/状态/OGUID值
ENABLE_OFFLINE_TS = 2 #不允许备库OFFLINE表空间
MAL_INI = 1 #打开MAL系统
ARCH_INI = 1 #打开归档配置
MPP_INI = 1 #打开MPP配置
RLOG_SEND_APPLY_MON = 64 #统计最近64次的日志重演信息
```

2）配置 dmmal.ini

直接将 A 机器上实例 GRP1_MPP_EP01 配置的 dmmal.ini 复制到 B 机器上的 /dm/data/EP01/DAMENG 目录中。

3）配置 dmarch.ini（实时归档）

修改 dmarch.ini，可以配置实时归档。除本地归档外，其他归档配置项中的 ARCH_DEST 表示当实例处于 Primary 模式时，需要同步归档数据的目标实例名。

当前实例 GRP1_MPP_EP11 是备库，守护系统配置完成后，在进行故障处理时，GRP1_MPP_EP11 切换为新的主库，在正常情况下，GRP1_MPP_EP01 会切换为新的备库，需要向 GRP1_MPP_EP01 同步数据，因此实时归档的 ARCH_DEST 配置为 GRP1_MPP_EP01。

```
[ARCHIVE_REALTIME1]
ARCH_TYPE = REALTIME #实时归档类型
ARCH_DEST = GRP1_MPP_EP01 #实时归档目标实例名
[ARCHIVE_LOCAL1]
ARCH_TYPE = LOCAL #本地归档类型
ARCH_DEST = /dm/data/EP01/DAMENG/arch #本地归档文件存放路径
ARCH_FILE_SIZE = 128 #单位Mbit，本地单个归档文件最大值
ARCH_SPACE_LIMIT = 0 #单位Mbit，0表示无限制，取值范围为1024～4294967294Mbit
```

4）配置 dmmpp.ctl

MPP 备库同样需要配置 dmmpp.ctl 文件，可以直接从主库复制。本例中可以直接将 A 机器上实例 GRP1_MPP_EP01 配置的 dmmpp.ctl 复制到 B 机器的/dm/data/EP01/ DAMENG 目录中。

5）启动备库

以 Mount 方式启动备库：

./dmserver /dm/data/EP01/DAMENG/dm.ini mount

6）设置 OGUID 值

启动命令行工具 DIsql，登录备库设置 OGUID 值。

SQL>SP_SET_PARA_VALUE(1, 'ALTER_MODE_STATUS', 1);

SQL>sp_set_oguid(45330);

SQL>SP_SET_PARA_VALUE(1, 'ALTER_MODE_STATUS', 0);

7）修改数据库模式

启动命令行工具 DIsql，登录实例修改数据库为 Standby 模式。

SQL>SP_SET_PARA_VALUE(1, 'ALTER_MODE_STATUS', 1);

SQL>alter database standby;

SQL>SP_SET_PARA_VALUE(1, 'ALTER_MODE_STATUS', 0);

6. 配置备库 GRP2_MPP_EP22

1）配置 dm.ini

在 A 机器上，配置备库的实例名为 GRP2_MPP_EP22，dm.ini 参数修改如下：

#实例名，建议使用"组名_守护环境_序号"的命名方式，总长度不能超过16位

INSTANCE_NAME = GRP2_MPP_EP22

PORT_NUM = 5237 #数据库实例监听端口

DW_INACTIVE_INTERVAL = 60 #接收守护进程消息超时时间

ALTER_MODE_STATUS = 0 #不允许以手动方式修改实例模式/状态/OGUID值

ENABLE_OFFLINE_TS = 2 #不允许备库OFFLINE表空间

MAL_INI = 1 #打开MAL系统

ARCH_INI = 1 #打开归档配置

MPP_INI = 1 #打开MPP配置

RLOG_SEND_APPLY_MON = 64 #统计最近64次的日志重演信息

2）配置 dmmal.ini

直接将 A 机器上实例 GRP1_MPP_EP01 配置的 dmmal.ini 复制到 A 机器上的/dm/ data/EP02/DAMENG 目录中。

3）配置 dmarch.ini（实时归档）

修改 dmarch.ini，可以配置实时归档。除本地归档外，其他归档配置项中的

ARCH_DEST 表示当实例处于 Primary 模式时，需要同步归档数据的目标实例名。

当前实例 GRP2_MPP_EP22 是备库，守护系统配置完成后，在进行故障处理时，GRP2_MPP_EP22 切换为新的主库，在正常情况下，GRP2_MPP_EP02 会切换为新的备库，需要向 GRP2_MPP_EP02 同步数据，因此实时归档的 ARCH_DEST 配置为 GRP2_MPP_EP02。

```
[ARCHIVE_REALTIME1]
ARCH_TYPE = REALTIME #实时归档类型
ARCH_DEST = GRP2_MPP_EP02 #实时归档目标实例名
[ARCHIVE_LOCAL1]
ARCH_TYPE = LOCAL #本地归档类型
ARCH_DEST = /dm/data/EP02/DAMENG/arch #本地归档文件存放路径
ARCH_FILE_SIZE = 128 #单位Mbit，本地单个归档文件最大值
ARCH_SPACE_LIMIT = 0 #单位Mbit，0表示无限制，取值范围为1024～4294967294Mbit
```

4）配置 dmmpp.ctl

MPP 备库同样需要配置 dmmpp.ctl 文件，可以直接从主库上复制。本例中可以直接将 A 机器上实例 GRP1_MPP_EP01 配置的 dmmpp.ctl 复制到 A 机器的/dm/data/EP02/DAMENG 目录中。

5）启动备库

以 Mount 方式启动实例：

```
./dmserver /dm/data/EP02/DAMENG/dm.ini mount
```

6）设置 OGUID 值

启动命令行工具 DIsql，登录实例设置 OGUID 值。

```
SQL>SP_SET_PARA_VALUE(1, 'ALTER_MODE_STATUS', 1);
SQL>sp_set_oguid(45331);
SQL>SP_SET_PARA_VALUE(1, 'ALTER_MODE_STATUS', 0);
```

7）修改数据库模式

启动命令行工具 DIsql，登录实例修改数据库为 Standby 模式。

```
SQL>SP_SET_PARA_VALUE(1, 'ALTER_MODE_STATUS', 1);
SQL>alter database standby;
SQL>SP_SET_PARA_VALUE(1, 'ALTER_MODE_STATUS', 0);
```

7. 配置 dmwatcher.ini

一般来说，每个单独的实例都使用一个单独的守护进程守护。但是，在本例中，由于同一台机器上有不同组的两个实例，我们可以只配置一个守护进程，同时守护两个实例。

在 A 机器上配置 dmwatcher.ini，配置为全局守护类型，使用自动切换模式。

```
[GRP1]
DW_TYPE = GLOBAL #全局守护类型
```

DW_MODE = AUTO #自动切换模式

DW_ERROR_TIME = 10 #远程守护进程故障认定时间

INST_RECOVER_TIME = 60 #主库守护进程启动恢复的时间间隔

INST_ERROR_TIME = 10 #本地实例故障认定时间

INST_OGUID = 45330 #守护系统唯一OGUID值

INST_INI = /dm/data/EP01/DAMENG/dm.ini #dm.ini配置文件路径

INST_AUTO_RESTART = 1 #开启实例的自动启动功能

INST_STARTUP_CMD = /dm/bin/dmserver #命令行方式启动

RLOG_SEND_THRESHOLD = 0 #指定主库发送日志到备库的时间阈值，默认关闭

RLOG_APPLY_THRESHOLD = 0 #指定备库重演日志的时间阈值，默认关闭

[GRP2]

DW_TYPE = GLOBAL #全局守护类型

DW_MODE = AUTO #自动切换模式

DW_ERROR_TIME = 10 #远程守护进程故障认定时间

INST_RECOVER_TIME = 60 #主库守护进程启动恢复的时间间隔

INST_ERROR_TIME = 10 #本地实例故障认定时间

INST_OGUID = 45331 #守护系统唯一OGUID值

INST_INI = /dm/data/EP02/DAMENG/dm.ini #dm.ini配置文件路径

INST_AUTO_RESTART = 1 #开启实例的自动启动功能

INST_STARTUP_CMD = /dm/bin/dmserver #命令行方式启动

RLOG_SEND_THRESHOLD = 0 #指定主库发送日志到备库的时间阈值，默认关闭

RLOG_APPLY_THRESHOLD = 0 #指定备库重演日志的时间阈值，默认关闭

在 B 机器上配置 dmwatcher.ini，配置为全局守护类型，使用自动切换模式。

[GRP1]

DW_TYPE = GLOBAL #全局守护类型

DW_MODE = AUTO #自动切换模式

DW_ERROR_TIME = 10 #远程守护进程故障认定时间

INST_RECOVER_TIME = 60 #主库守护进程启动恢复的时间间隔

INST_ERROR_TIME = 10 #本地实例故障认定时间

INST_OGUID = 45330 #守护系统唯一OGUID值

INST_INI = /dm/data/EP01/DAMENG/dm.ini #dm.ini配置文件路径

INST_AUTO_RESTART = 1 #开启实例的自动启动功能

INST_STARTUP_CMD = /dm/bin/dmserver #命令行方式启动

RLOG_SEND_THRESHOLD = 0 #指定主库发送日志到备库的时间阈值，默认关闭

RLOG_APPLY_THRESHOLD = 0 #指定备库重演日志的时间阈值，默认关闭

[GRP2]

DW_TYPE = GLOBAL #全局守护类型

DW_MODE = AUTO #自动切换模式

DW_ERROR_TIME = 10 #远程守护进程故障认定时间

INST_RECOVER_TIME = 60 #主库守护进程启动恢复的时间间隔

INST_ERROR_TIME = 10 #本地实例故障认定时间

INST_OGUID = 45331 #守护系统唯一OGUID值

INST_INI = /dm/data/EP02/DAMENG/dm.ini   #dm.ini配置文件路径

INST_AUTO_RESTART = 1 #开启实例的自动启动功能

INST_STARTUP_CMD = /dm/bin/dmserver #命令行方式启动

RLOG_SEND_THRESHOLD = 0 #指定主库发送日志到备库的时间阈值，默认关闭

RLOG_APPLY_THRESHOLD = 0 #指定备库重演日志的时间阈值，默认关闭

8. 配置监视器

由于主备库的守护进程配置为自动切换模式，在自动切换模式下，必须配置确认监视器，因此这里选择配置确认监视器，而且确认监视器最多只能配置一个。和普通监视器相比，确认监视器除相同的命令支持以外，在主库发生故障时，能够自动通知备库接管为新的主库，具有故障自动处理功能。

修改 dmmonitor.ini 配置确认监视器，其中 MON_DW_IP 中的 IP、PORT 和 dmmal.ini 中的 MAL_HOST、MAL_DW_PORT 配置项保持一致。

MON_DW_CONFIRM = 1 #确认监视器模式

MON_LOG_PATH = /dm/data/log #监视器日志文件存放路径

MON_LOG_INTERVAL = 60 #每隔60s定时记录系统信息到日志文件

MON_LOG_FILE_SIZE = 32 #每个日志文件最大32Mbit

MON_LOG_SPACE_LIMIT = 0 #不限定日志文件总占用空间

[GRP1]

MON_INST_OGUID = 45330 #组GRP1的唯一OGUID值

#以下配置为监视器到组GRP1的守护进程的连接信息，以"IP:PORT"的形式配置

#IP对应dmmal.ini中的MAL_HOST，PORT对应dmmal.ini中的MAL_DW_PORT

MON_DW_IP = 192.168.0.141:5253

MON_DW_IP = 192.168.0.142:5254

[GRP2]

MON_INST_OGUID = 45331 #组GRP2的唯一OGUID值

#以下配置为监视器到组GRP2的守护进程的连接信息，以"IP:PORT"的形式配置

#IP对应dmmal.ini中的MAL_HOST，PORT对应dmmal.ini中的MAL_DW_PORT

MON_DW_IP = 192.168.0.142:5253

MON_DW_IP = 192.168.0.141:5254

9. 启动守护进程

分别启动机器 A、B 上的守护进程，即

./dmwatcher /dm/data/EP01/DAMENG/dmwatcher.ini

守护进程启动后，进入 Startup 状态，此时实例都处于 Mount 状态。守护进程开始广

播自身及其监控实例的状态信息，结合自身信息和远程守护进程的广播信息，守护进程将本地实例 Open，并切换为 Open 状态。

10. 启动监视器

使用以下命令启动监视器：

./dmmonitor /dm/data/dmmonitor.ini

监视器提供一系列命令，支持当前守护系统状态查看及故障处理，可输入 Help 命令，查看各种命令使用说明，结合实际情况选择使用。

至此，MPP 集群实时主备系统搭建完毕，在搭建步骤和各项配置都正确的情况下，在监视器上执行 Show 命令，可以监控到所有实例都处于 Open 状态，所有守护进程也都处于 Open 状态，即正常运行状态。

第 5 章
达梦数据库数据共享集群

达梦数据库数据共享集群的英文全称是 DM Data Shared Cluster，简称 DMDSC。达梦数据库数据共享集群允许多个数据库实例同时访问、操作同一个数据库，具有高可用性、高性能、负载均衡等特性，支持故障自动切换和故障自动重加入。因此，当某一个数据库实例发生故障时，不会导致数据库无法提供服务。

5.1 数据共享集群概述

在深入学习 DMDSC 的使用和管理之前，先要对 DMDSC 有一个大致的了解，本节主要介绍 DMDSC 的有关特性、概念及工作原理。

5.1.1 数据共享集群的特性

达梦数据库数据共享集群软件由武汉达梦数据库股份有限公司推出，是在 DM8 中采用的一项新技术，也是数据库支持网络计算环境的核心技术，具有高可靠性、高可恢复性、高可扩展性和高性能等特性。

1. 高可靠性

DMDSC 的高可靠性主要体现在以下几点。

（1）消除了单节点故障。其中一个实例失败了，集群中其他实例仍然可以正常运转。

（2）支持错误检测。集群组件自动监控 DMDSC 数据库，提供在这种环境下快速检测问题的功能。

（3）支持持续操作。具有持续服务能力以应对计划或非计划停机，提供快速应用通知和快速连接故障切换服务，对用户隐藏了集群中的组件失败情况，保障持续服务的能力。

2. 高可恢复性

达梦数据库具有很多恢复特性，可以从各种类型的失败中恢复。如果 DMDSC 中的一个实例失败，那么会被集群中的其他实例察觉，恢复操作自动发生，通过应用透明故障切换功能使用户对失败零感知。

3. 高可扩展性

DMDSC 为应用可扩展性的发挥提供了方便。传统上，当一台服务器的处理能力耗尽时，我们会将其替换成一台新的、更强大的服务器。随着服务器处理能力的增强，它们的价格也会更昂贵。使用 DMDSC 结构的数据库，可以另一种方式增强处理能力，那就是将传统上运行在大型 SMP 计算机的应用移植到一群小服务器组成的集群上。这种替代使用户可以继续使用当前硬件，在保留硬件投资价值的基础上，通过在集群中增加一个新的服务器来增强处理能力。

DMDSC 中所有的服务器必须安装同样的操作系统和相同版本的达梦数据库软件，但是在硬件配置上，这些服务器不必具备一模一样的处理能力。

DMDSC 体系架构能自动适应快速变化的业务需求和因此发生的负载变化。应用程序的用户和中间层应用服务器客户端通过服务名（Service Name）连接到数据库，达梦数据库自动地在各个节点上进行负载均衡。在不同节点上的 DMDSC 数据库实例被规划隶属于数据库的服务或数据库服务的子集，这种方式给 DBA 提供了灵活的连接功能，可以选择让连接某个数据库的特定应用客户端能够连接部分或者全部数据库节点。当业务需求增加时，管理人员可以通过增加连接节点轻松增强处理能力。DMDSC 通过缓存交换技术可以马上使用新增节点的 CPU 和内存资源，DBA 无须手动重新划分数据。

4. 高性能

DMDSC 拥有管理负载的技术，保证在特定配置和应用高可用的条件下系统具有最佳的吞吐量。在面向交易系统的 OLTP 中，使用专业工具 TPCC 进行的测试显示，DMDSC 具有良好的负载均衡能力。

5.1.2　数据共享集群的概念

一个 DMDSC 数据库就是一个集群数据库。集群就是一组相互独立的服务器相互协作形成的一个整体、单一的系统。

DMDSC 是一个多实例、单数据库的系统，多个数据库实例可以同时访问、修改同一个数据库中的数据，用户可以登录集群中的任意一个数据库实例，以获得完整的数据库服务。DMDSC 主要由数据库和数据库实例、共享存储、本地存储、通信网络及集群控制软件 DMCSS 组成，如图 5-1 所示。

在 DMDSC 系统中，数据文件和控制文件只有一份，被共享存储。DMDSC 系统的各个节点，无论有几个，都平等地使用这些文件。但是，这并不意味着 DMDSC 的各个节点完全一样，它们有自己独立的联机日志文件和归档日志文件，这些文件以共享存储方式保存。

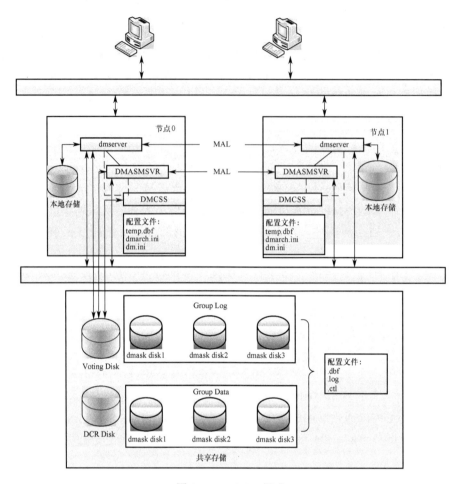

图 5-1　DMDSC 组成

DMDSC 得以实现的重要基础就是共享存储。DM 支持两种共享存储：裸设备和 DMASM。这两种共享存储的区别在于，后者在前者的基础上，部署并使用了 DMASM 文件系统，其目的是方便对裸设备上的磁盘或文件进行管理，所以一般推荐使用后者。

DMDSC 技术可为低成本硬件平台提供支持，使其提供优质的服务，达到或超出昂贵的大型 SMP 计算机的可用性和可伸缩性等级。通过显著降低管理成本和提供出色的灵活性管理服务，DMDSC 为企业网格环境提供了强有力的支持。

DMDSC 被设计用于提高应用的可用性和可扩展性，保护应用不受硬件和软件执行失败的干扰，保证持续访问数据的系统可用性。它的水平扩展特性和垂直扩展特性形成了一个平台，允许企业从任何层面上扩展其自身的业务。这样，应用的开发、管理及变更变得更简单，也相应地降低了企业的成本。

5.1.3　数据共享集群的工作原理

DMDSC 的工作原理在于：把数据库实例（运行在服务器上的、用来访问数据的进程和内存结构）与数据库（在存储设备上的实际数据的物理结构，也就是通常所说的数据文件）进行分离，从而使一个 DMDSC 数据库可以为多个实例提供访问服务，其架构如图 5-2 所示。

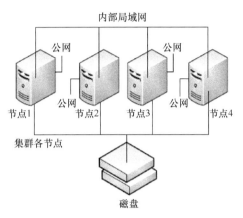

图 5-2　DMDSC 架构

DMASM 文件系统将物理磁盘格式化后，变成可识别、可管理的 DMASM 磁盘，再通过 DMASM 磁盘组将一个或多个 DMASM 磁盘整合成一个整体提供文件服务。

DMASM 磁盘被格式化后，会逻辑划分为若干簇（Extent），簇是管理 DMASM 磁盘的基本单位，DMASM 文件的最小分配单位也是簇。这些逻辑划分的簇根据用途可以分为描述簇、inode 簇和数据簇。

创建、删除 DMASM 文件的操作，在 DMASM 系统内部转换成修改、维护 inode AU 的具体动作，而扫描全局的 inode AU 链表就可以获取磁盘组上所有 DMASM 文件的信息。

5.2　数据共享集群的搭建

对 DMDSC 进行应用和管理，首先要进行环境准备工作。为使读者更好地理解 DMDSC 环境准备方法，本节将围绕一个例子来说明 DMDSC 的搭建过程，并介绍搭建 DMDSC 时的一些注意事项。

除在实际的多个服务器上搭建 DMDSC 满足业务需求外，DMDSC 还支持在单个节点上的搭建，主要用于测试和验证 DMDSC 的功能。使用 DMASM 搭建单个节点 DMDSC 的步骤与搭建多个节点 DMDSC 的步骤基本一致，主要有以下两点不同。

（1）需要修改 dmdcr_cfg.ini 中的 IP 信息。

（2）要为每个模拟节点配置一个不同的 SHM_KEY 值。

使用裸设备搭建 DMDSC 的步骤与使用 DMASM 搭建 DMDSC 的步骤基本一致，其区别主要在于配置文件略有不同。

本节主要以使用 DMASM 搭建两个节点的 DMDSC 为例，介绍 DMDSC 的搭建。

5.2.1　环境准备

DMDSC 的部署可使用多台服务器，本例使用了最少的硬件进行配置，即使用两台虚拟服务器（服务器 A 和服务器 B）完成 DMDSC 的部署，其软硬件环境如表 5-1 所示。

表 5-1　DMDSC 部署软硬件环境

配　　置	服务器 A	服务器 B
内存	2GB 以上	2GB 以上
硬盘	100GB（用于本地存储） 100GB（用于共享存储）	100GB（用于本地存储）
网卡	2 块 1000MB 网卡	2 块 1000MB 网卡
操作系统	中标麒麟 64 位	中标麒麟 64 位
网络配置	10.0.2.101（外部通信） 192.168.56.101（内部 MAL 通信）	10.0.2.102（外部通信） 192.168.56.102（内部 MAL 通信）

两台服务器按照表 5-1 准备好之后，分别创建 dmdba 用户和 dinstall 用户组，具体命令如下：

```
groupadd dinstall
useradd -g dinstall -m -d /home/dmdba -s /bin/bash dmdba
passwd dmdba
```

以 dmdba 用户的身份在两台虚拟服务器上分别安装 DM8 软件。限于篇幅，关于 DM8 软件的安装过程，这里不再赘述，读者可参考本系列丛书中《达梦数据库应用基础（第二版）》《达梦数据库编程指南》相关章节。

达梦数据库各种工具位于/opt/dmdbms/bin。

达梦数据库配置文件位于/home/dmdba/data。

在真实的生产环境中，建议至少配置两块共享磁盘，分别用来存放联机日志文件和数据文件。

5.2.2　共享存储配置

从图 5-1 中可以看出，DMDSC 的共享存储一般使用专门的存储设备，多个实例所在的服务器均连接该存储设备，形成同一个 DMDSC 的多个实例。

为便于读者学习和实践，本书实例在虚拟机环境下构建，环境准备好之后，每台服务器上均有自己的本地存储空间。接下来，需要进行共享存储配置，即在两台虚拟服务器中添加共享磁盘，并且进行共享磁盘分区，为 DMDSC 准备共享存储空间。具体步骤包括：在虚拟机 A 中配置共享磁盘，设置虚拟机 B 访问共享磁盘，然后配置共享磁盘。

1. 在虚拟机 A 中配置共享磁盘

通过 VMware 在虚拟机 A 中新增硬盘，硬盘类型设置为 SCSI、独立、永久型，操作界面如图 5-3 和图 5-4 所示。然后，设置磁盘大小，将磁盘存储为单个文件。

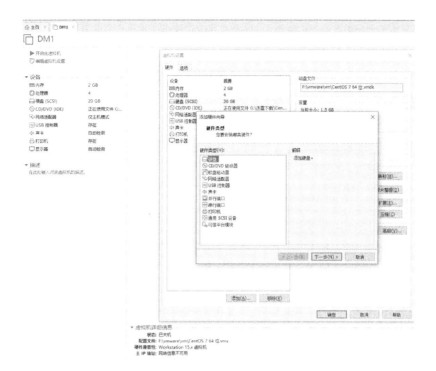

图 5-3 通过 VMware 在虚拟机 A 中新增硬盘

图 5-4 在虚拟机 A 中设置新增硬盘类型

按照上述方法，新增 4 块硬盘，大小分别为 1GB、1GB、4GB、94GB；新增硬盘完成后，打开"高级"设置界面，设置硬盘类型和编号，本例中设置为 scsi1:0、scsi1:1、scsi2:0、scsi2:1，并且分别设置为独立和永久。

2. 设置虚拟机 B 访问共享磁盘

要使虚拟机 B 访问其他服务器的共享磁盘，必须对.vmx 文件进行相应设置。具体步骤为：打开虚拟机 B 的位置目录，找到后缀为.vmx 的文件，用记事本方式打开此文件，添加以下几行信息并保存文件。

```
disk.enableUUID = "TRUE"
disk.locking="FALSE"
scsi1:0.SharedBus="Virtual"
scsi1:1.SharedBus="Virtual"
scsi2:0.SharedBus="Virtual"
scsi2:1.SharedBus="Virtual"
```

在虚拟机 B 中进行新增硬盘操作，具体操作与前面相同，不同的是硬盘类型设置为"使用现有虚拟磁盘"，如图 5-5 所示。

图 5-5　在虚拟机 B 中设置新增硬盘类型

3. 配置共享磁盘

增加共享磁盘后可以在系统中看到相应的硬件配置，但此时还无法使用，因为我们划分了多个磁盘，这些磁盘的盘符在每次系统启动后并不唯一，所以先使用 udev 工具绑定磁盘，然后绑定 raw 设备。

具体操作步骤如下。

1）使用 udev 工具绑定磁盘

raw 设备绑定需要通过 udev 工具进行，使用这个工具需要在/etc/udev/rules.d 目录下配置相应的文件，本书给出了相应的脚本，运行以下脚本：

```
for i in b c d e ;
do
echo
"KERNEL=="/"sd*/", ENV{DEVTYPE}=="/"disk/", SUBSYSTEM=="/"block/",
PROGRAM=="/"/usr/lib/ udev/scsi_id -g -u -d /$devnode/",
RESULT=="/"/usr/lib/udev/scsi_id --whitelisted --replace-whitespace –device=/dev/sd$i'/",
RUN+=="/"/bin/sh -c 'mknod /dev/dm-disk$i b /$major/$minor; chown dmdba:dmdba/dev/dm-disk$i;
chmod 0660 /dev/dm-disk$i'/"" >> /etc/udev/rules.d/99-dm-devices.rules
done;
```

不同的系统对脚本解释方法略有区别，可以在运行后进行相应修改，具体的配置文件如下：

```
# cat /etc/udev/rules.d/99-dm-devices.rules
KERNEL=="sd*", BUS=="scsi", PROGRAM=="/sbin/scsi_id --whitelisted --replace-whitespace--
device=/dev/$name", RESULT=="1ATA_VBOX_HARDDISK_VB031e6b3e-fe4f1cc1", NAME="dm-diskb",
OWNER="dmdba", GROUP="dinstall", MODE="0660"
KERNEL=="sd*", BUS=="scsi", PROGRAM=="/sbin/scsi_id --whitelisted --replace-whitespace--
device=/dev/$name", RESULT=="1ATA_VBOX_HARDDISK_VB053132b8-9695c593", NAME="dm-diskc",
OWNER="dmdba", GROUP="dinstall", MODE="0660"
KERNEL=="sd*", BUS=="scsi", PROGRAM=="/sbin/scsi_id --whitelisted --replace-whitespace--
device=/dev/$name", RESULT=="1ATA_VBOX_HARDDISK_VBce80b2c8-33ddeba9", NAME="dm-diskd",
OWNER="dmdba", GROUP="dinstall", MODE="0660"
KERNEL=="sd*", BUS=="scsi", PROGRAM=="/sbin/scsi_id --whitelisted --replace-whitespace--
device=/dev/$name", RESULT=="1ATA_VBOX_HARDDISK_VBbce3434f-2ff172fa", NAME="dm-diske",
OWNER="dmdba", GROUP="dinstall", MODE="0660"
```

运行脚本后，将输出内容与配置文件内容对比，若不同，则可以根据配置文件进行相应的修改。

2）绑定 raw 设备

以文本方式打开并编辑/etc/rc.d/rc.local 文件，在文件中增加以下语句：

```
#DCR Disk
raw /dev/raw/raw1 /dev/dm-diskb
sleep 2
chown dmdba:dinstall /dev/raw/raw1
chmod 660 /dev/raw/raw1
```

```
#Voting Disk
raw /dev/raw/raw2 /dev/dm-diskc
sleep 2
chown dmdba:dinstall /dev/raw/raw2
chmod 660 /dev/raw/raw2
#LOG
raw /dev/raw/raw3 /dev/dm-diskd
sleep 2
chown dmdba:dinstall /dev/raw/raw3
chmod 660 /dev/raw/raw3
#Data
raw /dev/raw/raw4 /dev/dm-diske
sleep 2
chown dmdba:dinstall /dev/raw/raw4
chmod 660 /dev/raw/raw4
touch /var/lock/subsys/local
#注意这里必须放在最后一行，否则开机不会自动映射raw设备
```

3）完成共享磁盘绑定

上述两个步骤完成后，还需要进行共享磁盘绑定，以实现永久化，具体操作可通过执行以下命令实现：

```
partprobe /dev/sdb
partprobe /dev/sdc
partprobe /dev/sdd
partprobe /dev/sde
/sbin/udevadm control --reload
```

完成共享磁盘绑定后，需要重启，然后就可以通过 blockdev--getsize64/dev/raw/raw1 命令查看共享磁盘的大小，两个节点信息一致。

5.2.3 DMASM 配置

完成共享存储配置后，需要进行 DMASM 配置，包括：配置 dmdcr_cfg.ini 文件，使用 DMASMCMD 工具进行初始化，配置 dmasvrmal.ini 文件，配置 dmdcr.ini 文件，启动 DMCSS、DMASMSVR 服务程序，以及创建 DMASM 磁盘组等。

1. 配置 dmdcr_cfg.ini 文件

dmdcr_cfg.ini 是格式化 DCR Disk 和 Voting Disk 的配置文件，配置信息包括 3 类：集群环境全局信息、集群组信息、集群组内节点信息。使用 DMASMCMD 工具，可以根据 dmdcr_cfg.ini 配置文件，格式化 DCR Disk 和 Voting Disk。

dmdcr_cfg.ini 配置项具体情况如表 5-2 所示。

表 5-2　dmdcr_cfg.ini 配置项具体情况

配置分类	配置项	说　明
集群环境全局信息	DCR_VTD_PATH	Voting Disk 路径
	DCR_N_GRP	集群环境包括多少个组，取值范围为 1～16 个
	DCR_OGUID	消息标识，DMCSSM 登录 DMCSS 消息校验用
集群组信息	DCR_GRP_TYPE	组类型（CSS/ASM/DB）
	DCR_GRP_NAME	组名，16 字节，配置文件内不可重复
	DCR_GRP_N_EP	组内节点个数 N，最多 16 个（目前只支持 2 个节点）
	DCR_GRP_EP_ARR	组内包含的节点序列号，{0,1,2,…,N–1}，用户不能指定，仅用于从 DCR 磁盘 Export 可见
	DCR_GRP_N_ERR_EP	组内故障节点个数，用户不能指定，仅用于从 DCR 磁盘 Export 可见
	DCR_GRP_ERR_EP_ARR	组内故障节点序列号，用户不能指定，仅用于从 DCR 磁盘 Export 可见
	DCR_GRP_DSKCHK_CNT	磁盘心跳机制，容错时间，默认为 60s，取值范围为 5～600s
集群组内节点信息（某些属性可能只针对某种类型节点，如 SHM_KEY 只对 ASM 节点有效）	DCR_EP_NAME	节点名，16 字节，配置文件内不可重复，DB 的节点名必须和配置文件 dm.ini 中的 INSTANCE_NAME 保持一致。ASM 节点名必须和 dmmal.ini 中的 MAL_INST_NAME 一致。同一种类型节点的 EP_NAME 不能重复
	DCR_EP_SEQNO	组内序号。CSS/ASM 不能配置，自动分配；DB 可以配置，0～n_ep-1；组内不能重复，如不配置则自动分配
	DCR_EP_HOST	节点 IP（CSS/ASM 有效，表示登录 CSS/ASM 的 IP 地址）。对 DB 来说，是绑定 VIP 的网卡对应的物理 IP 地址
	DCR_EP_PORT	节点 TCP 监听端口（CSS/ASM/DB 有效，对应登录 CSS/ASM/DB 的端口号），取值范围为 1024～65534。特别地，对 DB 来说，当 DB 的 DCR_EP_PORT 与 dm.ini 中的 PORT_NUM 不一致时，DB 端口以 DCR_EP_PORT 为准
	DCR_EP_SHM_KEY	共享内存标识，数值类型（ASM 有效，初始化共享内存的标识符），应为大于 0 的 4 字节整数
	DCR_VIP	节点 VIP（DB 有效，表示配置的虚拟 IP），需要和 DCR_EP_HOST 在同一个网段。若需要取消 VIP 配置，则仅需要将 DB 组的 DCR_VIP 和 DCR_EP_HOST 删除
	DCR_CHECK_PORT	DCR 检查端口号。检查实例是否活动的时候使用，各实例不能冲突
	DCR_EP_SHM_SIZE	共享内存大小，单位 MB（ASM 有效，初始化共享内存大小），取值范围为 10～1024MB
	DCR_EP_ASM_LOAD_PATH	ASM 磁盘扫描路径，Linux 中一般为/dev/raw；文件模拟情况，必须是全路径，不能是相对路径

dmdcr_cfg.ini 配置项的相关使用说明如下。

（1）在用 DMASMCMD 工具执行 init votedisk disk_path from dcr_cfg_path 命令时，指定的 disk_path 必须和 dcr_cfg_path 中配置的 DCR_VTD_PATH 相同。

（2）如果配置 DMCSSM，DMCSSM 的 OGUID 值必须和 DCR_OGUID 值保持一致。

（3）DCR_N_GRP 必须和实际配置的组数目保持一致。

（4）CSS 和 ASM 组的 DCR_GRP_N_EP 要相等，DB 的 DCR_GRP_N_EP 要小于或等于 CSS/ASM 的 DCR_GRP_N_EP。

（5）ASM 节点的 DCR_EP_NAME 必须和 DMASM 系统使用的 dmmal.ini 配置文件中的 MAL_INST_NAME 保持一致。

（6）DB 节点的 DCR_EP_NAME 必须和数据库实例使用的 dmmal.ini 配置文件中的 MAL_INST_NAME，以及 dm.ini 配置文件中的 INSTANCE_NAME 保持一致。

（7）所有 DB 节点的 DCR_EP_NAME 都不能重复，DB 组内的 DCR_EP_SEQNO 也不能重复。

dmdcr_cfg.ini 文件的配置只需要在一个服务器节点上进行即可，需要使用 dmdba 用户身份进行。首先创建/home/dmdba/data/目录，然后将 dmdcr_cfg.ini 配置文件保存到 /home/dmdba/data/目录下。

dmdcr_cfg.ini 配置文件的内容如下：

```
DCR_N_GRP=3
DCR_VTD_PATH=/dev/raw/raw2
DCR_OGUID=63635
[GRP]
DCR_GRP_TYPE=CSS
DCR_GRP_NAME=GRP_CSS
DCR_GRP_N_EP=2
DCR_GRP_DSKCHK_CNT=60
[GRP_CSS]
DCR_EP_NAME=CSS0
DCR_EP_HOST=10.0.2.101
DCR_EP_PORT=9341
[GRP_CSS]
DCR_EP_NAME=CSS1
DCR_EP_HOST=10.0.2.102
DCR_EP_PORT=9343
[GRP]
DCR_GRP_TYPE=ASM
DCR_GRP_NAME=GRP_ASM
DCR_GRP_N_EP=2
DCR_GRP_DSKCHK_CNT=60
[GRP_ASM]
DCR_EP_NAME=ASM0
DCR_EP_SHM_KEY=93360
```

```
DCR_EP_SHM_SIZE=10
DCR_EP_HOST=10.0.2.101
DCR_EP_PORT=9349
DCR_EP_ASM_LOAD_PATH=/dev/raw
[GRP_ASM]
DCR_EP_NAME=ASM1
DCR_EP_SHM_KEY=93361
DCR_EP_SHM_SIZE=10
DCR_EP_HOST=10.0.2.102
DCR_EP_PORT=9351
DCR_EP_ASM_LOAD_PATH=/dev/raw
[GRP]
DCR_GRP_TYPE=DB
DCR_GRP_NAME=GRP_DSC
DCR_GRP_N_EP=2
DCR_GRP_DSKCHK_CNT=60
[GRP_DSC]
DCR_EP_NAME=DSC0
DCR_EP_SEQNO=0
DCR_EP_PORT=5236
DCR_CHECK_PORT=9741
[GRP_DSC]
DCR_EP_NAME=DSC1
DCR_EP_SEQNO=1
DCR_EP_PORT=5236
DCR_CHECK_PORT=9742
```

2. 使用 DMASMCMD 工具进行初始化

使用 DMASMCMD 工具进行初始化，可以在任意服务器节点上进行。启动 DMASMCMD 工具，然后依次输入以下命令，完成初始化。

```
create dcrdisk '/dev/raw/raw1' 'dcr'
create votedisk '/dev/raw/raw2' 'vote'
create asmdisk '/dev/raw/raw3' 'LOG0'
create asmdisk '/dev/raw/raw4' 'DATA0'
init dcrdisk '/dev/raw/raw1' from '/home/data/dmdcr_cfg.ini' identifiedby 'abcd'
init votedisk '/dev/raw/raw2' from '/home/data/dmdcr_cfg.ini'
```

也可以将上述命令写入一个文本文件（如 asmcmd.txt），通过执行如下命令来完成初始化。

```
dmasmcmd script_file=asmcmd.txt
```

3. 配置 dmasvrmal.ini 文件

dmasvrmal.ini 和 dmmal.ini 一样都是 MAL 配置文件。使用同一套 MAL 系统的所有实例，MAL 系统配置文件要严格保持一致。

MAL 系统配置文件的配置项如表 5-3 所示。

表 5-3　MAL 系统配置文件中的配置项

配 置 项	说 明
MAL_CHECK_INTERVAL	MAL 链路检测时间间隔，取值范围为 0～1800s，默认为 30s，配置为 0s 表示不进行 MAL 链路检测。为了防止误判，在 DMDSC 中，建议将配置值设为大于或等于 DCR_GRP_NETCHK_TIME
MAL_CONN_FAIL_INTERVAL	判定 MAL 链路断开的时间，取值范围为 2～1800s，默认为 10s
MAL_LOGIN_TIMEOUT	MPP/DBLINK 等实例登录时的超时检测时间间隔（3～1800s），默认为 15s
MAL_BUF_SIZE	单个 MAL 缓存大小限制，以 MB 为单位。当此 MAL 的缓存邮件超过设置大小时，会将邮件存储到文件中。有效值范围为 0～500000MB，默认为 100MB
MAL_SYS_BUF_SIZE	MAL 系统总内存大小限制，单位为 MB。有效值范围为 0～500000MB；默认为 0MB，表示 MAL 系统无总内存限制
MAL_VPOOL_SIZE	MAL 系统使用的内存初始化大小，以 MB 为单位。有效值范围为 1～500000MB，默认为 128MB。此值一般要设置得比 MAL_BUF_SIZE 大一些
MAL_COMPRESS_LEVEL	MAL 消息压缩等级，取值范围为 0～10。默认为 0，表示不进行压缩；1～9 表示采用 LZ 算法，从 1 到 9 表示压缩速度依次递减，压缩率依次递增；10 表示采用 QuickLZ 算法，压缩速度高于 LZ 算法，压缩率较低
[MAL_NAME]	MAL 名称，同一个配置文件中 MAL 名称需要保持唯一性
MAL_INST_NAME	数据库实例名，与 dm.ini 中的 INSTANCE_NAME 配置项保持一致，MAL 系统中数据库实例名要保持唯一
MAL_HOST	MAL IP 地址，使用 MAL_HOST + MAL_PORT 创建 MAL 链路
MAL_PORT	MAL 监听端口
MAL_INST_HOST	MAL_INST_NAME 实例对外服务 IP 地址
MAL_INST_PORT	MAL_INST_NAME 实例对外服务端口，和 dm.ini 中的 PORT_NUM 保持一致
MAL_DW_PORT	MAL_INST_NAME 实例守护进程监听端口，其他守护进程或监视器使用 MAL_HOST + MAL_DW_PORT 创建 TCP 连接

MAL 系统配置文件配置项的相关使用说明如下。

（1）DMASMSVR 组成的集群环境使用 MAL 系统进行通信，需要在 dmdcr.ini 配置文件中配置 DMDCR_MAL_PATH 参数，指定 MAL 配置文件路径，例如，DMDCR_MAL_PATH=/home/data/dmasvrmal.ini。

（2）使用 MAL 系统的 dmserver 实例，需要将 dm.ini 中的配置项 MAL_INI 设置为 1。同时，MAL 系统配置文件名称必须为 dmmal.ini。

（3）DMASMSVR 和 DMDSC 中的 dmserver 实例需要分别配置一套独立的 MAL 系统，两者配置的 MAL 环境不能冲突。

dmasvrmal.ini 是 DMASM 的 MAL 配置文件，需要在所有使用 DMASM 的节点中配置，并且所有节点中的 dmasvrmal.ini 文件内容完全一样，即保存在/home/dmdba/data 目录下。

在本例中，dmasvrmal.ini 的内容如下：

```
[MAL_INST1]
MAL_INST_NAME = ASM0
MAL_HOST = 10.0.2.101
MAL_PORT = 7236
[MAL_INST2]
MAL_INST_NAME = ASM1
MAL_HOST = 10.0.2.102
MAL_PORT = 7237
```

4. 配置 dmdcr.ini 文件

dmdcr.ini 是 DMCSS、DMASMSVR、DMASMTOOL 工具的输入参数，记录了当前节点序列号及 DCR 磁盘路径。dmdcr.ini 配置项具体情况如表 5-4 所示。

表 5-4　dmdcr.ini 配置项具体情况

配　置　项	说　　明
DMDCR_PATH	记录 DCR 磁盘路径
DMDCR_SEQNO	记录当前节点序号（用来获取 ASM 登录信息）
DMDCR_MAL_PATH	保存 dmmal.ini 配置文件的路径，仅对 DMASMSVR 有效
DMDCR_ASM_RESTART_INTERVAL	DMCSS 认定 DMASM 节点故障重启的时间间隔（0～86400s），DMCSS 只负责对与 DMDCR_SEQNO 节点号相等的 DMASM 节点故障重启。超过设置的时间后，如果 DMASM 节点的 active 标识仍然为 FALSE，则 DMCSS 会执行自动拉起操作。如果配置为 0，则不会执行自动拉起操作；默认为 60s
DMDCR_ASM_STARTUP_CMD	DMCSS 认定 DMASM 节点故障后，执行自动拉起的命令串，可以配置为服务启动方式或命令行启动方式
DMDCR_DB_RESTART_INTERVAL	DMCSS 认定 DMDSC 节点故障重启的时间间隔（0～86400s），DMCSS 只负责对与 DMDCR_SEQNO 节点号相等的 DMDSC 节点故障重启。超过设置的时间后，如果 DMDSC 节点的 active 标识仍然为 FALSE，则 DMCSS 会执行自动拉起操作。如果配置为 0，则不会执行自动拉起操作；默认为 60s
DMDCR_DB_STARTUP_CMD	DMCSS 认定 DMDSC 节点故障后，执行自动拉起的命令串，可以配置为服务启动方式或命令行启动方式，具体可参考说明部分

dmdcr.ini 配置项的相关使用说明如下。

（1）DMASMSVR 和 dmserver 使用不同的 MAL 系统，需要配置两套 MAL 系统，配置文件 dmmal.ini 需要分别生成，并保存到不同的目录下，dmmal.ini 中的配置项也不能重复、冲突。

（2）DMCSS 自动拉起故障 DMASMSVR 或 dmserver 实例。

（3）故障认定时间间隔和启动命令串是配合使用的，DMASMSVR 和 dmserver 实例需要各自配置，如果没有配置启动命令串，即使将故障时间间隔配置为大于 0 的值，那么 DMCSS 也不会执行自动拉起操作，DMDCR_ASM_RESTART_INTERVAL 和 DMDCR_DB_RESTART_ INTERVAL 默认为 60s，只有在配置了启动命令串时才会起作用。

（4）DMDCR_ASM_STARTUP_CMD 和 DMDCR_DB_STARTUP_CMD 的配置方法相同，只是执行码名称和 dmdcr.ini 配置文件的路径不同，可以配置为服务启动方式或命令行启动方式。

dmdcr.ini 配置文件需要保存到/home/data 目录下，并且 DMASM 的两个服务器节点需要分别配置 dmdcr.ini，区别在于 DMDCR_SEQNO 的不同，分别为 0 和 1。

服务器 A 中的 dmdcr.ini 文件配置如下：

```
DMDCR_PATH=/dev/raw/raw1
DMDCR_MAL_PATH=/home/dmdba/data/dmasvrmal.ini#dmasmsvr #使用MAL配置文件路径
DMDCR_SEQNO=0
#ASM重启参数，命令行方式启动
DMDCR_ASM_RESTART_INTERVAL=0
DMDCR_ASM_STARTUP_CMD=/home/dmdba/dmdbms/bin/dmasmsvr

dcr_ini=/home/dmdba/data/dmdcr.ini
#DB重启参数，命令行方式启动
DMDCR_DB_RESTART_INTERVAL=0
DMDCR_DB_STARTUP_CMD=/home/dmdba/dmdbms/bin/dmserver

path=/home/data/dsc0_config/dm.ini

dcr_ini=/home/data/dmdcr.ini
```

服务器 B 中的 dmdcr.ini 文件配置如下：

```
DMDCR_PATH=/dev/raw/raw1
DMDCR_MAL_PATH=/home/data/dmasvrmal.ini#dmasmsvr #使用MAL配置文件路径
DMDCR_SEQNO=1
#ASM重启参数，命令行方式启动
DMDCR_ASM_RESTART_INTERVAL=0
DMDCR_ASM_STARTUP_CMD=/home/dmdba/dmdbms/bin/dmasmsvr

dcr_ini=/home/dmdba/data/dmdcr.ini
#DB重启参数，命令行方式启动
DMDCR_DB_RESTART_INTERVAL=0
DMDCR_DB_STARTUP_CMD=/home/dmdba/dmdbms/bin/dmserver

path=/home/data/dsc1_config/dm.ini

dcr_ini=/home/data/dmdcr.ini
```

5. 启动 DMCSS、DMASMSVR 服务程序

在完成上述文件配置后，需要在两个服务器节点上使用 dmdba 用户启动 DMCSS、DMASM 服务程序。

通常，DMASMSVR 服务程序的启动命令如下。

（1）Linux 命令行方式启动（不能出现带有空格的路径）。

DMDCR_ASM_STARTUP_CMD = /home/dmdba/dmdbms/bin/dmasmsvr dcr_ini=/home/dmdba/data/dmdcr.ini

（2）Linux 服务方式启动（需要先注册服务）。

DMDCR_ASM_STARTUP_CMD = service dmasmserverd restart

（3）Windows 命令行方式启动。

DMDCR_ASM_STARTUP_CMD = C:/dm/bin/dmasmsvr.exe dcr_ini=D:/asmtest/dmdcr.ini

（4）Windows 服务方式启动。

DMDCR_ASM_STARTUP_CMD = net start 注册服务名

下面给出 dmdcr_cfg.ini 配置项的相关例子：

DMDCR_PATH=/dev/raw/raw1

DMDCR_SEQNO=0

DMDCR_MAL_PATH=/home/data/dmasvrmal.ini

#故障认定时间间隔，启动命令中的执行码路径，路径需要根据实际情况调整

DMDCR_ASM_RESTART_INTERVAL = 60

DMDCR_ASM_STARTUP_CMD = /opt/dmdbms/bin/dmasmsvr dcr_ini=/home/data/dmdcr.ini

DMDCR_DB_RESTART_INTERVAL = 60

DMDCR_DB_STARTUP_CMD = /opt/dmdbms/bin/dmserver

path=/home/data/rac0_config/dm.ini dcr_ini=/home/data/dmdcr.ini

服务器 A 和服务器 B 先后分别启动 DMCSS、DMASMSVR 服务程序，操作系统采用中标麒麟，因此手动启动 DMCSS 服务程序的命令如下：

./dmcss DCR_INI=/home/dmdba/data/dmdcr.ini

手动启动 DMASMSVR 服务程序的命令如下：

#./dmasmsvr DCR_INI=/home/data/dmdcr.ini

如果 DMCSS 配置有自动拉起 DMASMSVR 的功能，则可以等待 DMCSS 自动拉起 DMASMSVR 程序，不需要手动启动。

6. 创建 DMASM 磁盘组

此时，需要用 DMASMTOOL 工具创建 DMASM 磁盘组，此操作在任意一个服务器节点上进行都可以。

在服务器 A 中启动 DMASMTOOL 工具，命令如下：

#./dmasmtool DCR_INI=/home/data/dmdcr.ini

输入下列语句创建 DMASM 磁盘组：

#创建日志磁盘组

create diskgroup 'DMLOG' asmdisk '/dev/raw/raw3'

#创建数据磁盘组

create diskgroup 'DMDATA' asmdisk '/dev/raw/raw4'

5.2.4 初始化数据库环境并启动数据库服务器

在这一环节，首先，需要配置 dminit.ini 文件；其次，使用 DMINIT 工具初始化数据库；再次，启动数据库服务器；最后，连接数据库集群验证。这时， DMDSC 的搭建就完成了。

1. 配置 dminit.ini 文件

dminit.ini 是 DMINIT 工具初始化数据库环境的配置文件。与初始化数据库使用普通文件系统不同，如果使用裸设备或 ASM 文件系统，则必须使用 DMINIT 工具的 control 参数指定 dminit.ini 文件。

DMINIT 工具的命令行参数都可以放在 dminit.ini 中，如 DB_NAME、AUTO_OVERWRITE 等，dminit.ini 的参数分为全局参数和节点参数。

常用的 dminit.ini 配置项如表 5-5 所示。

表 5-5 常用的 dminit.ini 配置项

配 置 分 类	配 置 项	说　明
全局参数 （对所有节点有效）	SYSTEM_PATH	初始化数据库存放的路径
	DB_NAME	初始化数据库名称
	MAIN	MAIN 表空间路径
	MAIN_SIZE	MAIN 表空间大小
	SYSTEM	SYSTEM 表空间路径
	SYSTEM_SIZE	SYSTEM 表空间大小
	ROLL	ROLL 表空间路径
	ROLL_SIZE	ROLL 表空间大小
	CTL_PATH	控制文件（dm.ctl）路径
	CTL_SIZE	控制文件（dm.ctl）大小
	LOG_SIZE	日志文件大小
	HUGE_PATH	Huge 表空间路径
	AUTO_OVERWRITE	文件存在时的处理方式
	DCR_PATH	DCR 磁盘路径
	DCR_SEQNO	连接 DMASM 节点号
节点参数 （对具体节点有效）	[xxx]	具体节点都是以[xxx]开始，节点实例名就是 xxx
	CONFIG_PATH	配置文件存放路径
	PORT_NUM	节点端口号
	MAL_HOST	节点 MAL 系统使用 IP
	MAL_PORT	节点 MAL 端口
	LOG_PATH	日志文件路径

dminit.ini 配置项的相关使用说明如下。

（1）SYSTEM_PATH 目前可以支持 ASM 文件系统，如果不指定 MAIN/SYSTEM/ROLL/CTL_PATH/HUGE_PATH，则数据文件、控制文件和 Huge 表空间路径都会默认生成在

SYSTEM_PATH/DB_NAME 下。

（2）表空间路径和 dm.ctl 路径支持普通操作系统路径、裸设备路径、ASM 文件系统路径。如果指定，则必须指定大小。

（3）只有 DMINIT 工具使用 ASM 文件系统，才会用到 DCR_PATH 和 DCR_SEQNO，并且不会写入其他配置文件。

（4）CONFIG_PATH 暂时只支持裸设备，不支持 ASM 文件系统。DSC 环境配置，两个节点的 CONFIG_PATH 要指定不同路径。

（5）MAL_HOST 和 MAL_PORT 是为了自动创建 dmmal.ini 文件而使用的，只有在初始化 DSC 环境时才需要指定。

（6）LOG_PATH 可以不指定，默认在 SYSTEM_PATH 中生成。如果指定，则必须指定两个以上。

（7）必须指定实例名，即必须配置[xxx]。

（8）DMINIT 工具的 control 参数只能独立使用，不能和其他任何参数一起使用。

在本例中，需要在两台服务器中配置 dminit.ini 文件，保存到/home/dmdba/data 目录下，配置内容如下：

```
DB_NAME=dsc
SYSTEM_PATH=+DMDATA/data
SYSTEM =+DMDATA/data/dsc/system.dbf
SYSTEM _SIZE=128
ROLL=+DMDATA/data/dsc/roll.dbf
ROLL_SIZE=128
MAIN=+DMDATA/data/dsc/main.dbf
MAIN_SIZE =128
CTL_PATH=+DMDATA/data/dsc/dm.ctl
CTL_SIZE =8
LOG_SIZE =256
DCR_PATH =/dev/raw/raw1
DCR_SEQNO=0
AUTO_OVERWRITE=1
[DSC0]#INST_NAME与dmdcr_cfg.ini中DB类型GROUP中的DCR_EP_NAME对应
CONFIG_PATH=/home/dmdba/data/dsc0_config
PORT_NUM=5236
MAL_HOST=10.0.2.101
MAL_PORT=9340
LOG_PATH=+DMLOG/log/dsc0_log01.log
LOG_PATH=+DMLOG/log/dsc0_log02.log
[DSC1]#INST_NAME跟dmdcr_cfg.ini中DB类型GROUP中的DCR_EP_NAME对应
CONFIG_PATH =/home/dmdba/data/dsc1_config
```

```
PORT_NUM =5237
MAL_HOST =10.0.2.102
MAL_PORT =9341
LOG_PATH =+DMLOG/log/dsc1_log01.log
LOG_PATH =+DMLOG/log/dsc1_log02.log
```

2. 初始化数据库

配置好 dminit.ini 文件后，需要使用 DMINIT 工具初始化数据库，这一操作可在任意服务器上进行。

DMINIT 工具在执行完成后，会在 CONFIG_PATH 目录（/home/dmdba/dmdbms/data/dsc0_config 和/home/dmdba/dmdbms/data/dsc1_config）下生成 dm.ini 配置文件和 dmmal.ini 配置文件。

使用 DMINIT 工具初始化数据库的命令如下：

```
./dminit CONTROL=/home/dmdba/data/dminit.ini
```

将生成的文件复制到另一台服务器的相同目录下。

3. 启动数据库服务器

将机器的/home/dmdba/data/dsc1_config 目录复制到另一台机器的相同目录下，再分别启动 dmserver 即可完成 DMDSC 的搭建。如果 DMCSS 配置有自动拉起 dmserver 的功能，则可以等待 DMCSS 自动拉起实例，不需要手动启动；否则，需要手动启动。

手动启动可通过 dmdcr.ini 命令来实现，本例中对服务器 A 的手动启动命令如下：

```
./dmserver /home/dmdba/data/dsc0_config/dm.ini dcr_ini=/home/dmdba/data/dmdcr.ini
```

对服务器 B 的手动启动命令如下：

```
./dmserver /home/dmdba/data/dsc1_config/dm.ini dcr_ini=/home/dmdba/data/dmdcr.ini
```

4. 连接数据库集群验证

启动数据库后，对数据库的配置文件和集群连接状态进行验证。

例如，查看集群的地址，可通过 Cat 命令查看相应的配置文件，使用命令如下：

```
$ cat /etc/dm_svc.conf
rac=(192.168.57.3:5236,192.168.57.4:5236)
SWITCH_TIME=(10000)
SWITCH_INTERVAL=(10)
TIME_ZONE=(480)
LANGUAGE=(en)
```

如果要连接数据库集群，则可在任意机器上执行以下命令：

```
$ disql SYSDBA/SYSDBA@rac
Server[192.168.57.3:5236]:mode is normal, state is open
login used time: 134.831(ms)
disql V7.6.0.95-Build(2018.09.13-97108)ENT
Connected to: DM 7.1.6.95
```

```
SQL> select instance_name from v$instance;
LINEID          INSTANCE_NAME
---------- ------- ----------- ---------------
1               RAC0
used time: 26.628(ms). Execute id is 834.
SQL>
SQL> select * from v$rac_ep_info;
LINEID     EP_NAME    EP_SEQNO    EP_GUID       EP_TIMESTAMP    EP_MODE    EP_STATUS
---------- ------- ----------- -------------------------------- ------- ---------- ------------------ -------- -----------
1          RAC0       0           302833758     302834218       MASTER     OK
2          RAC1       1           302840346     302840784       SLAVE      OK
used time: 7.525(ms). Execute id is 835.
```

5.3　数据共享集群的启动和关闭

5.2 节在介绍 DMDSC 的搭建时，也介绍了 DMDSC 数据库服务器的启动，以及连接数据库集群验证的方法。本节主要介绍在 DMDSC 运行过程中，当需要启动或关闭数据共享集群时的操作方法和注意事项。

5.3.1　启动/关闭数据共享集群

在 DMDSC 中，可以通过 Linux 的注册服务来启动或关闭数据共享集群，也可以通过 DMCSSM 监视器来启动或关闭数据共享集群。

1. DMDSC 启动/关闭流程

DMDSC 是基于共享存储的数据库集群系统，包含多个数据库实例，因此，与单节点的达梦数据库不同，DMDSC 需要在节点间进行同步、协调，才能正常地启动、关闭。

DMDSC 涉及 3 个组件：DMCSS 集群同步服务、DMASMSVR 文件系统和DMSERVICE 数据库，在启动/关闭 DMDSC 时，需要按照一定的顺序依次启动或关闭这3 个组件，具体依赖关系如下。

启动顺序：DMCSS→DMASMSVR→DMSERVICE。

关闭顺序：DMSERVICE→DMASMSVR→DMCSS。

2. 通过服务启动/关闭 DMDSC

只有首先注册相关服务，才能通过服务来启动或关闭 DMDSC，注册服务可在DMDSC 环境搭建完成后进行。

注册服务可通过 dm_service_installer 命令进行，针对 DMCSS、DMASMSVR 和DMSERVICE，注册命令如下：

```
#注册DMCSS服务
[root@www.cndba.cn1/]#/home/dmdba/dmdbms/script/root/dm_service_installer.sh-tdmcss-
i/home/data/dmdcr.ini-prac1
移动服务脚本文件（/dm/dmdbms/bin/DmCSSServicerac1到/etc/rc.d/init.d/DmCSSServicerac1）
创建服务（DmCSSServicerac1）完成
#注册DMASMSVR服务
[root@www.cndba.cn1/]#/home/dmdba/dmdbms/script/root/dm_service_installer.sh-tdmasmsvr-
i/home/data/dmdcr.ini-prac1
移动服务脚本文件（/dm/dmdbms/bin/DmASMSvrServicerac1到/etc/rc.d/init.d/DmASMSvrServicerac1）
创建服务（DmASMSvrServicerac1）完成
#注册DM数据库服务
[root@www.cndba.cn1bin]#/home/dmdba/dmdbms/script/root/dm_service_installer.sh-tdmserver-
i/home/data/rac0_config/dm.ini-d/home/data/dmdcr.ini-prac1
移动服务脚本文件（/dm/dmdbms/bin/DmServicerac1到/etc/rc.d/init.d/DmServicerac1）
创建服务（DmServicerac1）完成
```

注册完成后，依次启动或关闭相应的服务即可实现 DMDSC 的启动或关闭。例如，启动 DMDSC 的命令如下：

```
#节点1：
service DmCSSServicerac1 start
service DmASMSvrServicerac1 start
service DmServicerac1 start
```

3. 通过 DMCCSM 监视器启动/关闭 DMDSC

同样地，也可以通过 DMCCSM 监视器对集群进行开启或关闭，主要涉及的命令如下：

```
#CSS：
css startup  #在CSS监控关闭的情况下，可通过此命令打开CSS的监控功能
css stop  #关闭CSS的监控功能。此命令会发送给所有的CSS执行，可通过showcss组查看每个CSS
的autoflag值，如果为FALSE，则表示执行成功


#ASM组和DB组：
Open force group_name  #在启动ASM或DB组时，如果某个节点故障一直无法启动，则可借助此命
令将ASM组或DB组强制Open
Ep startup group_name  #通知CSS启动指定的ASM组或DB组，如果CSS已经开启了指定组的自动拉
起功能，则命令不允许执行，需要等待CSS自动检测故障并执行拉起操作
Ep stop group_name  #退出指定的ASM组或DB组，如果主CSS故障或尚未选出，则命令执行
失败
```

5.3.2 配置重连机制

连接达梦数据库数据共享集群实际上是连接集群中的一个实例，用户的所有增/删/改/查操作都由该实例完成。在单实例应用模式中，当实例出现故障时，对应的用户连接会失效，导致业务无法开展。在 DMDSC 中，当单个节点实例出现故障时，重连机制使对应的用户连接转移到其他正常实例，而且这种转移对用户是透明的，用户的操作继续返回正确结果，用户感觉不到异常。

在 DMDSC 中，只有正确配置连接服务名文件，才能实现故障自动重连。连接服务名可以在达梦数据库提供的 JDBC、DPI 等接口中使用，在连接数据库时指定连接服务名，接口会随机选择一个 IP 进行连接，如果连接不成功或服务器状态不正确，则顺序获取下一个 IP 进行连接，直至连接成功或遍历所有 IP。

连接服务名文件 dm_svc.conf 在达梦数据库安装时生成，在 Windows 系统中，其位于%SystemRoot%/system32 目录下，在 Linux 系统中，其位于/etc 目录下。

连接服务名格式为

SERVERNAME=(IP[:PORT],IP[:PORT],……)

dm_svc.conf 的配置项说明如表 5-6 所示。

表 5-6 dm_svc.conf 的配置项说明

配 置 项	说 明
SERVERNAME	连接服务名，用户通过连接服务名访问数据库
IP	数据库所在节点的 IP 地址，如果是 IPv6 地址，为了区分端口，则需要用[]封闭 IP 地址
PORT	数据库使用的 TCP 连接端口，可选配置，不配置则使用连接上指定的端口
SWITCH_TIME	当检测到数据库实例故障时，接口在服务器之间切换的次数；超过设置次数没有连接到有效数据库时，断开连接并报错。有效值范围为 1～9223372036854775807 次，默认为 3 次
SWITCH_INTERVAL	服务器切换的时间间隔，单位为 ms，有效值范围为 1～9223372036854775807ms，默认为 200ms

在本例中，针对服务器 A，连接服务名为 dmdsc_cndba，配置 dm_svc.conf 文件，添加如下内容：

[dmdba@dm1etc]$ cat/etc/dm_svc.conf

dave=(192.168.20.191:5236)

dmdsc_cndba=(192.168.20.181:5236,192.168.20.182:5236)

SWITCH_TIME=(10000)

SWITCH_INTERVAL=(10)

TIME_ZONE=(480)

LANGUAGE=(en)

针对上述重连配置，测试故障自动重连，结果如下：

#连接到DSC

[dmdba@dm1 ~]$ disql SYSDBA/SYSDBA@dmdsc_cndba

Server[192.168.20.182:5236]:mode is normal, state is open

loginusedtime:14.725(ms)

disqlV7.6.0.95-Build(2018.09.13-97108)ENT

Connectedto:DM7.1.6.95

#查看当前的连接节点

SQL>select name from v$instance;

LINEIDNAME

1RAC1

#直接kill RAC1实例

[dave@www.cndba.cn2~]# ps -ef|grep   ini

Root 1 0 0 19:39 ? 00:00:00 /sbin/init

Root 2320 1 0 19:41 ? 00:00:00 /usr/bin/perl/usr/libexec/webmin/miniserv.pl/etc/webmin/miniserv.conf

Dmdba 2660 1 0 20:07 pts/0 00:00:00 /dm/dmdbms/bin/dmcssDCR_INI=/home/data/dmdcr.ini

Dmdba 2720 1 0 20:08 pts/0 00:00:00 /dm/dmdbms/bin/svc_ctl_linuxdmasmsvr/home/data/dmdcr.ini

Dmdba 2983 1 0 20:14 pts/1 00:00:03

/dm/dmdbms/bin/dmserver/home/data/rac1_config/dm.iniDCR_INI=/home/data/dmdcr.ini-noconsole

Root 3765   3742 0 20:21 pts/4 00:00:00 grepini

[dave@www.cndba.cn2~]#kill-92983

#还在之前的会话中查询

#注意这里等待的时间有点长，约30s

SQL>select name from v$instance;

[-70065]:Connection exception, switch the current connection sucessful.

[-70065]:Connection exception, switch the current connection sucessful.

Server[192.168.20.181:5236]:mode is normal,state is open

SQL>select name from v$instance;

LINEIDNAME

1RAC0

usedtime:45.346(ms).Executeidis3.

从测试结果看，故障自动重连是可以切换的。

5.4 数据共享集群的备份、还原与恢复

DMDSC 备份、还原的功能、语法与单节点数据库基本保持一致，本节主要介绍
DMDSC 的备份、还原与恢复的相关内容，并且说明一些注意事项。限于篇幅，本节不介

绍达梦数据库备份与恢复的操作方法，如果有需要，读者可以参考《达梦数据库应用基础（第二版）》中的相关内容。

5.4.1 归档说明

备份与恢复过程都依赖归档日志，归档日志是实现数据一致性和完整性的重要保障。配有归档日志的数据库系统在出现故障时丢失数据的可能性更小，这是因为一旦出现介质故障（如磁盘损坏），系统利用归档日志就能够恢复至故障发生的前一刻，也可以还原到指定的时间点。

1. 本地归档

REDO 日志本地归档（LOCAL），就是将 REDO 日志写入本地归档日志的过程。在配置本地归档的情况下，REDO 日志刷盘线程将 REDO 日志写入联机 REDO 日志后，对应的 RLOG_PKG 由专门的归档线程负责写入本地归档日志中。

与联机 REDO 日志可以被覆盖重用不同，本地归档日志不能被覆盖，写入其中的 REDO 日志信息会一直保留，直到用户主动删除；如果配置了归档日志空间上限，那么系统会自动删除最早生成的归档 REDO 日志，腾出空间。如果磁盘空间不足，并且没有配置归档日志空间上限（或者配置的上限超过实际空间），那么系统将自动挂起，直到用户主动释放足够的空间后继续运行。

达梦数据库提供了按指定的时间或指定的 LSN 删除归档日志的系统函数，即 SF_ARCHIVELOG_DELETE_BEFORE_TIME 和 SF_ARCHIVELOG_DELETE_BEFORE_LSN，但需要谨慎使用，避免归档日志缺失，导致数据无法恢复。

需要注意的是，为了最大限度地保护数据，当磁盘空间不足导致归档日志写入失败时，系统会挂起等待，直到用户释放足够的磁盘空间；当磁盘损坏导致归档日志写入失败时，系统会强制 Halt。

2. 远程归档

远程归档（REMOTE ARCHIVE），就是将写入本地归档日志的 REDO 日志信息发送到远程节点，并且写入远程节点的指定归档目录中。DMDSC 中各个节点在配置本地归档外，也相互配置远程归档，这样就可以实现在任意一个节点的本地磁盘中，找到 DMDSC 所有节点产生的完整归档日志。远程归档的触发时机是，在 REDO 日志写入本地归档日志的同时，将 REDO 日志通过 MAL 系统发送给指定的数据库实例。

远程归档与本地归档的主要区别是：REDO 日志写入的位置不同，本地归档将 REDO 日志写入数据库实例所在节点的磁盘，而远程归档将 REDO 日志写入其他数据库实例所在节点的指定归档目录。远程归档日志的命名和本地归档日志保持一致，都是以"归档名+归档文件的创建时间"形式命名的。

远程归档与本地归档的另一个区别就是归档失败的处理策略不同，本地归档写入失败时（如磁盘空间不足），系统将会被挂起；而远程归档写入失败时，会直接将远程归档日志失效，不再发送 REDO 日志到指定数据库实例。当节点间的网络恢复或远程节点重启成功，系统会自动检测并恢复远程归档日志，继续发送新写入的 REDO 日志，但不会主动补齐故障期间的 REDO 日志。因此，当出现节点故障等情况时，远程归档的内容有可能是不完整的，而本地归档的内容肯定是完整的。如果备份还原恰好需要用到这段丢失的远程归档日志，那么可以从源端的本地归档日志中复制、补齐这部分内容。

与其他归档类型一样，远程归档也是在 dmarch.ini 文件中配置的，远程归档的主要配置项如下。

（1）ARCH_TYPE：设置为 REMOTE，表示远程归档。

（2）ARCH_DEST：设置为远程数据库实例名，表示 REDO 日志发送到这个节点。

（3）ARCH_INCOMING_PATH：设置为本地存储路径，用于保存 ARCH_DEST 实例发送的 REDO 日志。

对于 DMDSC 中的节点，一般建议在配置本地归档之外，再交叉配置集群中所有其他节点的远程归档。查询 V$DM_ARCH_INI、V$ARCH_STATUS 等动态视图可以获取归档配置及归档状态等相关信息。

下面以双节点 DMDSC 为例，说明如何配置远程归档。DSC0 和 DSC1 是 DMDSC 的两个实例，交叉进行远程归档配置。

服务器 A 实例的 dmarch.ini 配置如下：

```
[ARCHIVE_LOCAL1]
ARCH_TYPE = LOCAL
ARCH_DEST = /dmdata/dameng/arch_dsc0
ARCH_FILE_SIZE = 128
ARCH_SPACE_LIMIT = 0
[ARCH_REMOTE1]
ARCH_TYPE = REMOTE
ARCH_DEST = DSC1
ARCH_INCOMING_PATH = /dmdata/dameng/arch_dsc1
ARCH_FILE_SIZE = 128
ARCH_SPACE_LIMIT = 0
```

服务器 B 实例的 dmarch.ini 配置如下：

```
[ARCHIVE_LOCAL1]
ARCH_TYPE = LOCAL
ARCH_DEST = /dmdata/dameng/arch_dsc1
ARCH_FILE_SIZE = 128
ARCH_SPACE_LIMIT = 0
[ARCH_REMOTE1]
ARCH_TYPE = REMOTE
ARCH_DEST = DSC0
ARCH_INCOMING_PATH = /dmdata/dameng/arch_dsc0
ARCH_FILE_SIZE = 128
```

ARCH_SPACE_LIMIT = 0

需要注意的是，远程归档必须双向配置，单向配置时目标实例不会接收归档日志，归档状态将会变成无效状态。

3．归档切换

由于本地归档和远程归档是异步写入归档日志的，REDO 日志在写入联机日志后，再由专门的归档线程将这些 REDO 日志写入本地归档日志。通过归档切换功能，可以将这些已经写入联机日志但还没有写入归档日志的 REDO 日志，写入归档日志中。通过执行以下 SQL 命令，可以实现归档切换。其中，3 条语句功能一样，选择一条执行即可。

```
alter database archivelog current;
alter system archive log current;
alter system switch logfile;
```

4．归档修复

当达梦数据库实例正常退出时，会将所有 REDO 日志写入本地归档日志；但是，当达梦数据库实例异常关闭时，可能存在部分 REDO 日志未写入本地归档日志的现象，归档日志中的内容比实际可恢复的数据少一部分。在这种情况下，将无法利用归档日志将数据恢复到最新状态，需要从联机日志中复制这部分内容补齐归档日志。

本地归档修复会扫描联机日志，将那些已经写入联机日志但还没有写入归档日志的 REDO 日志，重新写入归档日志，具体流程如下。

（1）收集本地归档日志文件。

（2）扫描归档文件，获取最后一个有效 RLOG_PKG 偏移。

（3）根据偏移来截取最后一个本地归档日志中的有效内容，删除 RLOG_PKG 偏移之后的多余内容，保留 RLOG_PKG 偏移之前的内容，调整日志文件头信息；然后创建一个新的空白归档日志文件。

（4）扫描联机日志文件，复制缺失的 REDO 日志并写入新创建的归档日志中。

归档修复方法如下。

使用 REPAIR 命令完成指定数据库的归档修复，归档修复会对目标库 dmarch.ini 文件中配置的所有本地归档日志目录执行修复操作。

（1）在单机环境下，在确定目标库已经停止工作后，执行归档修复操作。

```
RMAN>REPAIR ARCHIVELOG DATABASE '/opt/dmdbms/data/dm.ini';
```

（2）在 DSC 环境下，需要每个节点停止工作，并且每个节点独立执行修复操作。对于两个节点 DSC01、DSC02 ，执行修复操作如下。

```
RMAN> REPAIR ARCHIVELOG DATABASE '/opt/dmdbms/dsc/dm01.ini';
RMAN> REPAIR ARCHIVELOG DATABASE '/opt/dmdbms/dsc/dm02.ini';
```

（3）在 DSC 环境下，REPAIR 操作也会利用其他节点的联机日志修复本地对应的远程归档日志。如果脱机修复之后再进行备份，则会出现"指定或者默认目录中找不到完整归档日志的错误""收集到的归档日志和起始 LSN 不连续""归档日志不完整"等错误。这种情况可能与节点之前的远程归档日志不完整有关，那么可以借助 DMRACHK 工具手动复制远程节点的本地归档日志到本节点对应的远程归档目录中进行修复。

5.4.2　备份

任何一个对达梦数据库的操作，归根结底都是对某个数据文件页的读写操作。物理备份就是把这些数据文件中的有效数据页备份起来，在出现故障时，用于恢复数据。达梦数据库的物理备份一般包括数据备份和日志备份两部分，数据备份是复制数据页内容，日志备份是复制备份过程中产生的 REDO 日志。数据备份的内容如图 5-6 所示。

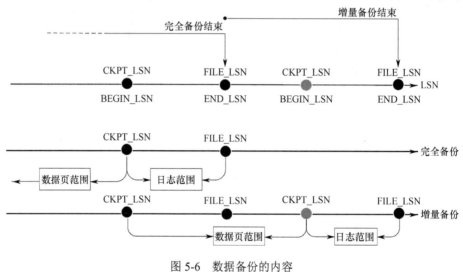

图 5-6　数据备份的内容

1. 数据备份

在数据备份过程中，根据达梦数据库数据文件系统的描述信息，准确判断每个数据页是否被分配、使用，将未使用的数据页剔除，仅保留有效的数据页进行备份，这个过程被称为智能抽取。与直接复制文件方式相比，达梦数据库物理备份丢弃了那些没有使用的数据页，因此可以减少对存储空间的要求，有效减少 I/O 数量，提升备份、还原的效率。

对于处于 RES_OFFLINE 和 CORRUPT 状态的表空间，则只记录表空间相关信息和状态，不会真正复制数据页。在数据备份过程中，系统会对数据进行校验，如果校验失败则会将相关信息写入日志文件 dm_BAKRES_xxx.log 中，但不会终止当前备份操作。

在使用 DMINIT 工具建库时，通过设置 INI 参数 PAGE_CHECK，指定数据页校验模式，当指定值不为 0 时，在执行备份过程中会对数据页执行校验操作，校验结果会记录在备份集中，并在备份结束后给出警告信息，警告码为 609，告知用户此备份集中存在被破坏的数据页。该警告只起提示作用，不影响备份集的有效性。在还原库上，备份集中备份被破坏的数据页在经过还原和恢复操作后，可以正常使用。

与通常的关系型数据库数据备份一样，达梦数据库数据备份包括完全备份、增量备份、表空间备份和表备份 4 种。

数据备份的基本语法格式如下：

BACKUP DATABASE [[[FULL] [DDL_CLONE]]|INCREMENT [CUMULATIVE][WITH BACKUPDIR '<基备份搜索目录>'{,'<基备份搜索目录>'}|[BASE ON <BACKUPSET '<基备份目录>']]][TO <备份名>] [BACKUPSET '<备份集路径>']

　　[DEVICE TYPE <介质类型> [PARMS '<介质参数>']]

　　[BACKUPINFO '<备份描述>'] [MAXPIECESIZE <备份片限制大小>]

　　[IDENTIFIED BY <密码>[WITH ENCRYPTION<TYPE>][ENCRYPT WITH <加密算法>]]

　　[COMPRESSED [LEVEL <压缩级别>]] [WITHOUT LOG]

　　[TRACE FILE '< TRACE文件名>'] [TRACE LEVEL < TRACE日志级别>]

　　[TASK THREAD <线程数>][PARALLEL [<并行数>] [READ SIZE <拆分块大小>]];

1）完全备份

完全备份，也叫库备份，备份程序会扫描数据文件，复制所有被分配、使用的数据页，写入备份片文件中。完全备份会扫描整个数据库的所有数据文件，备份数据文件包括除 TEMP 表空间外的其他表空间内的所有数据文件。数据文件备份结束后，BEGIN_LSN 之前修改的所有数据页都被备份下来了。

完全备份示例如下：

```
# 启动 DIsql，联机备份数据库。备份其中任意一个节点即可备份整个DMDSC环境
SQL>BACKUP DATABASE BACKUPSET '/home/dm_bak/db_full_bak_for_dsc';
```

2）增量备份

执行增量备份时，备份程序会扫描数据文件，复制所有基备份结束后被修改的数据页，写入备份片文件中。

为了简化增量备份的还原过程，避免还原过程中重做基备份集对应的归档日志，达梦数据库要求执行增量备份时，小于或等于基备份 END_LSN 的所有数据页已经写入磁盘。也就是说，增量备份会复制 LSN 大于基备份 BEGIN_LSN 的数据页写入备份片文件中，LSN 小于或等于基备份 BEGIN_LSN 的数据页不需要写入备份片文件中。

同样地，库增量备份会扫描整个数据库的所有数据文件，表空间增量备份只扫描表空间内的数据文件。

增量备份示例如下：

```
SQL>BACKUP DATABASE '/opt/dmdbms/data/DAMENG/dm.ini' INCREMENT BACKUPSET 'db_bak_for_remove_01_incr';
SQL>BACKUP DATABASE '/opt/dmdbms/data/DAMENG/dm.ini' INCREMENT WITH BACKUPDIR '/home/dm_bak' BACKUPSET '/home/dm_bak/db_increment_bak_02';
```

命令中的 INCREMENT 参数表示执行的备份为增量备份，该参数不可省略。如果增量备份的基备份不在默认备份目录中，则必须指定 WITH BACKUPDIR 参数用于搜索基备份集。

3）表空间备份

表空间备份只复制指定表空间的数据页，因此，相较数据库备份而言，表空间备份的速度会更快，生成的备份集会更小。对于一些包含关键数据的用户表空间，我们可以使用表空间备份功能，进一步保障数据安全。

表空间备份支持完全备份和增量备份，但只能在联机状态下执行；不支持 TEMP 表空间备份还原。

表空间备份示例如下。

（1）联机备份数据库，保证数据库运行在归档模式及 Open 状态下。

SQL>BACKUP TABLESPACE MAIN BACKUPSET '/home/dm_bak/ts_full_recover';

（2）校验备份，校验待还原备份集的合法性，此处使用脱机校验。

RMAN>CHECK BACKUPSET '/home/dm_bak/ts_full_recover';

4）表备份

表备份主要包括数据备份和元信息备份两部分。与表空间备份不同，表备份不是直接扫描数据文件，而是从 BUFFER 中加载数据页，复制到备份片文件中。表备份的元信息包括建表语句、重建约束语句、重建索引语句，以及其他相关属性信息。表备份不需要配置归档就可以执行，并且不支持增量表备份。

DMDSC 的表备份还原与单节点数据库的表备份还原没有任何区别，表备份示例如下：

SQL>BACKUP TABLE TAB_01 BACKUPSET '/home/dm_bak/tab_bak_01';

SQL>SELECT SF_BAKSET_CHECK('DISK','/home/dm_bak/tab_bak_for_res_01');

2. 日志备份

所谓日志备份，就是将备份过程中产生的 REDO 日志复制到备份片文件中，在数据库还原结束后，将数据库恢复到一致性状态的过程。在执行备份过程中，用户可能修改数据库中的数据，产生对应的 REDO 日志。增量备份和完全备份的日志备份流程完全相同。

在备份开始时，记录一个 BEGIN_LSN，在备份结束后，记录一个 END_LSN，那么[BEGIN_LSN,END_LSN]之间的 REDO 日志，就对应备份过程中用户对数据的修改。其中，BEGIN_LSN = CKPT_LSN，作为日志备份的起点；END_LSN = FILE_LSN，作为日志备份的终点。

联机库备份默认开启日志备份，将备份过程中产生的 REDO 日志单独写入备份片作为备份集的一部分。同时，也可以通过 WITHOUT LOG 子句取消这部分 REDO 日志的复制。在这种情况下生成的备份本身是不完整的，数据库还原后，还要依赖备份库的本地归档日志来进行恢复操作，才能将数据恢复到一致性状态；否则，还原后的数据库将无法正常启动。

还原后目标库中 REDO 日志的数量，由目标库本身 REDO 日志的数量决定，与源库中 REDO 日志的数量无关。例如，源库中有 3 个 REDO 日志，目标库中只有 2 个 REDO 日志，将源库还原到目标库后，目标库中仍然只有 2 个 REDO 日志。

日志备份示例如下。

（1）联机备份归档，保证数据库运行在归档模式及 Open 状态下。

SQL>BACKUP ARCHIVE LOG ALL BACKUPSET '/home/dm_bak/arch_all_for_restore';

（2）校验备份，校验待还原备份集的合法性。校验备份有两种方式，联机和脱机，此处用脱机校验。

RMAN>CHECK BACKUPSET '/home/dm_bak/arch_all_for_restore';

3. 压缩与加密

达梦数据库支持对备份数据进行压缩和加密处理，用户在执行备份时，可以指定不同的压缩级别，以获得不同的数据压缩比。在默认情况下，备份是不进行压缩和加密处理的。

达梦数据库共支持 9 个级别（1～9 级）的压缩处理，级别越高，压缩比越高，相应地，压缩速度越慢，CPU 开销越大。

备份加密包括加密密码、加密类型和加密算法 3 个要素。加密密码通过使用 IDENTIFIED BY<加密密码>来指定，使用备份集的时候必须输入对应密码。加密类型分为不加密、简单加密和完全加密。简单加密仅对部分数据进行加密，加密速度快；完全加密对所有数据进行加密，安全系数高。对于加密类型和加密算法，用户均可手动指定。如果用户指定了加密密码，但没有指定加密类型和加密算法，则使用默认加密算法进行简单加密。用户也可以指定加密密码，但将加密类型指定为不加密。

如果同时指定加密和压缩，则在备份过程中，会先进行压缩处理，再进行加密处理，备份的所有数据页和 REDO 日志都会进行压缩、加密处理。如果基备份集没有指定加密类型，那么增量备份也不能指定加密类型。如果基备份集指定了加密算法，那么增量备份的加密类型、加密算法和加密密码必须与基备份集保持一致。

压缩与加密的操作方法为：

[COMPRESSED [LEVEL <压缩级别>]]

[IDENTIFIED BY <加密密码>[WITH ENCRYPTION<TYPE>][ENCRYPT WITH <加密算法>]]

4. 并行备份

库备份、表空间备份及归档日志备份可以并行处理，用户通过关键字 PARALLEL 指定是否执行并行备份，以及并行备份的并行数。并行备份以数据文件为单位，也就是说一个数据文件仅可能出现在一个并行分支中。如果指定了 PARALLEL 关键字，但不指定并行数，那么默认的并行数为 4，但实际的备份并行数由 DMAP 最终创建成功的并行子任务数决定。增量备份是否并行及并行数与其基备份集无关。

目前，数据库并行备份还原都是以文件为单位的，适用于待备份文件大小比较均匀的情况。若待备份文件大小差别比较大，特别是存在个别巨大文件时，并行备份还原基本没有优势。因此，在进行数据库备份时，需要指定 READ SIZE<拆分块大小>，将巨大的数据文件先拆分再备份。

执行并行备份会生成一个主备份集和若干个子备份集，子备份集不能单独还原，也不能作为其他备份集的基备份。备份过程中产生的 REDO 日志保存在主备份集中，子备份集仅包含数据文件的相关内容。

一个并行数为 3 的并行脱机备份集和非并行脱机备份集的目录结构如图 5-7 所示。

图 5-7　并行脱机备份集（左）和非并行脱机备份集（右）的目录结构

并行备份的操作方法为

[PARALLEL [<并行数>] [READ SIZE <拆分块大小>]]

5. 归档日志备份

与联机备份收集备份过程中产生的 REDO 日志写入备份集不同，归档日志备份专门用来备份本地归档日志文件，将符合条件的本地归档日志文件复制到备份集中保存起来。

归档日志备份仅备份指定数据库生成的本地归档日志文件，要求归档日志文件的 DB_Magic 与数据库的 DB_Magic 保持一致。如果本地归档目录中包含多个不同数据库的归档日志文件，那么也只会备份一个特定数据库的归档日志。经过还原后，由于数据库的 DB_Magic 会产生变化，因此即便 PERMANENT_Magic 相同，但 DB_Magic 不同的数据库产生的归档日志也不会备份。

与普通的数据库备份一样，归档日志备份也支持加密与压缩功能，可以联机执行归档日志备份，也可以在数据库关闭的情况下使用 DMRMAN 工具进行脱机备份。归档日志备份时，可以指定是否删除已经备份的归档日志文件，在生成归档日志备份集的同时，删除本地归档日志文件，释放磁盘空间。

由于本地归档的异步实现机制，为了确保归档日志备份的完整性，一般会在归档日志备份之前执行一个归档切换动作。

6. DMDSC 备份集

备份集除了保存备份对象的数据（数据页和归档日志），还记录了备份库节点的描述信息。单节点数据库生成的备份集，可以认为是只包含一个节点的特殊备份集。与节点相关的描述信息主要包括以下内容。

（1）DMDSC 的节点数，单节点数据库为 1。

（2）备份开始时 DMDSC 节点的状态，以及各节点 REDO 日志的起始 LSN 和 SEQ。

（3）备份结束时 DMDSC 节点 REDO 日志的结束 LSN 和 SEQ。

（4）备份集中记录了执行备份节点的 dm.ini 配置参数，还原时使用备份集中的参数值覆盖目标库节点的 dm.ini 文件。

备份操作可以在 DMDSC 的任意节点执行，生成的备份集可以保存在本地磁盘上，也可以保存到共享存储的 DMASM 目录中。但考虑到数据安全性，一般建议将备份集保存在本地磁盘上。可以通过以下方式，将备份集保存到本地磁盘上。

（1）使用 DMINIT 初始化库时，将默认备份路径 bak_path 设置为本地磁盘。

（2）修改 DMDSC 中所有节点的 dm.ini 配置文件，将 bak_path 设置为本地磁盘。

（3）执行备份时，手动指定备份集路径为本地磁盘。

DMDSC 备份集的操作方法示例：

```
#备份信息查看
RMAN> SHOW BACKUPSET '/home/dm_bak/DB_FULL_DAMENG_20190522_133248_000770';
#批量显示备份集信息
RMAN>SHOW BACKUPSETS WITH BACKUPDIR '/home/dm_bak1', '/home/dm_bak2';
#查看指定数据库备份集的信息，获取DB_Magic信息
RMAN>SHOW BACKUPSET '/home/dm_bak/db_bak_for_show_db_magic_01';
#指定查看备份集的元数据信息
RMAN>SHOW BACKUPSET '/home/dm_bak/DB_FULL_DAMENG_20190522_133248_000770'
INFO META;
#备份集校验
RMAN>CHECK BACKUPSET '/home/dm_bak/db_bak_for_check_01';
#若备份集在默认备份路径下，则可指定相对路径校验备份集
RMAN>CHECK BACKUPSET 'db_bak_for_check_02' DATABASE '/opt/dmdbms/data/DAMENG/dm.ini';
#备份集删除
RMAN>REMOVE BACKUPSET '/home/dm_bak/db_bak_for_remove_01';
#批量删除所有备份集
RMAN>REMOVE BACKUPSETS WITH BACKUPDIR '/home/dm_bak';
#批量删除指定时间之前的备份集
RMAN>REMOVE BACKUPSETS WITH BACKUPDIR '/home/dm_bak' UNTIL TIME '2019-6-1
00:00:00';
```

5.4.3 还原

还原与恢复是备份的逆过程，还原与恢复的主要目标是将目标数据库恢复到备份结束时刻的状态。还原的主要动作是将数据页从备份集中复制到数据库文件相应位置，恢复则是重演 REDO 日志将数据库恢复到一致性状态。

1. 库还原

库还原就是根据库备份集中记录的文件信息重新创建数据库文件，并且将数据页重新复制到目标数据库的过程。达梦数据库既可以将一个已存在的数据库作为还原目标库，也可以指定一个路径作为还原目标库的目录。库还原的主要步骤包括清理目标库环境、重建数据库文件、重建联机日志文件、复制数据页、重置目标库、修改配置参数等。

1）清理目标库环境

如果指定已存在的数据库作为还原目标库，则还原操作首先解析 dm.ini 配置文件，

获取 dm.ctl 控制文件路径，删除控制文件中的数据文件。当指定 OVERWRITE 选项时，若待还原文件存在，则删除；当未指定 OVERWRITE 选项时，若待还原文件存在，则报错，但保留目标库中的日志文件、控制文件等。

如果指定还原到一个目录，则根据 OVERWRITE 选项选择策略，检查目标目录中的 dm.ini 文件、dm.ctl 文件，默认的日志文件 DBNAME01.log 和 DBNAME02.log（其中 DBNAME 为数据库名称），待还原的数据文件等。如果用户指定 OVERWRITE 选项，并且存在相关文件，则在还原过程中会自动删除这些已经存在的文件；如果没有指定 OVERWRITE 选项，并且存在相关文件，则会报错。

2）重建数据库文件

如果将一个已存在的数据库作为还原目标，则需要将目标数据库的 dm.ini 文件存放路径作为还原参数。在还原过程中，数据文件会重新创建，并将相关信息写入 dm.ctl 控制文件中。

如果将数据库还原到指定目录，则会在这个目录下创建一个 dm.ini 配置文件，设置 CTL_PATH、SYSTEM_PATH 配置项指向这个目录，并在这个目录下创建 dm.ctl 控制文件。DMDSC 不支持指定目录还原数据库。

数据文件重建策略如下：

（1）目标库和备份集中的 SYSTEM_PATH 路径相同，则按照备份集中记录的原始路径创建文件。

（2）目标库和备份集中的 SYSTEM_PATH 路径不相同，默认在 SYSTEM_PATH 目录下创建文件。

（3）如果已存在同名文件导致文件创建失败，则会重命名文件后在 SYSTEM_PATH 目录下创建，文件重命名规则为 DB_NAME+序号.dbf；如果重命名后仍然冲突，则会一直重试。

（4）使用 mapped file 指定源文件与目标文件的映射关系，定制数据库文件的物理分布情况，可以很好地满足用户对于数据文件分布的需求。

3）重建联机日志文件

指定目录还原，系统目录使用指定还原目录，所有库配置文件均应在指定还原目录下。在单机环境下的联机日志文件命名规则为 db_name+文件编号.log，其中 db_name 取自备份集备份库的名称，文件编号从 1 开始，如 DAMENG01.log、DAMENG02.log。联机日志文件至少 2 个。

4）复制数据页

复制数据页是从备份集中读取数据页，并将数据页写入数据文件指定位置的过程。由于在备份过程中，只将有效的数据页写入备份集中，因此，还原过程也只涉及这些被分配使用的数据页。

5）重置目标库

重置目标库的具体内容包括以下几点。

（1）更新日志信息，设置当前 CKPT_LSN 为备份集中 BEGIN_LSN，并设置日志文件状态为 INACTIVE。

（2）更新 DB_Magic，还原后，库中 PERMANENT_Magic 仍与备份集中的相同。

（3）设置还原标识，标识当前库为指定库要还原的库，不允许使用。

（4）更新目标库的控制文件 dm.ctl，把当前库中的数据文件信息都记录到控制文件中，使用备份集中的服务器秘钥文件，重新生成新的秘钥文件。

6）修改配置参数

还原到指定库时，目标库的配置参数默认不变，也可以在还原时指定 REUSE DMINI 子句，使用备份集中的配置参数替换目标库 dm.ini 中的配置参数。还原到指定目录时，会重新建立一个 dm.ini 配置文件，并用备份集中的参数值来设置这些配置项。需要注意的是，一般与路径相关的配置参数，如 SYSTEM_PATH 等并不会被替换，而是保留目标库 dm.ini 中的原始值。

服务器秘钥文件（dm_service.private 或 dm_external.config）仅在备份集中备份库非 usbkey 加密的情况下重建，并且使用备份集中备份的秘钥内容进行还原。

需要注意的事项如下：

（1）指定的 dm.ini 必须存在且各项配置信息有效，其中 CTL_PATH 必须配置且路径必须有效；

（2）若指定目录还原，则指定目录作为数据库系统目录处理；

（3）由于还原需要确保数据库数据的完整性，因此，对于增量备份的还原，需要收集完整的备份集链表，然后从前到后逐个还原备份集中的数据。鉴于增量备份 BEGIN_LSN 确定规则，在增量备份的还原过程中，不需要重做任何归档日志。

还原数据库之前可选择对备份文件进行校验。需要注意的是，待还原的目标库可以是单机库，也可以是 DMDSC 库，并且节点个数允许不同。对数据库还原的操作方法示例如下：

RMAN> RESTORE DATABASE '/opt/dmdbms/data/DAMENG_FOR_RESTORE/dm.ini' FROM BACKUPSET '/home/dm_bak/db_full_bak_for_dsc';

2. 表空间还原

表空间还原是根据库备份集或表空间备份集中记录的数据信息，重建目标表空间数据文件并复制数据页的过程，该过程不涉及日志操作。表空间还原只可以在脱机状态下通过 DMRMAN 工具执行，对表空间状态没有限制。

表空间还原后如果表空间状态为 RES_OFFLINE，表明目标表空间已进行还原操作，但数据不完整。在部分数据文件损坏，或者部分物理磁盘损坏情况下，可以指定还原数据文件，跳过那些正常的数据文件，以提升还原速度。

表空间还原也支持使用 mapped file 进行数据文件映射，如果不指定 mapped file，则默认当前系统目录与备份集中的一致。在实际创建过程中，若发现已经存在或者创建失败后，处理方式与数据库还原中数据重建策略一致。

表空间状态包括 ONLINE（联机状态）、OFFLINE（脱机状态）、RES_OFFLINE（还原状态）、CORRUPT（损坏状态）。表 V$TABLESPACE 的 STATUS$列值表示表空

间状态，0、1、2、3 分别代表 ONLINE 状态、OFFLINE 状态、RES_OFFLINE 状态、CORRUPT 状态。

当表空间发生故障时，如还原失败（处于 RES_OFFLINE 状态）、表空间文件损坏或缺失（处于 OFFLINE 状态），如果想直接删除表空间，不考虑还原恢复的方式，则可以手动将表空间切换到 CORRUPT 状态，再执行删除操作，否则无法删除。在切换到 CORRUPT 状态后，仍然允许再次执行还原恢复。

还原表空间。启动 DMRMAN，输入以下命令：

RMAN>RESTORE DATABASE '/opt/dmdbms/data/DAMENG_FOR_RECOVER/dm.ini' TABLESPACE MAIN FROM BACKUPSET '/home/dm_bak/db_full_bak_for_recover';

恢复表空间。启动 DMRMAN，输入以下命令：

RMAN>RECOVER DATABASE '/opt/dmdbms/data/DAMENG_FOR_RECOVER/dm.ini' TABLESPACE MAIN;

3. 表还原

表还原是表备份的逆过程，表还原从表备份集中读取数据替换目标表，将目标表还原成备份时刻的状态。表还原主要包括 3 部分内容：表结构还原、数据还原、重建索引和约束。

如果还原目标表不存在，则利用备份集中记录的建表语句重建目标表；如果还原目标表已经存在，则清除表中的数据、删除二级索引和约束；如果备份表存在附加列（通过 ALTER TABLE 语句快速增加的列），那么还原目标表必须存在且还原目标表所有列的物理存储格式与备份源表完全一致。

数据还原过程从表备份集复制数据页，重构数据页之间的逻辑关系，并重新形成一个完整的表对象。在数据还原结束后，使用备份集中记录的信息，重新在表上创建二级索引，并建立各种约束。

表还原只支持在联机状态下执行，表还原过程中也不需要重做 REDO 日志。另外，表备份集允许跨库还原，但要求还原目标库与源库的数据页大小等建库参数相同。需要匹配的建库参数如表 5-7 所示，备份的数据页大小等建库参数可以使用 DMRMAN 工具的 Show 命令查看。

表 5-7　还原目标库与源库需要匹配的建库参数

名　　称	描　　述
PAGE_SIZE	数据页大小
BLANK_PAD_MODE	空格填充模式，可选值为 0、1
CASE_SENSITIVE	字符大小写是否敏感
CHARSET/UNICODE_FLAG	字符集（0），可选值为 0（GB 18030）、1（UTF-8）、2（EUC-KR）
USE_NEW_HASH	是否使用新的哈希算法
LENGTH_IN_CHAR	VARCHAR 类型长度是否以字符为单位（N）
PACE_ENC_SLICE_SIZE	数据页加解密分片大小

表还原可以在联机状态下执行：

SQL>RESTORE TABLE TAB_01 FROM BACKUPSET 'tab_bak_01';

4. 并行还原

指定并行备份生成的备份集，在还原时默认采用并行方式还原，并行数上限为备份时指定的并行数，实际并行数由 DMAP 最终创建成功的并行子任务数决定。并行备份产生的备份集，在还原时可以通过指定 NOT PARALLEL 子句关闭并行还原功能，以非并行方式还原。目前，非并行备份生成的备份集，不支持以并行方式还原。

5. 归档日志还原

归档日志还原就是将备份集中的归档日志文件重新复制到指定归档目录中。使用归档日志备份集，既可以将归档日志文件还原到指定数据（还原时指定目标库的 dm.ini）的归档目录，也可以还原到用户指定的任意归档目录中。

归档日志还原过程如下。

（1）根据过滤条件，从归档日志备份集收集需要还原的归档日志文件。

（2）在指定的归档目录创建归档文件。如果目标归档文件已经存在，并认为该归档文件完好，则生成一条日志记录，采用不再还原策略，也可以使用 OVERWRITE 指定策略。OVERWRITE 参数为：1 表示认为归档文件完好，不再还原该归档文件，添加一条日志记录；2 表示存在同名归档文件，则立即报错返回，终止还原；3 表示强制删除归档文件，重新还原同名归档文件。

（3）从备份集复制 REDO 日志，写入目标归档日志文件。

如果备份时指定了加密或压缩，则在还原过程中会先经过解密和解压缩处理，再写回目标归档日志文件中。

5.4.4　恢复

数据恢复是指在还原执行结束后，重做 REDO 日志，将数据库恢复到一致性状态，并执行更新 DB_Magic 的过程。其中，重做 REDO 日志可以多次执行，直到恢复到目标状态。还原结束后，必须经过恢复操作，数据库才允许启动。即使在备份过程中没有修改任何数据，备份集不包含任何 REDO 日志，在数据库还原结束后，也必须使用 DMRMAN 工具执行数据恢复操作，才允许启动数据库。未经过还原的数据库，也允许执行数据恢复操作。

数据恢复重做的 REDO 日志，既可以是那些在备份过程中产生的、包含在备份集中的 REDO 日志，也可以是备份数据库本地归档日志文件。在本地归档日志完整的情况下，数据还原结束后，可以利用本地归档日志，将数据库恢复到备份结束后任意时间点状态。

不管采用哪种数据恢复方法，REDO 日志的范围至少要覆盖备份过程中产生的 REDO 日志，也就是说必须完整包括备份集中记录[BEGIN_LSN, END_LSN]的 REDO 日志，如果归档日志缺失则会导致数据库恢复失败。只有库备份和表空间备份还原后，需要执行数据恢复操作，表还原结束后，不需要执行数据恢复操作。

为了让读者更好地了解数据恢复的过程，这里先介绍一下达梦数据库的 Magic。PERMANENT_Magic 和 DB_Magic 用于标识数据库的 INTEGER 类型值。达梦数据库在初始化数据库时生成 PERMANENT_Magic 值和 DB_Magic 值，其中 PERMANENT_

Magic 一经生成，永远不会改变（DDL_CLONE 还原库的 PMNT_Magic 除外），称为数据库永久魔数。只有 DDL_CLONE 还原库的 PMNT_Magic 会发生改变，一个库使用 DDL_CLONE 备份集还原并恢复之后，在执行 RECOVER DATABASE…UPDATE DB_Magic 时，PMNT_Magic 会发生改变。DB_Magic 称为数据库魔数，同样可以用来表示某一个数据库，但 DB_Magic 是可以变化的，每经过一次还原、恢复操作后，DB_Magic 就会发生变化，用来区分备份源库和还原目标库。

可以通过下列语句查看系统的 PERMANENT_Magic 和 DB_Magic 值。

```
SELECT PERMANENT_Magic;
SELECT DB_Magic FROM V$RLOG;
```

1. 指定备份集恢复

默认未指定 WITHOUT LOG 子句的联机库备份生成的备份集，包含了备份过程中产生的 REDO 日志，数据还原结束后，可以直接指定备份集，将数据库恢复到备份结束时的状态。

由于在执行增量备份时，要求小于或等于基备份 END_LSN 的所有数据页已经写入磁盘。因此，基备份集中包含的 REDO 日志不需要重做，只要重做指定执行还原操作的备份集中包含的 REDO 日志，就可以将数据库恢复到一致性状态。

指定备份集恢复的简要过程如下。

（1）从备份集读取 REDO 日志，并生成一个临时的本地归档日志文件。

（2）利用生成的临时归档日志文件，重做 REDO 日志，并将数据修改写入磁盘。

（3）删除临时生成的归档日志文件。

（4）更新数据库日志信息，设置 CKPT_LSN 为最后一个重做的 REDO 日志 LSN 值。

（5）修改数据状态为 ACTIVE，标记数据库在启动时需要进行相应的回滚活动事务、Purge 已提交事务。

2. 指定归档恢复

如果在备份时指定了 WITHOUT LOG 子句，那么产生的备份集不包含备份过程中产生的 REDO 日志。这种备份集还原后，必须利用本地归档日志，将数据库恢复到一致性状态。执行恢复前，会检查本地归档日志文件的完整性，要求必须包括[BEGIN_LSN, END_LSN]中完整的 REDO 日志。

利用本地归档日志进行恢复时，DMRMAN 工具会扫描指定的归档日志目录，收集与恢复数据库 PERMANENT_Magic 值相等的归档日志文件。与指定备份集恢复相比，利用本地归档日志恢复不需要生成、删除临时归档日志文件，其余的执行流程完全相同。

指定归档恢复的执行场景主要包括：

（1）将还原后处于非一致性状态的数据库恢复到一致性状态；

（2）将已经处于一致性状态的数据库尽可能地恢复到最新状态；

（3）将数据库恢复到指定时间点状态；

（4）将数据库恢复到指定 LSN 产生时的状态。

需要注意的是，使用 DDL CLONE 方式备份的数据库，不支持指定归档恢复。

达梦数据库中的归档日志包含时间信息，在重做归档日志过程中，一旦发现达到了指定时间点，就马上终止归档日志重做。在出现误操作的情况下，通过指定时间点恢复，可能帮助用户修复数据。例如，用户在下午 5:00 做了一个误操作，删除了某些重要数据；可以将恢复时间设置为下午 4:59，在恢复完成后，重新找回被误删的数据。

除了指定时间点，还可以通过指定 LSN 进行恢复。达梦数据库中每条 REDO 日志记录都对应一个唯一的 LSN 值，指定 LSN 值以后，数据库将会精准地恢复到产生这个 LSN 时间点的状态。

3. 更新 DB_Magic

若备份集满足 BEGIN_LSN 等于 END_LSN，即在备份过程中未产生 REDO 日志，则使用此备份集还原后只需要更新 DB_Magic 即可完成恢复。更新 DB_Magic 不重做 REDO 日志，仅更新数据库的 DB_Magic 值和数据库状态。另外，只能在还原后的数据库上执行更新 DB_Magic 操作。

4. 表空间恢复

考虑到用户表空间上的数据库对象定义是保存在 SYSTEM 表空间的系统表内，而用户表空间仅保存这些数据库对象的数据，为了避免出现数据库对象的数据与定义不一致的情况，一般要求在表空间还原后，重做指定表空间所有 REDO 日志将这个表空间数据恢复到最新状态。与表空间还原类似，表空间恢复也只能在脱机状态下通过 DMRMAN 工具完成。

表空间恢复的 REDO 日志是从本地归档日志文件中提取的。表空间恢复同样要求满足归档日志覆盖[BEGIN_LSN, END_LSN]的要求。

【注意】表空间恢复结束，并执行 ONLINE 表空间操作后，用户就可以访问这个表空间了；但 ONLINE 表空间操作并不会触发事务回滚，所以重做 REDO 日志产生的未 Commit 事务，也不会被回滚。

5. DMDSC 库恢复

DMDSC 库与普通单节点数据库的区别在于 DMDSC 库的多个节点共同维护一份库数据，每个节点都有独立的联机日志和本地归档日志。重做 REDO 日志恢复时，需要重做所有节点上的 REDO 日志，因此需要提供各个节点的归档日志。

DMDSC 库恢复也支持未还原库恢复。DMDSC 库恢复要求各节点归档完整性由用户保证，即各节点的本地归档都能够访问到，若本地存在远程归档，则可以使用远程归档代替远程节点的本地归档。操作示例如下：

```
RMAN>RECOVER DATABASE '/opt/dmdbms/data/DAMENG_FOR_RESTORE/dm.ini' WITH
ARCHIVEDIR '/dmdata/dameng/arch_dsc0', '/dmdata/dameng/arch_dsc1';
```

5.4.5　解密与解压缩

解密和解压缩是备份过程中加密和压缩的逆操作，如果备份时未指定加密或压缩，则还原和恢复过程中也不需要执行解密或解压缩操作。

如果备份时进行了加密，那么还原时用户必须指定与备份时一致的加密密码和加密算法，否则还原会报错。如果备份时没有加密，那么还原时用户不需要指定加密密码和加密算法，即使指定了，也不起作用。

达梦数据库还原时的主要解密过程如下。

（1）检查用户输入的加密密码和加密算法是否与备份集中记录的加密信息一致。

（2）从备份集读取数据之后，写到目标文件（包括目标数据文件和临时归档文件）之前执行解密操作。

与解密不同，解压缩不需要用户干预，如果备份集指定了压缩，那么从备份集读取数据写到目标文件之前，会自动进行解压缩操作。

如果备份时既指定了加密又指定了压缩，那么与备份过程处理相反，还原时会先进行解密，再进行解压缩，并将处理后的数据写入目标文件中。

5.4.6 并行还原

指定并行备份生成的备份集，在还原时默认采用并行方式还原，并行数上限为备份时指定的并行数，实际并行数由 DMAP 最终创建成功的并行子任务数决定。另外，并行备份产生的备份集，在还原时也可以通过指定 NOT PARALLEL 子句关闭并行还原功能，以非并行方式还原。但是，非并行备份生成的备份集，目前不支持以并行方式还原。

5.5 数据共享集群的数据守护

DMDSC 支持多个数据库实例同时访问、修改保存在共享存储中的数据，能够提供更高的数据库可用性和事务吞吐量。但是，由于数据是保存在共享存储上的，因此当出现存储失效等故障时，数据库服务将会中断。

为了进一步提高 DMDSC 的数据安全性，以及系统的可用性，通过达梦数据库提供的数据守护功能，实现 DMDSC 数据守护。

DMDSC 数据守护功能与单节点数据守护功能保持一致，支持故障自动切换，以及实时归档与读写分离集群。DMDSC 库（主）和 DMDSC 库（备）、DMDSC 库（主）和单节点库（备）、单节点库（主）和 DMDSC 库（备）相互之间都可以作为主备库的数据守护。

达梦数据库数据守护相关内容在本书第 2 章已有详细介绍，本节只介绍 DMDSC 数据守护相关内容。

5.5.1 数据守护配置

1. 总体结构

DMDSC 互为主备的守护系统结构如图 5-8 所示。

构建 DMDSC 数据守护的总体原则如下。

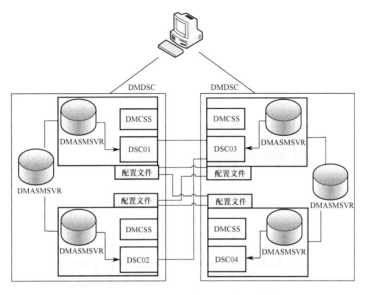

图 5-8　DMDSC 互为主备的守护系统结构

（1）DMDSC 各节点分别部署守护进程（dmwatcher）。

（2）DMDSC 数据库控制节点的守护进程，称为控制守护进程；普通节点的守护进程称为普通守护进程。如果控制节点发生变化，则控制守护进程也相应变化。

（3）守护进程会连接 DMDSC 所有实例，但只有控制守护进程会发起 Open、故障处理、故障恢复等各种命令。普通守护进程不处理用户命令，但接收其他数据库的控制守护进程消息。

（4）主备库在实时同步数据时，DMDSC 主库各个节点将各自产生的联机日志发送到备库控制节点（重演节点）进行重演，备库普通节点不接收日志。

2. 系统连接

DMDSC 的守护进程和守护进程之间、监视器和守护进程之间、守护进程和 DMCSS 之间都需要建立 TCP 连接，用于信息传递和命令执行。

使用 TCP 连接的工具如表 5-8 所示。

表 5-8　使用 TCP 连接的工具说明

工　具	TCP 连接说明
监视器（dmmonitor）	连接所有的守护进程
守护进程（dmwatcher）	（1）连接 DMDSC 集群内所有实例。 （2）连接其他数据库的所有守护进程，但不连接 DMDSC 集群内其他实例的守护进程。 （3）连接 DMDSC 集群内所有实例的 DMCSS

TCP 连接的详细说明如下。

（1）控制守护进程连接所有 DMDSC 实例，发起 Open、故障处理、故障恢复等各种命令。普通守护进程不处理用户命令，但接收其他数据库的控制守护进程消息。

（2）控制守护进程定时发送消息给实例，普通守护进程不会发送消息给实例。

（3）控制守护进程定时发送消息给其他数据库的守护进程及监视器，普通守护进程只发送消息给监视器，不会发送消息给其他数据库的守护进程。

（4）DMDSC 内部不同实例的守护进程之间不通信。

（5）普通守护进程连接 DMDSC 中所有实例，但只记录每个实例的信息，不做任何操作。同一个 DMDSC 内的控制守护进程与普通守护进程之间不进行连接。

（6）DMDSC 中每个实例存在多个守护进程的连接，向每个 dmwatcher 发送广播消息，但只能接收控制守护进程的命令。

（7）不同数据库之间的守护进程都建立连接。

（8）守护进程和 DMCSS 建立连接，部分监视器执行命令通过守护进程转发，由 DMCSS 执行。

3. 归档配置

DMDSC 必须配置远程归档，用于 DMDSC 节点故障后的数据同步。如果归档目标是 DMDSC，则归档目标节点需要同时配置 DMDSC 所有实例。一个 DMDSC 作为一个整体进行配置，即时归档、实时归档、异步归档配置要求 ARCH_DEST 配置目标 DMDSC 所有节点信息，以"/"分割。

4. 日志发送

日志发送包括两类：异步归档日志发送，实时/即时归档日志发送。

（1）异步归档日志发送。

当主库是单节点时，单节点实例直接收集本地的归档日志发送到备库。

当主库是 DMDSC 时，控制节点扫描本地归档和远程归档目录，收集所有节点的归档日志文件，并发送到备库；普通节点不发送归档日志。

（2）实时/即时归档日志发送。

单节点和 DMDSC 采用相同的处理逻辑，各节点将本实例产生的 REDO 日志直接发送到备库重演。

5. 重演实例

DMDSC 作为备库时，只由集群内的一个节点进行日志重演，主库的归档配置中包含了 DMDSC 内所有节点，主库发送归档之前需要确定其中一个节点作为归档目标，称为重演实例。非重演实例收到重做日志直接报错处理。

达梦数据库规定将 DMDSC 备库的控制实例作为重演实例。主库在启动时，对于单节点备库，默认归档目标就是备库实例；对于 DMDSC 备库，此时主库并不知道备库的控制节点，归档目标还未确定。在主备库及各自的守护进程都启动后，由备库守护进程将备库的控制节点告知主库守护进程，主库在启动 Recovery 修改备库归档为有效状态时，将备库的控制节点设置为归档目标。

6. 备库日志重演

DMDSC 实现机制保证多个实例不能同时修改一个数据页，不同节点对同一个数据页修改产生的 LSN 一定是唯一的、递增的。单个节点 REDO 日志的 LSN 可能不连续，但所有节点 REDO 日志归并在一起后，LSN 一定是连续的。但是，全局 REDO 日志归并后，可能存在 LSN 重复的非 PWR 日志。

主库产生的 REDO 日志中记录了原始的 DMDSC 节点序号，备库进行日志重演时，每个原始节点对应一个重演任务系统。主库各节点的 REDO 日志，在备库由多个重演任务系统并行重演，只在重演相同数据页 REDO 日志时，各节点重演任务系统进行 LSN 同步，减少无效 LSN 同步等待，确保备库重演的性能。

7．守护控制文件

控制守护进程在检测到本地 DMDSC 分裂时，会自动在 dm.ini 中的 SYSTEM_PATH 路径下创建 dmwatcher.ctl 文件，记录分裂状态和分裂描述信息。如果数据库控制节点发生切换，则控制守护进程也随之切换，新的控制守护进程从 SYSTEM_PATH 目录加载 dmwatcher.ctl 文件。因此，为了保证所有守护进程能访问 dmwatcher.ctl 文件，要求 SYSTEM_PATH 必须配置在共享存储上。

8．远程归档修复

远程归档的实现机制允许在某些场景下将远程归档失效，不保证远程归档始终处于有效状态，导致远程归档日志可能缺失，如以下场景：

（1）Open Force 命令启动时会导致从节点的远程归档日志丢失；

（2）DMDSC 故障节点重加入后，可能会缺失部分节点的远程归档日志；

（3）多个节点同时故障，DMDSC 全部节点强制退出，也可能会丢失远程归档日志；

（4）节点间网络故障；

（5）刷新远程归档日志失败等。

基于以上情况，需要增加远程归档修复处理，补齐远程归档日志。目前，远程归档修复有两种方式，一种是服务器启动时根据联机日志自动修改远程归档文件，不需要用户参与；一种是通过执行系统过程进行远程归档修复。

归档修复的系统过程如下。

1）SP_REMOTE_ARCHIVE_REPAIR

VOID SP_REMOTE_ARCHIVE_REPAIR(src_inst_name VARCHAR(256), dest_inst_name VARCHAR(256))

功能说明：

在 dest_inst_name 以外的 DMDSC 实例上调用，修复 dest_inst_name 上的 src_inst_量 name 发送到 dest_inst_name 上的远程归档。该函数自动收集 dest_inst_name 上缺失的来自 src_inst_name 的远程归档日志，src_inst_name 根据每个区间发送对应的归档到 dest_inst_name 上，在 dest_inst_name 上生成归档文件，保存在对应的远程归档目录中。

参数说明如下。

（1）src_inst_name：远程归档源实例名。

（2）dest_inst_name：待修复的远程归档目标实例名。

（3）返回值：无。

举例说明：

```
#修复DSC02上来自DSC01的远程归档
SP_REMOTE_ARCHIV E_REPAIR('DSC01', 'DSC02');
```

2）SF_REMOTE_ARCHIVE_CHECK

INT SF_REMOTE_ARCHIVE_CHECK(inst_name VARCHAR(256))

功能说明：检查本地保存的源实例远程归档目录中归档是否完整。

参数说明：inst_name 为远程归档源实例名。

返回值：检查失败返回报错 code。其中，0 表示不完整，需要修复；1 表示完整，无须修复。

举例说明：

#登录DSC01，检查DSC02源实例对应的远程归档是否完整

SELECT SF_REMOTE_ARCHIVE_CHECK('DSC02');

3）SF_REMOTE_ARCHIVE_TRUNCATE

INT SF_REMOTE_ARCHIVE_TRUNCATE(inst_name VARCHAR(256))

功能说明：截断远程归档中不连续部分，使远程归档连续。若指定 inst_name 为当前节点实例名，则直接返回。建议在使用 SF_REMOTE_ARCHIVE_REPAIR 后，执行 SF_REMOTE_ARCHIVE_CHECK。该函数在远程归档仍不完整的情况下使用，避免删除多余归档。但是，即使误删除多余归档，也可以使用其他节点修复。

参数说明：inst_name 为远程归档源实例名。

返回值：检查失败返回报错 code。其中，0 表示截断完成；1 表示当前节点实例无须截断。

举例说明：

#登录DSC01，截断DSC02源实例的对应的远程归档

SELECT SF_REMOTE_ARCHIVE_TRUNCATE('DSC02');

5.5.2　数据守护的管理规则

DMDSC 的管理规则包括控制守护进程的认定、守护进程名与实例名的对应关系、DMDSC 库模式和状态的认定等内容，具体如下。

1. 控制守护进程的认定

控制节点本地守护进程就是控制守护进程。一旦控制节点故障，控制守护进程降级为普通守护进程。普通守护进程一直保持在 Startup 状态下，控制守护进程可以进行各种状态切换。

监视器部分命令，如 Show 命令、Startup database 命令等执行时，可能 DMDSC 所有节点都不是活动状态，此时需要选出一个 dmwatcher 作为控制守护进程。对控制守护进程的认定按如下规则进行。

（1）控制节点状态正常，并且本地的 dmwatcher 是活动的，则直接选择此节点的 dmwatcher 作为控制守护进程。

（2）控制守护进程降级或故障，系统中还存在其他活动的 dmwatcher，系统将按照下面的原则自动选择控制守护进程。

控制节点本地的 dmwatcher 正常（控制节点发生故障导致降级），并且和其他活动 dmwatcher 上记录的控制节点信息一致（DMDSC 还未选出新的控制节点），则仍然选择降级后的控制守护进程作为新的控制守护进程。

控制节点本地的 dmwatcher 故障（控制节点可能故障也可能正常），其余活动 dmwatcher 上记录的控制节点信息一致，则在所有活动 dmwatcher 中，找出记录的 FSEQ/FLSN 最大的 dmwatcher 作为控制守护进程。如果所有 dmwatcher 上记录的 FSEQ/FLSN 信息相同，则返回本地 EP SEQNO 最小的 dmwatcher 作为控制守护进程。

（3）所有 dmwatcher 都发生故障（控制节点可能故障，也可能正常），系统将按照下面的原则自动选择控制守护进程。

若这些故障 dmwatcher 上的控制节点信息一致，则从曾经收到的历史消息中取控制节点本地的故障 dmwatcher 作为控制守护进程（退出整个 DMDSC 及 dmwatcher 的情况）。

若这些故障 dmwatcher 上的控制节点信息不一致，则取最后一次收到过消息的 dmwatcher 作为控制守护进程，dmmonitor 可以从这个 dmwatcher 上取出最新的 EP 信息。

2. 守护进程名与实例名的对应关系

守护进程守护的本地实例名，称为守护进程名。单节点的守护进程名，就是单节点的实例名。

对于 DMDSC 库的守护进程，由于收到的远程守护进程实例消息都是控制守护进程发送过来的，控制守护进程守护的是 DMDSC 控制节点，因此远程守护进程名也就是远程 DMDSC 库的控制节点实例名。

3. DMDSC 库模式和状态的认定

在同一个 DMDSC 内，理论上所有节点实例的模式是相同的，因为修改模式的动作是同步执行的，登录任意一个节点就可以完成所有节点的模式修改，但修改状态的动作是异步的。DMDSC 允许不同的节点工作在不同的状态下，为了方便管理整个 DMDSC，守护进程将 DMDSC 看作一个库，按照以下规则来认定 DMDSC 当前的模式和状态。

（1）主实例还未选出，或者不存在正常的实例，则无法判断模式状态。

（2）只根据 OK 数组中的节点来判断模式状态，在获取节点状态时要求 DMDSC 处于 Open 状态。

（3）如果存在模式不同的实例，则无法判断模式状态。

（4）如果存在非 Suspend/Mount/Open 状态的节点实例，则直接返回此节点状态作为 DMDSC 状态。

（5）如果实例状态不一致，则按照优先级方式确定 DMDSC 当前的状态，Suspend 状态优先级最高，Mount 状态次之，Open 状态最低。

根据以上规则，如果无法认定 DMDSC 模式，则认为 DMDSC 为 Unknown 模式；如果无法认定 DMDSC 状态，则认为 DMDSC 集群当前为 Shutdown 状态。

如果节点状态不一致，则守护进程按照优先级规则（见表 5-9）判定当前 DMDSC 所处的状态，并将所有节点统一到这个状态。

表 5-9　不同的状态判定规则

状　　态	Open	Suspend	Mount
Open	Open	Suspend	Mount
Suspend	Suspend	Suspend	Open
Mount	Mount	Open	Mount

表中第 1 行、第 1 列为节点状态，中间内容为不同行、列组合下守护进程经判定之后的状态。在各节点状态统一后，守护进程再根据本地和远程状态进一步处理，如执行命令、自动恢复、故障处理等。需要注意的是，如果一个节点为 Open 状态，一个节点为 Mount 状态，并且 Mount 状态的节点是故障重加入的节点，则守护进程会直接通知此节点 Open，而不是先统一到 Mount 状态，再 Open。

4. DMDSC 故障检测时间与守护进程故障认定时间

DMDSC 集群出现节点故障，活动节点一旦检测到 MAL 链路出现异常，立即启动故障处理，进入 HPC_CRASH_RECV 状态。判断 MAL 链路异常，涉及 MAL 配置中链路检测 MAL_CHECK_INTERVAL 参数。

守护进程根据 INST_ERROR_TIME 配置的超时检测时间间隔判断实例是否故障，守护进程的故障处理优先级低于 DMDSC 的故障处理，也就是 INST_ERROR_TIME 值至少要大于 DMDSC 故障检测时间和 MAL 链路检测时间中的最小值，否则守护进程在启动时会强制调整 INST_ERROR_TIME 值大于 MIN(DMDSC 故障检测时间, MAL_CHECK_INTERVAL)+5，避免守护进程早于 DMDSC 内部故障检测时间，过早认定实例故障。

5. DMDSC 库 OK/ERROR 的认定

DMDSC 库运行状态是 OK 还是 ERROR 的认定原则如下。

（1）如果找不到控制节点，则认为 ERROR。

（2）如果在 DMDSC 的 OK_EP 数组中，存在非 OK 状态的实例，则认为 ERROR。

（3）其余情况认为 DMDSC 库是 OK 的。

6. 接收 DMDSC 库消息超时

守护进程根据 INST_ERROR_TIME 值判断接收本地数据库消息是否出现超时。

（1）若控制节点还未选出，认为 DMDSC 还未启动正常，则认为接收消息超时。

（2）只要 DMDSC 库内有一个实例的消息未超时，就认为接收消息未超时。

7. 接收远程守护进程消息超时

下面几种情况认为接收远程守护进程消息超时。

（1）如果守护进程的链路已经断开，则认为超时。

（2）如果接收远程守护进程消息时间超过配置的 DW_ERROR_TIME，则认为超时。如果判断为接收消息超时，则设置远程守护为 ERROR 状态。

8. SSEQ/SLSN 和 KSEQ/KLSN 的获取

1）SSEQ/SLSN 的获取

对于主库，这个值取的是主库实例的 FSEQ 和 FLSN。如果主库是 DMDSC，则取出的 SSEQ/SLSN 是一个数组，对应存放的是每个节点实例的 FSEQ 和 FLSN，数组长度和主库节点个数一致。

对于备库，这个值取的是备库明确可重演到的最大 GSEQ 值和最大 LSN 值。如果主库是 DMDSC 集群，则对应取出的也是一个数组，数组个数和主库节点个数一致。

2）KSEQ/KLSN 的获取

对于主库，这个值取的是主库实例的 CSEQ 值和 CLSN 值。如果主库是 DMDSC 集群，则取出的 CSEQ/CLSN 是一个数组，对应存放的是每个节点实例的 CSEQ 值和 CLSN 值，数组长度和主库节点个数一致。

对于备库，这个值取的是备库已经收到、未明确是否可以重演的最大 GSEQ 值和最大 LSN 值。如果主库是 DMDSC，则对应取出的也是一个数组，数组个数和主库节点个数一致。

9. DMDSC 主库发送归档异常

守护进程可以通过配置参数 RLOG_SEND_THRESHOLD 监控主库到备库的归档发送情况。如果主库是 DMDSC，则需要统计主库每个节点到备库控制节点的归档发送情况。在 DMDSC 中，主库任意一个节点归档发送异常，就认为出现异常，需要切换到 Standby_check 状态下对归档发送异常的备库进行处理。

异常判断的前提为：RLOG_SEND_THRESHOLD 参数配置值大于 0；存在归档处于有效状态的备库，对于 DMDSC，只需要主库任意一个节点实例到某个备库控制节点的归档有效即可。

异常判断的规则如下。

（1）主库最近 N 次（N 不超过主库 dm.ini 配置的 RLOG_SEND_APPLY_MON 值）到某个归档状态有效的备库控制节点发送归档的平均耗时，超过配置的 RLOG_SEND_THRESHOLD 值。

（2）对于 DMDSC，如果当前守护进程处于 Recovery 状态，则只看控制节点到备库的归档发送情况。

10. DMDSC 备库重演异常

守护进程可以通过配置参数 RLOG_APPLY_THRESHOLD 监控备库的日志重演情况。如果主库是 DMDSC，则需要统计备库对每个主库节点发送过来日志的重演情况。备库重演实例（控制节点）上任意一个重演线程异常，就认为出现异常。

异常判断前提为：RLOG_APPLY_THRESHOLD 参数配置值大于 0；备库上已经选出控制节点（重演实例），并且存在重演的信息。

异常判断的规则为：备库最近 N 次（N 不超过备库 dm.ini 配置的 RLOG_SEND_APPLY_MON 的值）超过设置的 RLOG_APPLY_THRESHOLD 值（平均等待时间加上真

正的平均重演时间）。

11. DMDSC 备库重演相关判断

如果主库是单节点，则备库重演实例上只有该单节点对应的重演信息；如果重演信息的 KSEQ 大于 SSEQ，就认为存在 KEEP_PKG；如果主库是 DMDSC，则只要备库重演实例上对应的主库任意一个节点的重演信息存在 KEEP_PKG，就认为备库上存在 KEEP_PKG。

在故障备库恢复且守护进程判断其是否可加入主备系统时，守护进程会判断备库的重演实例是否重演完成。判断方法是根据对应主库的每个节点在重演实例上重演的 ASEQ/ALSN 和 SSEQ/SLSN 判断，如果都相等，则说明重演完成。这里不考虑是否存在 KEEP_PKG，备库的 KEEP_PKG 会在重加入前丢弃。

可以在备库重演实例上查询相关动态视图、查看重演进度，包括 V$KEEP_RLOG_PKG、V$RAPPLY_SYS、V$RAPPLY_LOG_TASK 等。

5.5.3 数据守护使用说明

DMDSC 数据守护环境比单节点数据库更加复杂，增加了一些额外的处理逻辑，本节主要针对 DMDSC 数据守护的一些特定使用场景进行说明。

1. DMDSC 主库节点故障

由于实时归档先发送 REDO 日志到备库，再写入本地的联机日志文件，因此当 DMDSC 主库出现节点故障时，控制守护进程需要根据故障节点的 LSN 情况，通知备库丢弃或应用 KEEP_PKG。即时归档先将 REDO 日志写入本地的联机日志文件，再发送到备库，因此主库故障节点可能存在已写入日志文件，但未发送到备库的 REDO 日志。

为了简化处理流程，DMDSC 主库节点在发生故障时，故障处理挂起工作线程后，强制所有节点的实时归档、即时归档失效。在主库 DMDSC 故障处理完成后，由主库守护进程重新启动恢复流程，同步主备库数据。

2. DMDSC 备库重演实例故障

当 DMDSC 备库控制节点（重演实例）发生故障并导致主库发送归档失败而挂起时，主库守护进程进入 Failover 处理流程，设置归档失效后再 Open。备库普通节点进入故障处理 Crash_recv 状态，无法接收主库的日志，需要等到备库故障处理结束，再重新加入主库。

3. DMDSC 备库非重演实例故障

如果 DMDSC 普通节点发生故障，则重演实例可以正常接收主库日志，但在 DMDSC 故障处理过程中，挂起工作线程等操作可能会导致日志重演挂起。备库重演 REDO 日志，可能需要访问故障节点的 GBS 等全局资源，也可能导致日志重演卡住。也就是说，虽然备库重演实例处于正常状态，但备库的日志重演仍然可能挂起。如果主库归档保持有效状态，继续发送 REDO 日志到备库，则有可能引发备库日志堆积，在 REDO 日志堆积过多的情况下，还会导致主库日志无法延迟，进而影响主库的系统服务。

因此，在备库非重演实例故障时，守护进程也会进入 Failover 状态，启动故障处理，通知主库将实时归档、即时归档失效。在下述场景中，守护进程会启动故障处理流程。

（1）DMDSC 备库实例间 MAL 链路异常。

（2）DMDSC 普通实例收到 REDO 日志，直接报错返回。

（3）DMDSC 系统不处于 DSC_OPEN 状态，直接报错返回。

4. 主备库网络异常

当主备库网络出现异常时，主库发送归档失败，导致主库节点挂起。如果主库是 DMDSC，则任何一个节点挂起，都会通知其他节点同步挂起（异步备库 DMDSC 存在状态不一致的节点），守护进程会自动将主库转入 Failover 状态处理。

5. DMDSC、守护进程、监视器的并发处理

在 DMDSC 数据守护中，DMDSC 内部故障处理、故障节点重加入、守护进程 Failover 处理、Recovery 处理、监视器命令等可能会并发操作。为了确保在并发场景下各种命令能正确地执行，DM 增加了命令执行的中断机制，并且为每个命令分配了不同的执行优先级。

各种操作标记说明如表 5-10 所示。

表 5-10　各种操作标记说明

序　号	标 记 名 称	操 作 说 明
1	DSC_CRASH_RECV	DSC 故障处理
2	DSC_ERR_EP_ADD	DSC 故障重加入
3	DW_FAILOVER	守护进程故障处理
4	DW_STANDBY_CHECK	守护进程异常检测
5	DW_RECOVERY	守护进程备库恢复
6	MON_SWITCHOVER	监视器主备库切换命令
7	MON_TAKEOVER	监视器接管命令
8	MON_OPEN_FORCE	监视器 Open 命令
9	MON_CLEAR_SEND_INFO	监视器清理主库归档发送信息命令
10	MON_CLEAR_RAPPLY_INFO	监视器清理备库重演信息命令
11	MON_LOGIN_CHECK	监视器登录命令
12	MON_MPPCTL_UPDATE	监视器更新 MPPCTL 命令
13	MON_CHANGE_ARCH	监视器设置归档命令
14	NONE	没有任何命令执行标识

这些操作的优先级说明如下。

（1）DSC 故障处理（DSC_CRASH_RECV）优先级最高。

（2）DSC_ERR_EP_ADD/DW_FAILOVER/DW_STANDBY_CHECK，以及监视器上

需要和服务器交互的命令（可以被 DSC_CRASH_RECV 中断）优先级居中。

（3）DW_RECOVERY（可以被以上操作中断）优先级最低。

其他守护进程状态，以及不需要和服务器交互的监视器命令，不需要进行并发控制。

6. DMDSC 主动停机

在某些情况下，DMDSC 实例会主动停机，具体包括以下场景。

（1）DMASMSVR 故障，对应节点实例会主动停机。

（2）处于 Suspend 状态或 Mount 状态，出现节点故障。

（3）在启动过程中，检测到 INI 参数 TS_MAX_ID 配置不一致，可能引发强制停机。

（4）故障重启后，没有将所有 REDO 日志修改的数据页刷盘前（控制节点的 CKPT_LSN 小于最大重做 LSN），控制节点发生故障，所有普通节点主动停机。

附录
达梦数据库技术支持

如果您在安装或使用达梦数据库系统及其相应产品时出现了问题，请首先访问达梦数据库官网。在此网站我们收集整理了安装使用过程中一些常见问题的解决办法，相信会对您有所帮助。

您也可以通过以下途径与武汉达梦数据库股份有限公司联系，武汉达梦数据库股份有限公司技术支持工程师会为您提供服务。

武汉达梦数据库股份有限公司
地址：武汉市东湖新技术开发区高新大道 999 号未来科技大厦 C3 栋 16～19 层
电话：（+86）027-87588000
传真：（+86）027-87588810

北京达梦数据库技术有限公司
地址：北京市海淀区中关村南大街 2 号数码大厦 B 座 1003
电话：（+86）010-51727900
传真：（+86）010-51727983

上海达梦数据技术有限公司
地址：上海市静安区江场三路 76、78 号 103 室
电话：（+86）021-33932716
传真：（+86）021-33932718

武汉达梦数据技术有限公司

地址：武汉市东湖新技术开发区高新大道 999 号未来科技大厦 C3 栋 16 层

电话：（+86）027-87588000

传真：（+86）027-87588810

武汉达梦数据库股份有限公司广州分公司

地址：广州市越秀区东风东路 836 号东峻广场 4 座 604

电话：（+86）020-38844641

四川蜀天梦图数据科技有限公司

地址：成都市天府新区湖畔西路 99 号 B7 栋（天府英才中心）6 层

电话：（+86）028-64787496

传真：（+86）028-64787496

达梦数据技术（江苏）有限公司

地址：江苏省苏州市吴中经济开发区越溪街道吴中大道 1421 号越旺智慧谷 B 区 B2 栋 16 楼

电话：（+86）0512-65285955

传真：（+86）0512-65286955

技术服务：

电话：**400-991-6599**

邮箱：**dmtech@dameng.com**